抽水蓄能电站侧式进/出水口水力特性研究

高学平 著

·北京·

内 容 提 要

本书对抽水蓄能电站侧式进/出水口水力特性进行了系统和深入的研究。全书共12章，第1章介绍了侧式进/出水口体型及水力学方面的要求；第2章介绍了进/出水口水力特性研究方法；第3章介绍了利用数值模拟方法研究具体工程进/出水口水力学问题；第4章介绍了利用模型试验方法研究具体工程进/出水口水力学问题；第5～12章为专题研究，分别为进/出水口水头损失研究、进/出水口拦污栅断面流速及内部流动规律研究、进/出水口各孔道流量分配研究、进/出水口顶板扩张角研究、反坡明渠对进/出水口水力特性影响研究、进/出水口漩涡研究、隧洞对拦污栅断面流速分布及流量分配影响研究、拦污栅结构对进/出水口水力特性影响研究。

本书可供抽水蓄能电站工程设计人员和科研人员参考。

图书在版编目（CIP）数据

抽水蓄能电站侧式进/出水口水力特性研究 / 高学平著. -- 北京 : 中国水利水电出版社, 2024. 7. -- ISBN 978-7-5226-2580-5

Ⅰ. TV743

中国国家版本馆CIP数据核字第2024VL8727号

书　　名	**抽水蓄能电站侧式进/出水口水力特性研究** CHOUSHUI XUNENG DIANZHAN CESHI JIN/CHU SHUIKOU SHUILI TEXING YANJIU
作　　者	高学平　著
出版发行	中国水利水电出版社 （北京市海淀区玉渊潭南路1号D座　100038） 网址：www. waterpub. com. cn E-mail：sales@mwr. gov. cn 电话：（010）68545888（营销中心）
经　　售	北京科水图书销售有限公司 电话：（010）68545874、63202643 全国各地新华书店和相关出版物销售网点
排　　版	中国水利水电出版社微机排版中心
印　　刷	天津嘉恒印务有限公司
规　　格	170mm×240mm　16开本　11.75印张　230千字
版　　次	2024年7月第1版　2024年7月第1次印刷
定　　价	**68.00**元

序

抽水蓄能是当前技术最成熟、经济性最优、最具大规模开发条件的电力系统绿色低碳清洁灵活调节电源，为实现“2030 年前碳达峰、2060 年前碳中和”目标，在能源绿色低碳转型新形势下，加快发展抽水蓄能势在必行。我国持续规划并建设了一系列抽水蓄能电站，截至 2023 年年底我国抽水蓄能装机 0.51 亿 kW，预计到 2030 年我国抽水蓄能装机 2.3 亿 kW 以上，预计到 2060 年我国抽水蓄能装机 5 亿 kW 以上，抽水蓄能发展前景广阔。

进/出水口位于抽水蓄能电站输水系统的两端，是抽水蓄能电站输水系统的重要组成部分，是连接输水系统与水库的纽带，起到调控水流的作用。侧式进/出水口通常布置在上、下水库岸边，其体型复杂，对应抽水工况和发电工况，既是进水口又是出水口，要求进/出水口双向流动均具有较优的水力特性。《抽水蓄能电站设计规范》(NB/T 10072—2018) 在进/出水口水力学方面提出了较详细和严格的要求，例如进/出水口水头损失、拦污栅断面流速分布、各孔口流量分配、进/出水口附近库区流态等，以确保抽水蓄能电站安全运行。

高学平教授是我国最早开展抽水蓄能电站进/出水口水力学方面研究的学者之一，20 多年持续开展该方面的研究，这种持之以恒的精神难能可贵。截至 2024 年 6 月已开展了 50 座抽水蓄能电站的进/出水口水力学研究，服务了工程设计，尤其针对进/出水口水头损失、各孔道流量分配、扩散段顶板扩张角、连接隧洞对出流的影响、进水口漩涡、拦污栅结构对水力特性的影响等方面，进行了深入研究；在开展具体工程水力学研究的基础上，结合国家自然科学基金项目，开展了进/出水口内部双向流动规律和流动机理的研究；在进/出水口水力学方面，既解决了工程设计所关心的水力学问题，又探讨了双向流动规律及机理的科学问题，取得了系统创新研究成果，这在国内外还是不多见的。

该书是高学平教授团队关于侧式进/出水口水力学部分成果的总结，对抽水蓄能电站进/出水口设计及运行具有重要指导意义。此外，高教授团队还开展了进/出水口水力计算及设计优化智能方法的研究，开发了基于长期研究经验的进/出水口水力计算及优化智能平台，解决了传统水力计算和设计优化依赖经验且重复工作量大的难题。期待高学平教授团队在抽水蓄能电站进/出水口水力学方面形成“创新研究方法-探索科学问题-解决工程难题”的系统成果，为我国抽水蓄能电站规划设计、工程建设及运维管理做出贡献！

中国工程院院士、全国工程勘察设计大师 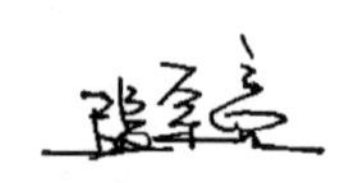

2024 年 6 月 30 日

前　言

作者1998年回国后不久即开始了抽水蓄能电站进/出水口水力学方面的研究。第一个科研项目是西龙池抽水蓄能电站进/出水口水力模型试验，上水库是竖井式进/出水口，下水库是侧式进/出水口，为探明竖井式进/出水口出流时孔道拦污栅断面底部存在反向流速问题，利用专门试验和三维数值模拟方法，持续3年时间对竖井式进/出水口体型及水力特性进行了较系统和深入的研究。此后，在各设计院的支持下，针对具体的抽水蓄能电站，我们持续开展了进/出水口水力学方面的研究。截至2024年6月，已开展了50个抽水蓄能电站工程进/出水口水力学研究；对于每个抽水蓄能电站工程，一般都开展上、下水库进/出水口水力学研究，每个具体工程的进/出水口都有自己的特点，所遇到的水力学问题各不相同；在研究方法上，或采用数值模拟方法，或采用模型试验方法，或综合数值模拟和模型试验两种方法。在针对具体抽水蓄能电站进/出水口研究的同时，我们也系统地开展了进/出水口双向流动规律和内部流动机理的研究，采用的方法包括数值模拟方法和精细量测试验方法，对重点关注的问题做了专门研究，例如进/出水口水头损失、各孔道流量分配、扩散段顶板扩张角、连接隧洞对出流的影响、进水口漩涡、拦污栅结构对水力特性的影响等。此外还得到了国家自然科学基金项目（双向流动进/出水口智能优化方法及试验验证和进水口漩涡形成机理与缩尺效应）的资助。在进/出水口水力学方面，培养了35名博士和硕士研究生，发表了46篇论文。

本书总结了我们在侧式进/出水口水力学研究方面的部分成果。在研究进/出水口水力特性的基础上，对标《抽水蓄能电站设计规范》（NB/T 10072—2018），探讨如何优化进/出水口及其布置，为抽水蓄能电站进/出水口设计及布置提供依据和参考。同时研究进/出水口内部流动规律，探讨进/出水口双向流动的科学问题，为抽水蓄能电站进/出水口设计提供理论指导。回顾研究历程，从解决具体工程实际问题到开展流动规律及机理研究，从单独建造具体工程试验模型到创建集先进量测手段与自动控制于一体的多功能双向流动专门模型试验平台，从只量测工程关心的水力指标到利用最先进量测仪器获得内部流动信息的细观试验平台的建成，从传统手动建模进行具体工程水力计算到参数化建模计算及优化智能平台的构建，形成了“服务工程设计-探索科学问题-创新研究方法”的研究体系，构建了“专门模型试验平台-细观流动规律及机理试验平台-水力计算及优化智能平台”的系列平台，所获成果值得欣慰。

对参与研究的历届博士生和硕士生们付出的辛勤劳动表示由衷的感谢！对支持我们的各设计院表示衷心的感谢！朱洪涛助理研究员参加了第 2 章、第 3 章和第 4 章的撰写工作。

鉴于作者水平有限，书中不妥之处，恳请广大读者及专家批评、指正。

高学平

2024 年 6 月 30 日

资源 1　抽水蓄能电站进/出水口模型试验平台介绍

资源 2　抽水蓄能电站进/出水口精细测试平台介绍

资源 3　抽水蓄能电站进/出水口水力计算智能平台介绍

术 语 及 符 号

出流工况：对于进/出水口而言，上水库抽水工况是出流工况，下水库发电工况是出流工况。

进流工况：对于进/出水口而言，上水库发电工况是进流工况，下水库抽水工况是进流工况。

侧式进/出水口：沿出流方向依次由扩散段、调整段和防涡梁段组成。有时不设调整段。

分流隔墙（简称隔墙）：为避免扩散段内水流在平面上产生分流，采用分流隔墙将扩散段分成多孔流道，其首端自扩散段始端开始，其末端至拦污栅断面。

3 隔墙 4 孔道侧式进/出水口：设置 3 个分流隔墙，分成 4 个孔道。

2 隔墙 3 孔道侧式进/出水口：设置 2 个分流隔墙，分成 3 个孔道。

拦污栅断面：一般设置在调整段和防涡梁段相接的断面，或者扩散段末端和防涡梁段相接的断面。

孔道：是指沿分流隔墙的整个流道，沿出流方向自扩散段始端至扩散段末端其孔道断面逐渐增大，调整段的孔道断面相同。

孔口：是指库区侧的孔道进口/出口，其断面尺寸等于拦污栅断面尺寸。

孔口高度 H：拦污栅所在孔道的高度。

孔口宽度 B：拦污栅所在孔道的宽度。

扩散段始端：与连接隧洞的渐变段相接。

扩散段末端：与拦污栅断面相接或与调整段断面相接。

防涡梁段长度 L_1：进/出水口库侧端至拦污栅断面的距离。

调整段长度 L_2：拦污栅断面至扩散段末端的距离，有的不设调整段。

扩散段长度 L_3：扩散段始端至末端的距离。

中隔墙缩进距离 f：隔墙首端在扩散段始端断面成凹型布置，中隔墙首端距扩散段始端断面的距离。

中孔道宽度 a：扩散段始端单一中孔道对应宽度。

边孔道宽度 b：扩散段始端单一边孔道对应宽度。

中边孔道宽度之比：扩散段始端的中孔道宽度与边孔道宽度之比，例如 3 隔墙 4 孔道侧式进/出水口，当中边孔道对称布置时，单一中边孔道宽度之比为 a/b，一般约为 0.786。

中边孔道宽度占比：扩散段始端的中孔道宽度和边孔道宽度各占总宽度份额的比例，例如3隔墙4孔道侧式进/出水口，当中边孔道对称布置时，扩散段始端总宽度为 $d=2a+2b$，两中边孔道宽度占比为（$2a/d$）：（$2b/d$），一般约为0.440：0.560；单一中边孔道宽度占比为（a/d）：（b/d），一般约为0.220：0.280。

扩散段水平扩散角 α：两个外孔道边墙间的夹角。

扩散段顶板扩张角 β：扩散段顶板和扩散段始端断面的上平面的夹角。

隧洞直径 D：输水隧洞直径。

隧洞平均流速 v：运行流量除以隧洞断面面积。

隧洞坡度（或坡角 γ）：例如坡角 $\gamma=2^{\circ}$对应坡度3.49%。

隧洞平面转弯参数：转弯角度 θ、转弯半径 R、转弯后直隧洞长度 L。

隧洞立面转弯参数：转弯角度 θ、转弯半径 R、弯道后直隧洞长度 L。

反坡明渠（或称明渠段）：一般在侧式进/出水口和库区间设置反坡明渠。

反坡段坡比 i：例如坡比1：3，或写为 $i=0.33$。

孔口中心淹没深度 s：特征水位至孔口中心的深度。

孔口上缘淹没深度：特征水位至孔口上缘的深度。

进/出水口水头损失 h_j：是指库区至进/出水口扩散段始端之间的水头损失。

进/出水口水头损失系数 ξ（严格来讲应称为局部阻力系数）：表征进/出水口水头损失的大小，一般对应输水隧洞断面的流速水头。

过栅流速分布不均匀系数：用来表征拦污栅断面流速分布的均匀程度，即拦污栅断面流速的最大值与平均值之比。

过栅平均流速：拦污栅断面的平均流速。对于实际工程，是指扣除栅条面积的拦污栅断面的平均流速（过栅净流速）；对于数值模拟和试验量测，因不模拟拦污栅结构，是指没有扣除栅条面积的拦污栅断面的平均流速（过栅毛流速），其值等于孔道流量除以孔口面积。一般情况，数值模拟和试验量测所得的过栅平均流速除以0.8可作为实际工程的过栅平均流速。

流量不均匀程度：用来表征各孔道流量分配的均匀程度。

相邻中边孔道流量不均匀程度：中孔道与边孔道流量差绝对值除以两者较大值。

各孔道流量不均匀程度：单个孔道实际流量与理想流量之差除以理想流量。

各孔道流量比：单个孔道实际流量与理想流量之比。

各孔道理想流量：各孔道均匀分配的流量，例如4孔道的理想流量各为25%。

各孔道实际流量：每个孔道的试验量测或数值模拟得到的流量。

模型缩尺或模型比尺：原型量与模型量的比值，例如模型几何缩尺写为 $\lambda_L=35$，模型几何比尺写为1：35更容易理解。

目　录

第1章 侧式进/出水口

进/出水口位于抽水蓄能电站输水系统的两端，是抽水蓄能电站输水系统的重要组成部分，是连接输水系统与水库的纽带，起到调控水流的作用。进/出水口分为侧式和竖井式，工程中侧式进/出水口应用最为广泛。侧式进/出水口轴线水平（或接近水平），通常布置在水库岸边。本章介绍侧式进/出水口体型、侧式进/出水口上下游衔接、侧式进/出水口体型参数、侧式进/出水口水力学方面的要求和侧式进/出水口水力特性研究内容等。

1.1 侧式进/出水口体型

对于抽水蓄能电站输水系统，抽水工况是水流从下水库流向上水库，依次经过下水库进/出水口、尾水检修闸门井、输水隧洞、尾水调压室、水泵/水轮机、输水隧洞、引水调压室、引水事故闸门井、上水库进/出水口，而发电工况其流动方向正好相反，水流自上水库流向下水库。图 1.1 为抽水蓄能电站输水系统。

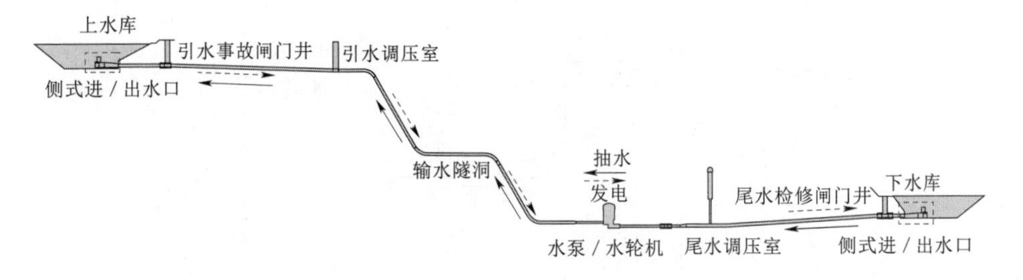

图 1.1 抽水蓄能电站输水系统

侧式进/出水口一般布置在水库岸边，通过反坡明渠与水库相连。图 1.2 为某抽水蓄能电站上水库侧式进/出水口平面布置图，该水库较规则且水域开阔，进/出水口通过反坡明渠和库底相接。图 1.3 为某抽水蓄能电站下水库侧式进/出水口平面布置图，该侧式进/出水口通过反坡明渠与河道型水库相接。

侧式进/出水口沿进流方向由防涡梁段、调整段、扩散段组成。进/出水口内部沿流动方向设置有多个分流隔墙，设置 3 个分流隔墙的将形成 4 孔流道，称为 3 隔墙 4 孔道的侧式进/出水口；设置 2 个分流隔墙的将形成 3 孔流道，称为

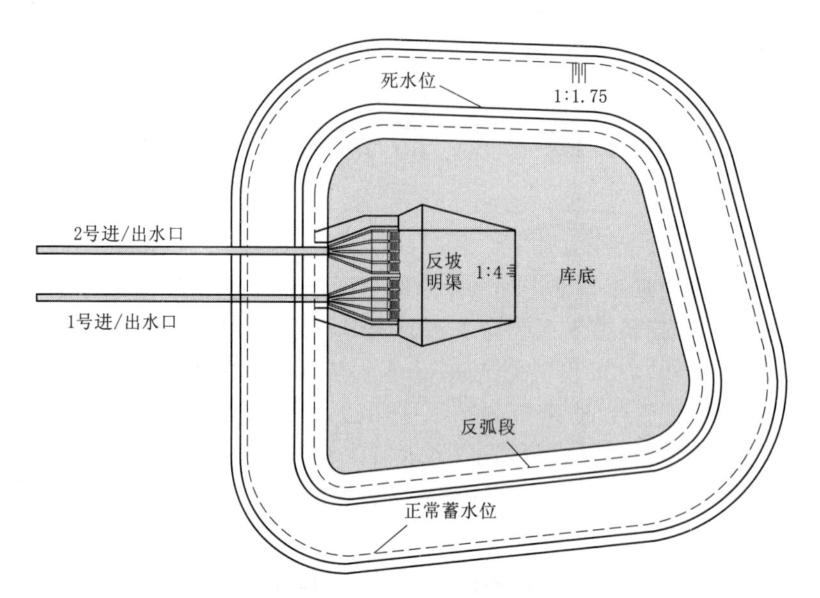

图 1.2 某抽水蓄能电站上水库侧式进/出水口平面布置图

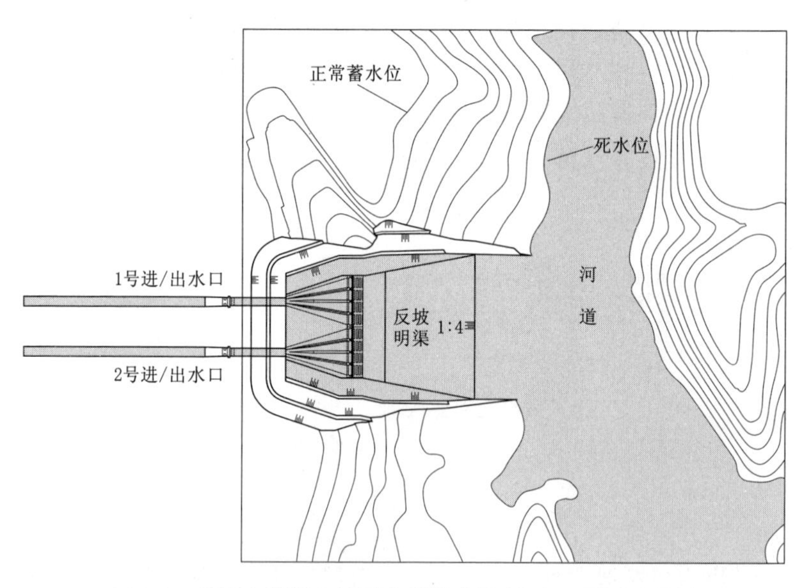

图 1.3 某抽水蓄能电站下水库侧式进/出水口平面布置图

2隔墙3孔道的侧式进/出水口。3隔墙4孔道的侧式进/出水口应用较多。图1.4为典型3隔墙4孔道侧式进/出水口体型。下面基于《抽水蓄能电站设计规范》(NB/T 10072—2018)的规定，介绍侧式进/出水口各组成部分。

(1) 防涡梁段：设置防涡梁是防止进流时侧式进/出水口产生有害的吸气漩涡。防涡梁的型式主要有矩形防涡梁和平行四边形防涡梁两种。矩形防涡梁在

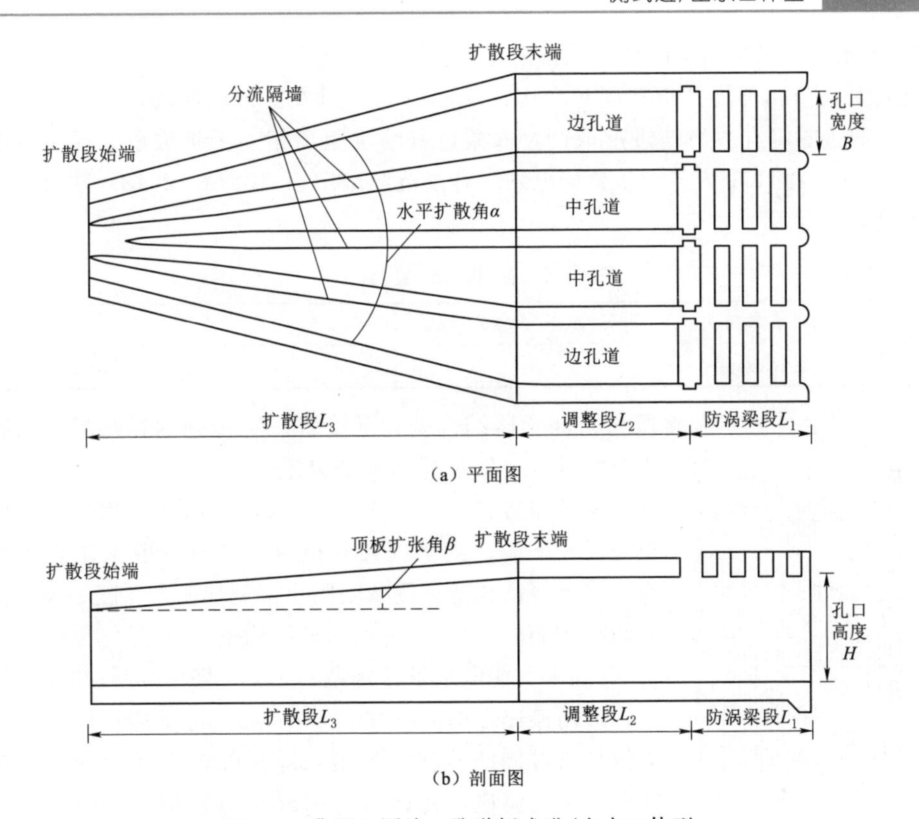

(a) 平面图

(b) 剖面图

图 1.4　典型 3 隔墙 4 孔道侧式进/出水口体型

实际工程中的应用较广泛。防涡梁的梁间距要适当，若间距太宽，漩涡可能从梁间潜入，起不到防止漩涡的作用；若间距太窄，漩涡可能会转移至防涡梁前方潜入，也起不到防止漩涡的作用。防涡梁数目应不少于 3 根，宜选用 4～5 根，流量大的进/出水口宜选用根数多；防涡梁间距以 0.5～1.2m 为宜，梁高以不小于 1.0m 为宜。

(2) 调整段：调整段位于扩散段与防涡梁段之间，其顶板与底板平行，有助于消除顶面负流速和改善拦污栅断面流速分布。当扩散段顶板扩张角 $\beta>5°$ 时，宜在扩散段末端接一段平顶的调整段，其长度可取扩散段长度的 0.4 倍。

(3) 扩散段：该段是侧式进/出水口的关键段。扩散段平面为双向对称扩散。一般情况下，立面为顶板单向扩张，有时也为顶板和底板双向扩张。扩散段的水平扩散角和顶板扩张角应根据洞径、流量、分流隔墙数目、地形和地质条件等因素确定，扩散段内流速分布的调整要从垂直和横向的流速分布两方面进行，两者是相互关联的。顶板扩张角主要是调整垂直流速分布。水平扩散角 α 宜在 25°～45°，顶板扩张角 β 宜在 3°～5°。对于 2 分流隔墙 3 孔道的侧式进/出水口，中孔道宽占 30%，边孔道宽占 70%为宜；对于 3 分流隔墙 4 孔道的侧式进/出水口，以采用中间两孔道占总宽的44%，两边孔道占56%为宜，或者中孔道宽度 a 与相邻边孔道宽度 b 之比 $a/b\approx0.785$，且在扩散段始端，中间分流隔墙较两边隔墙宜适当缩进形成凹型布置，其缩进距离相当于扩散段始端宽度的1/2左右。表1.1为《抽水蓄能电站设计规范》（NB/T 10072—2018）建议的分流隔墙数目。

表1.1 分流隔墙数目

水平扩散角 α	<20°	25°～30°	30°～45°
分流隔墙数目 N	1～2	2～3	3～4

（4）拦污栅：调整段与防涡梁段结合处通常设置一字排列的拦污栅，以防止杂物进入，保障机组正常运行。拦污栅一般有垂直和倾斜两种布置方式。侧式进/出水口拦污栅结构，主要由横隔板、栅条、支承框架等组成。栅条一般采用矩形截面，栅条厚度较薄，栅条间距小，例如栅条厚度2cm、横向间隔18cm。图1.5为拦污栅结构。

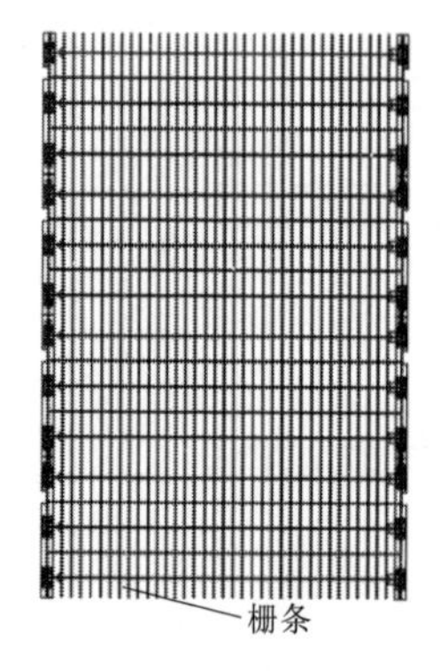

图1.5 拦污栅结构

《抽水蓄能电站设计规范》（NB/T 10072—2018）规定，过栅流速平均值不宜大于1m/s。这里的过栅流速平均值是指过栅净流速平均值，即扣除栅条面积的拦污栅断面的平均流速。在试验量测或数值模拟时，因拦污栅条细且密，一般不模拟拦污栅结构，此时的过栅流速平均值称为过栅毛流速平均值，即孔道流量除以孔口面积。一般情况下，过栅毛流速平均值除以80%可作为过栅净流速平均值。例如，过栅毛流速平均值为0.8m/s，其过栅净流速平均值为1m/s。

1.2 进/出水口上下游衔接

侧式进/出水口与库区衔接，一般设置反坡明渠；进/出水口与输水隧洞连接，一般设置渐变段，如图1.6所示。

1.2.1 侧式进/出水口与库区衔接

为保证水流能够平稳地从库区进入侧式进/出水口或者从进/出水口流出的水流能够均匀地向库区扩散，通常设置反坡明渠平顺衔接侧式进/出水口和库区。

图1.7为侧式进/出水口与库区衔接布置图。反坡明渠段包括连接段、反坡段以及拦沙坎。不恰当的明渠布置方式、不利的库区自然地形等因素会导致在

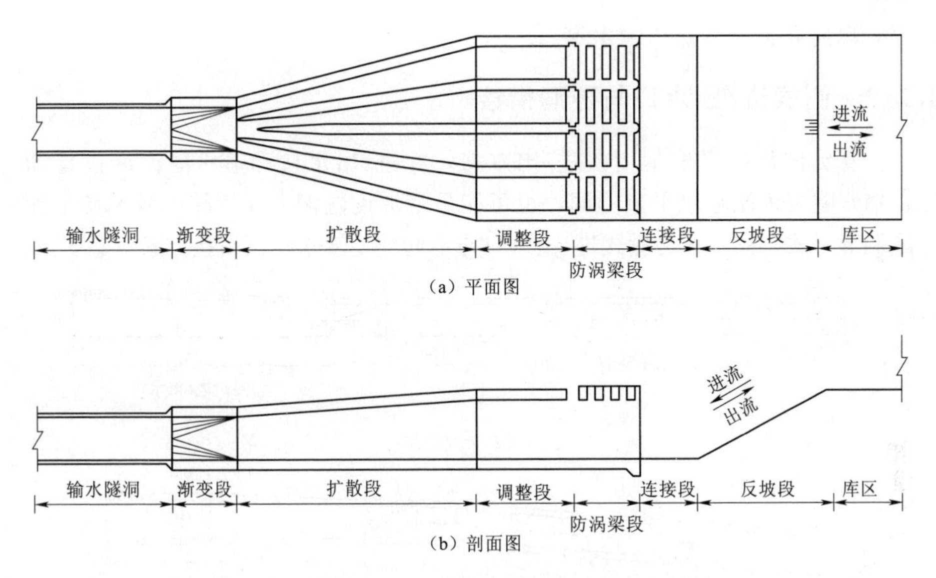

图 1.6 进/出水口上下游衔接

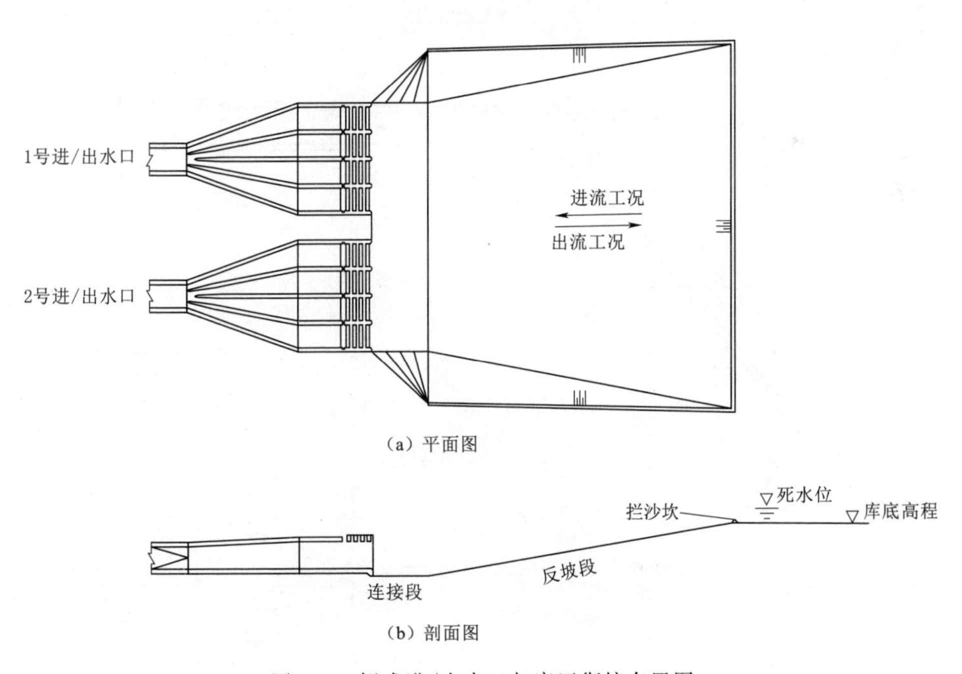

图 1.7 侧式进/出水口与库区衔接布置图

反坡明渠形成环流，若环流延伸至渠底，会进一步增大进/出水口水头损失和影响各孔道的流量分配，甚至会诱发进/出水口上方产生有害漩涡。连接段长度多为 10～20m，反坡坡比多在 1∶6～1∶3 之间，拦沙坎高程一般应高于库底淤沙高程，以防止泥沙等进入输水道内。

1.2.2 侧式进/出水口与隧洞衔接

为保证隧洞能平顺地衔接进/出水口，在进/出水口和输水隧洞间设置渐变段，输水隧洞可能是水平直隧洞，也可能是带坡度隧洞、立面转弯隧洞和平面转弯隧洞等形式。图1.8为侧式进/出水口与不同类型输水隧洞衔接方式示意图。

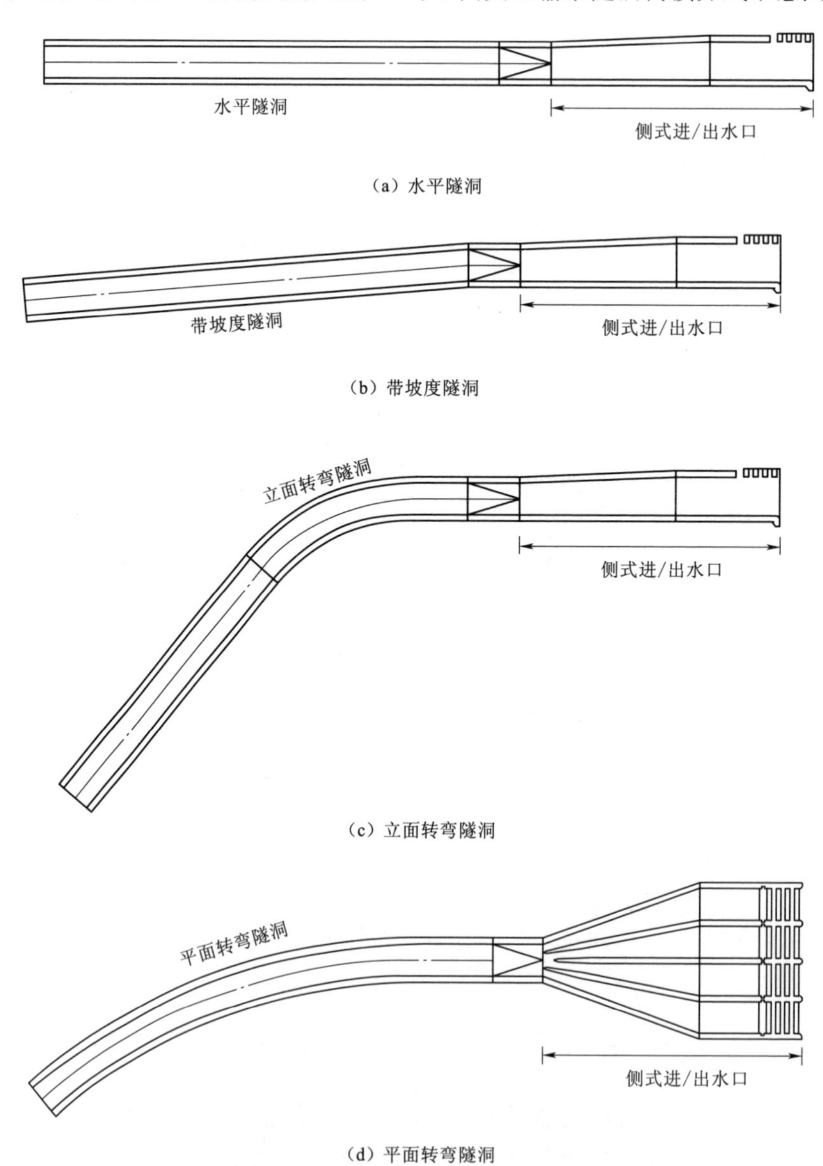

(a) 水平隧洞

(b) 带坡度隧洞

(c) 立面转弯隧洞

(d) 平面转弯隧洞

图1.8 侧式进/出水口与不同类型输水隧洞衔接方式示意图

《抽水蓄能电站设计规范》（NB/T 10072—2018）指出，应减少输水隧洞弯道水流对进/出水口出流带来的不利影响，靠近进/出水口的输水隧洞宜避免弯道，或将弯道布置在离进/出水口较远处。但是，由于地质、地形条件等的限制，与进/出水口衔接的隧洞，有时不可避免地需要一定的坡度、平面转弯、立面转弯等，这将直接影响出流工况的拦污栅断面流速分布及各孔道流量分配，应予以重视。

1.3 侧式进/出水口体型参数

FE抽水蓄能电站上水库，采用侧式进/出水口，进/出水口与库底由反坡明渠段相连。死水位时孔口中心淹没深度11m，正常蓄水位时孔口中心淹没深度56m。隧洞直径7m。单机发电流量76.9m³/s，单机抽水流量71.4m³/s。

图1.9为FE上水库侧式进/出水口体型图。沿进流水流方向依次为：防涡梁段、调整段、扩散段，全长63m。该侧式进/出水口为3分流隔墙4孔道，孔口宽度5m、高度10m，分流隔墙宽度1.4m，防涡梁端分流隔墙头部为圆弧曲线，扩散段始端分流隔墙尾端为流线型。防涡梁段长10m，顶部共设4道平行布置的矩形防涡梁，断面尺寸1.2m×2.0m，梁间距1.2m。调整段长15m。扩散段长38m，水平扩散角25.5°，顶板扩张角4.51°；扩散段中分流隔墙缩进距

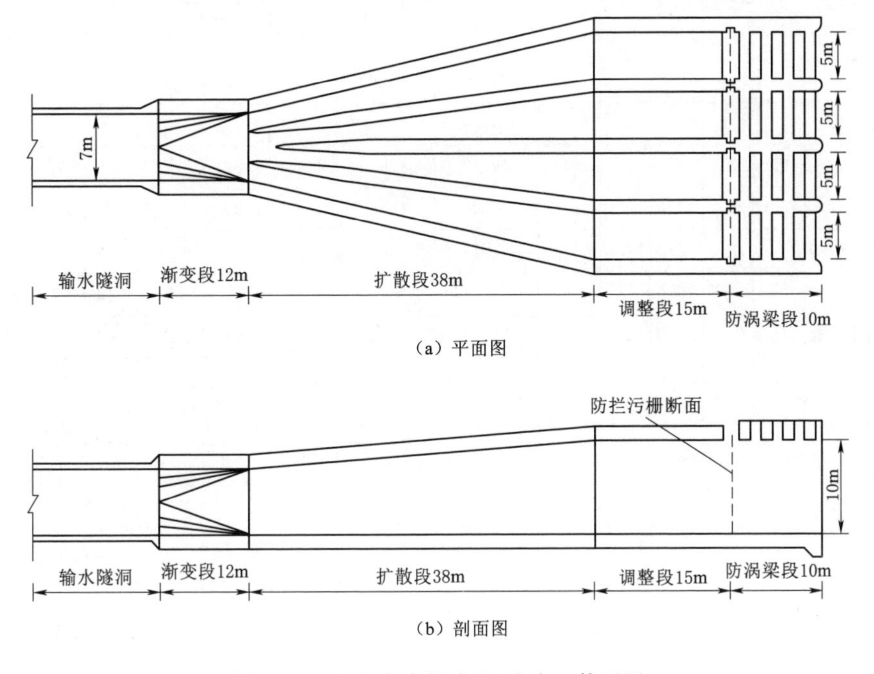

(a) 平面图

(b) 剖面图

图1.9 FE上水库侧式进/出水口体型图

离3m，扩散段始端宽度为7m，中孔道宽度1.54m，边孔道宽度1.96m，单一中边孔道宽度之比为0.786，单一中边孔道宽度占比0.220∶0.280。

表1.2列出了部分侧式进/出水口体型参数。表中列出了各实际工程侧式进/出水口各段的长度等，以及输水隧洞直径、闸门井段长度、进流和出流工况的单机流量，可供侧式进/出水口设计时参考。表中大部分为3隔墙4孔道侧式进/出水口，少数为2隔墙3孔道侧式进/出水口，没标注中隔墙缩进距离的为2隔墙3孔道侧式进出水口。

表1.2　部分侧式进/出水口体型参数

工程	隧洞直径/m	闸门井段/m	渐变段/m	扩散段/m	调整段/m	防涡梁段/m	孔口尺寸（宽×高）/(m×m)	孔道数	水平扩散角	垂向扩张角	单一中边孔道宽度占比	中隔墙缩进距离/m	单机流量出流/(m^3/s)	单机流量进流/(m^3/s)
DH2	6.2	12.4	9.0	32.0	14.0	12.0	5.5×7.3	4	34.7°	1.97°	0.219∶0.281	3.1	61.6	62.3
FE2	7.0	12.4	12.0	38.0	15.0	10.0	5.0×10.0	4	25.5°	4.51°	0.220∶0.280	3.0	76.9	71.4
FE1	7.0	12.4	11.6	38.0	15.0	11.0	5.0×10.0	4	25.5°	4.51°	0.220∶0.280	3.0	71.4	76.9
WD1	6.8	12.4	12.0	39.0	14.6	9.5	4.6×10.0	4	23.2°	2.32°	0.217∶0.283	3.4	63.4	70.7
YM2	7.0	12.4	12.0	37.5	14.9	10.0	6.0×9.6	4	30.7°	3.10°	0.217∶0.283	3.8	82.3	60.1
QY2	7.2	12.0	12.0	36.0	15.0	10.0	6.3×8.7	4	34.3°	2.39°	0.229∶0.271	3.0	80.9	60.8
QY1	7.2	12.0	12.0	36.0	15.0	10.0	6.3×8.7	4	34.3°	2.39°	0.229∶0.271	3.0	60.8	80.9
PA1	6.2	11.8	0	52.0	0	11.3	5.0×10.5	4	20.0°	1.63°	0.250∶0.250	2.5	72.0	74.2
PA2	6.2	11.2	0	42.0	0	11.3	5.0×10.5	4	24.6°	2.05°	0.242∶0.258	2.5	76.0	57.3
YX2	7.8	12.0	13.0	40.0	16.0	10.0	6.2×12.0	4	38.6°	2.43°	0.221∶0.279	3.0	97.4	82.1
ZR2	5.4	15.0	12.0	30.0	15.0	10.0	4.5×8.5	3	20.2°	5.52°	0.374∶0.313	/	69.9	54.4
WF2	8.4	13.0	12.0	42.0	17.0	12.0	7.0×11.0	4	32.0°	3.54°	0.233∶0.267	3.8	105.8	73.1
TC2	7.8	10.0	0	36.0	0	15.0	6.5×12.0	4	33.4°	4.58°	0.237∶0.263	3.9	107.2	95.5
TC1	7.8	15.0	0	36.0	0	15.0	6.5×12.0	4	33.4°	4.58°	0.237∶0.263	3.9	95.5	107.2
SY1	7.8	12.4	10.0	39.0	16.0	10.0	6.4×10.0	4	31.5°	3.23°	0.237∶0.263	3.0	130.2	85.9
SY2	7.8	12.4	24.0	39.0	16.0	10.0	6.4×10.0	4	31.5°	3.23°	0.243∶0.256	3.0	80.6	61.9
HY2	6.2	8.1	10.0	39.0	15.0	10.0	4.9×8.7	4	27.9°	3.70°	0.242∶0.258	3.1	67.3	55.9
HY1	6.2	12.4	10.0	36.0	15.0	10.0	4.9×8.7	4	27.9°	3.97°	0.242∶0.258	3.1	55.9	67.3
FU1	7.0	13.0	13.0	38.0	15.0	10.2	5.5×9.0	4	28.4°	3.01°	0.238∶0.262	3.0	78.9	67.1
FU2	5.0	14.6	14.6	25.0	8.5	9.1	4.0×7.0	3	22.2°	4.57°	0.340∶0.330	/	71.2	52.8
XA1	9.0	15.0	13.0	45.0	18.0	10.2	6.8×10.9	4	28.0°	2.42°	0.237∶0.263	5.5	112.7	116.5
XA2	9.0	13.0	13.0	45.0	18.0	10.2	3.8×10.9	4	28.0°	2.42°	0.237∶0.263	3.0	98.0	77.2

续表

工程	隧洞直径/m	闸门井段/m	渐变段/m	扩散段/m	调整段/m	防涡梁段/m	孔口尺寸（宽×高）/(m×m)	孔道数	水平扩散角	垂向扩张角	单一中边孔道宽度占比	中隔墙缩进距离/m	单机流量出流/(m^3/s)	单机流量进流/(m^3/s)
ZH2	6.8	15.3	9.0	34.0	13.6	10.0	5.6×9.6	3	23.6°	4.71°	0.340：0.330	/	113.1	84.5
WH1	7.2	12.0	12.0	36.0	14.5	10.0	6.3×8.7	4	34.3°	4.39°	0.229：0.271	3.0	84.0	73.1
WH2	7.2	12.0	12.0	36.0	14.5	10.0	6.3×8.7	4	34.3°	4.39°	0.229：0.271	3.2	75.9	57.8
SZ1	9.4	15.0	15.0	47.0	19.0	10.1	7.4×12.8	4	29.1°	4.14°	0.220：0.280	2.7	132.9	151.7
SZ2	9.4	9.0	0	47.0	19.0	10.1	7.4×12.8	4	29.1°	4.14°	0.220：0.280	2.7	151.7	132.9
ZD2	7.5	12.0	12.0	36.0	0	8.1	7.0×10.0	4	41.2°	3.98°	0.235：0.265	3.3	64.6	48.7
ZD1	7.5	12.0	12.0	38.3	0	8.1	7.0×10.0	4	41.2°	3.98°	0.242：0.258	3.3	59.2	69.1
SY1	8.5	15.0	15.0	42.8	0	13.2	7.5×13.0	4	34.9°	4.67°	0.242：0.258	4.0	57.3	63.6
SY2	8.5	15.0	15.0	42.8	0	13.2	7.5×13.0	4	34.9°	4.67°	0.242：0.258	4.0	63.6	57.3

注 /表示该进/出水口为2融墙3孔道进/出水口，无中间隔墙。

1.4 侧式进/出水口水力学方面的要求

对于进/出水口而言，抽水工况对应上水库和下水库进/出水口的流动方向是相反的，发电工况也是相反的。为了不区分上水库或下水库中的进/出水口，这里统一按进流工况和出流工况来表述：自水库流进进/出水口称为进流工况，自进/出水口流出进入水库称为出流工况。

《抽水蓄能电站设计规范》（NB/T 10072—2018）和《水电站进水口设计规范》（NB/T 10858—2021）均对侧式进/出水口的水力特性提出了要求：

（1）出流时，水流均匀扩散，水头损失小。

（2）进流时，各级运行水位下进/出水口附近不产生有害的漩涡。

（3）进/出水口附近库区流态良好，无有害的回流或环流，水面波动小。

（4）拦污栅断面流速分布均匀，应避免产生反向流速，各运行工况流速的最大值与平均流速的比值不宜大于1.5，不应大于2.0。

（5）防止漂浮物、泥沙等进入进/出水口。

（6）进/出水口设置拦沙坎时，过坎流速不应大于坎前淤沙的起动流速。

（7）应减少隧洞弯道水流对进/出水口出流带来的不利影响，靠近进/出水口隧洞宜避免弯道，或将弯道布置在离进/出水口较远处。

（8）扩散段的水平扩散角 α 宜在25°～45°，应根据管道直径、布置条件、流量大小、地形和地质条件、电站运行要求等因素选定。

(9) 应避免扩散段内水流在平面上产生分离，应采用分流隔墙将扩散段分成多孔流道，其末端与拦污栅断面相接。每孔流道的平面扩散角宜小于10°。分流隔墙的布置应使各孔流道的过流量基本均匀，相邻边、中孔道的流量不均匀程度不宜超过10%。

(10) 在扩散段起始处，扩散段与直线段间平面上应采用曲线连接，其半径可选用2～3倍输水隧洞直径。扩散段纵剖面，宜采用顶板单侧扩张式，顶板扩张角β宜在3°～5°。当$\beta>5°$时，宜在扩散段末接一段平顶的调整段，其长度可取扩散段长度的0.4倍。

(11) 扩散段末端过流断面面积，应以满足过栅流速和布置要求确定。

(12) 应避免发生吸气漩涡，在扩散段末端外部上方宜设防涡设施。

(13) 应保证进/出水口的淹没深度大于规范建议的戈登公式计算的最小淹没深度。

(14) 对地面式厂房布置，当下水库的进/出水建筑物为电站尾水管的延伸部分时，应根据已建工程经验，研究电站在不同运行工况下出流对拦污栅可能产生的影响。

1.5 侧式进/出水口水力特性研究内容

一方面，对于具体的工程而言，研究侧式进/出水口水力特性的目的，是对标设计规范在侧式进/出水口水力学方面提出的要求，评价进/出水口设计方案是否满足规范要求，进而对设计方案进行优化，直至提出满足规范要求的进/出水口推荐方案。侧式进/出水口水力特性的研究内容一般包括进/出水口水头损失、拦污栅断面流速分布、各孔道流量分配、明渠段及库区流态、进/出水口是否发生有害漩涡等。

(1) 进/出水口水头损失。典型的侧式进/出水口由防涡梁段、调整段和扩散段组成，其进/出水口水头损失是指库区至进/出水口扩散段始端之间的水头损失。库区0—0断面一般选在靠近进/出水口且流速接近0的位置，该断面测压管水位即库水位。为尽量使所选1—1断面的测压管水位稳定，1—1断面一般选在距渐变段$1D$距离的隧洞断面（D为隧洞直径）。图1.10标出了库区0—0断面和渐变段后的1—1断面。

为使各实际工程的进/出水口水头损失具有可比性，通常按输水隧洞断面流速水头，给出进/出水口水头损失系数ξ。进/出水口水头损失通过库区0—0断面的测压管水位∇_0和距渐变段1倍洞径处的隧洞1—1断面的测压管水位以及相应的过流流量经计算推求。根据能量方程，出流工况和进流工况的进/出水口水

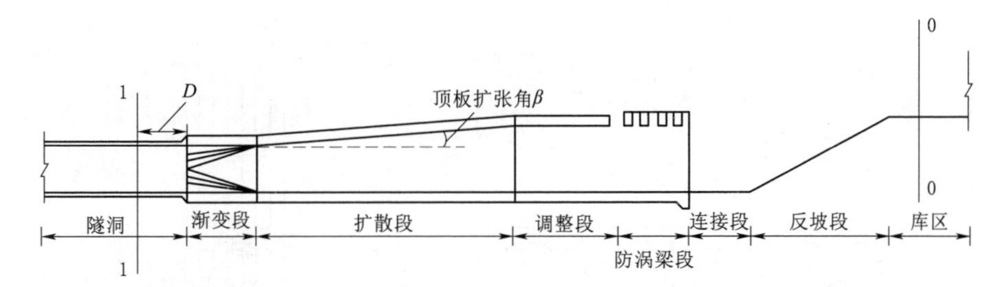

图 1.10 量测侧式进/出水口水头损失的 0—0 断面和 1—1 断面的位置

头损失计算公式分别为

出流工况：
$$h_{1\text{-}0}=\nabla_1+\frac{\alpha v^2}{2g}-\nabla_0 \tag{1.1}$$

进流工况：
$$h_{0\text{-}1}=\nabla_0-\nabla_1-\frac{\alpha v^2}{2g} \tag{1.2}$$

水头损失系数：
$$\xi=h_j\bigg/\left(\frac{\alpha v^2}{2g}\right) \tag{1.3}$$

式中：ξ 为进/出水口水头损失系数；h_j 为水头损失（j 代表 1—0 或 0—1）；∇_0 为库区 0—0 断面的测压管水位；∇_1 为 1—1 断面的测压管水位；v 为隧洞平均流速；α 为动能修正系数，$\alpha=1.0$；$\frac{\alpha v^2}{2g}$ 为隧洞断面流速水头。

严格来讲，ξ 应当称为进/出水口局部阻力系数，但现有文献或研究报告以及口头表述，已习惯了进/出水口水头损失系数的叫法，因此本书仍称为进/出水口水头损失系数。

(2) 拦污栅断面流速分布。一般应给出各孔道拦污栅断面流速沿垂向的分布。《抽水蓄能电站设计规范》（NB/T 10072—2018）规定，拦污栅断面的过栅平均流速不宜大于 1m/s，拦污栅断面流速分布均匀，应避免产生反向流速，各运行工况下流速不均匀系数不宜大于 1.5，不应大于 2.0。流速不均匀系数是指断面流速的最大值与平均流速的比值。对于拦污栅断面流速分布，应避免有反向流速，流速不均匀系数应满足规范要求。

为比较全面地表征拦污栅断面流速分布，数值模拟或模型试验一般在每个孔道拦污栅断面应布置左、中、右 3 条垂线，每条垂线沿垂向布设 5～9 个点，来反映该断面流速状况。图 1.11 为拦污栅断面流速测线及测点布置，图中每个孔道拦污栅断面设 3 条垂线、每条垂线设 7 个点、共 21 个测点，4 个孔道拦污栅断面共 84 个测点。对于拦污栅断面可能产生反向流速的，每条垂线上测点应加密（例如 9 个测点），这样每个孔道拦污栅断面共 27 个测点，4 个孔道拦污栅断面共 108 个测点。

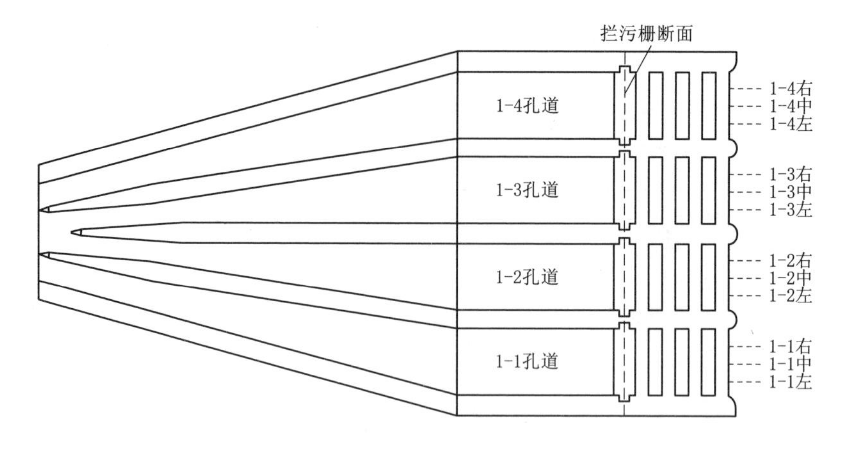

（a）流速垂线平面布置

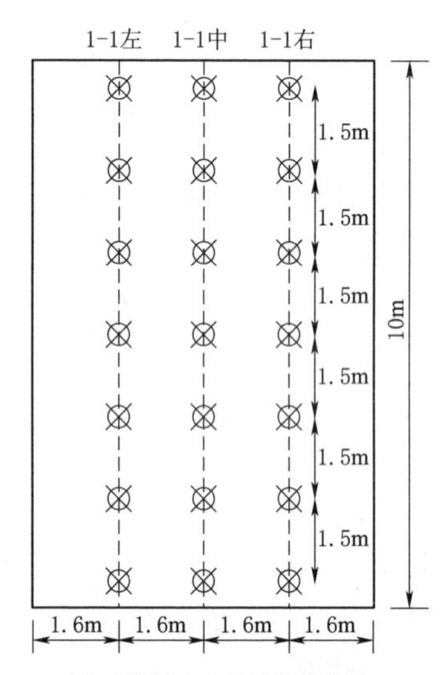

（b）垂线上的测点沿孔道高度的布置

图 1.11 拦污栅断面流速测线及测点布置

（3）各孔道流量分配。根据拦污栅断面流速分布，得到各孔道流量。《抽水蓄能电站设计规范》（NB/T 10072—2018）规定，分流隔墙的布置，应使各孔流道的过流量基本均匀，相邻边中孔道的流量不均匀程度不宜超过10%。但是对于实际工程的进/出水口，这一规范规定是很难满足的。第7章将专门研究进/出水口各孔道流量分配的问题。

本书仍然用“流量不均匀程度”来表述孔道流量分配的均匀程度，但进行了重新定义，其计算方法不同于NB/T 10072—2018规定的方法，这里称为“各孔道的流量不均匀程度”，并建议各孔道的流量不均匀程度以不超过10%为宜，即当各孔道的流量不均匀程度小于10%时，则认为各孔道流量分配比较均匀。各孔道流量不均匀程度等于各孔道的实际流量与理想流量之差除以理想流量，以百分数计，按下式计算：

$$C_Q=\frac{Q_r-Q_m}{Q_m}\times 100\% \tag{1.4}$$

式中：C_Q 为孔道的流量不均匀程度；Q_r 为孔道流量（实际流量）；Q_m 为孔道理想流量（进/出水口总流量除以孔道数）。

C_Q 为正值表示实际流量大于理想流量，负值表示实际流量小于理想流量。该流量不均匀程度数值越小代表流量分配越均匀，流量不均匀程度数值越大代表流量分配越不均匀。

(4) 明渠段及库区流态。一般给出明渠段各典型断面的流速分布，以及附近库区的流速分布。对于设置拦沙坎的，还应给出拦沙坎坎上流速以及库区侧的坎前断面流速分布，用以判别拦沙坎对库区泥沙的拦沙效果。

(5) 进/出水口是否发生有害漩涡。对于进流工况，当孔口上缘淹没深度较小，或者进/出水口明渠段及附近库区地形不对称时，进/出水口容易发生漩涡，应避免产生有害吸气漩涡。

另外，除上述针对实际工程的进/出水口设计需求进行的研究之外，还应对进/出水口内部流动规律及机理进行研究，在解决科学问题的同时，为进/出水口设计及优化提供理论依据。本书的第5～第12章即是对各专门问题进行的研究。

第2章 研 究 方 法

本章介绍研究抽水蓄能电站进/出水口水力特性的常用方法，包括数值模拟方法、模型试验方法、精细量测试验方法。应当指出，目前抽水蓄能电站进/出水口水力特性的原型观测还是空白，如果条件允许，应开展抽水蓄能电站进/出水口水力特性原型观测研究，这对于实际工程运行效果的评判以及目前研究成果的检验都非常重要。

2.1 数值模拟方法

数值模拟方法具有快捷、方便的优点，但对于复杂的进/出水口双向流动问题，其计算结果的合理性问题应当引起重视，尤其是出流工况的计算结果。一般来说，计算结果的合理性依赖于研究者对计算软件的熟悉程度和所积累的经验。建议首先对已有模型试验结果的类似进/出水口进行计算，并和模型试验结果进行比较，验证了数值模拟结果的合理性之后，再进行计算。

对于具体的抽水蓄能电站进/出水口，利用数值模拟方法，可以较方便地得到进/出水口水力特性，对照《抽水蓄能电站设计规范》（NB/T 10072—2018），对进/出水口设计方案进行评价和优化，提出符合规范要求的进/出水口推荐方案。

对于具有双向流动特点的进/出水口内部流动规律及机理方面的研究，利用数值模拟方法，可以得到进/出水口内部流动的详细信息，进而总结流动规律，探讨流动机理。

2.1.1 流体运动基本方程

对不可压缩均质流体，其基本方程包括连续性方程和运动方程（Navier - Stokes 方程）。

$$\frac{\partial u_i}{\partial x_i}=0 \tag{2.1}$$

$$\frac{\partial u_i}{\partial t}+u_j\frac{\partial u_i}{\partial x_j}=-\frac{1}{\rho}\frac{\partial p}{\partial x_i}+\nu\frac{\partial^2 u_i}{\partial x_j \partial x_j}+f_i \tag{2.2}$$

式中：t 为时间；ρ 为液体密度；u_i 和 u_j 为速度张量；x_i、x_j 为坐标张量，$i=$

1、2、3，$j=1$、2、3；f_i 为单位质量力张量；p 为压强；ν 为液体运动黏滞系数。

Navier - Stokes 方程中有 4 个待求量，包括 1 个压强 p 和 3 个速度张量 u_i，Navier - Stokes 方程组和连续性方程共有 4 个方程式，从理论上讲是可求解的，但由于数学上的困难，Navier - Stokes 方程尚不能求出普遍解。

Navier - Stokes 方程同样适用于紊流。紊流运动极其复杂，求解瞬时流动的全部过程，既困难也无必要，因为紊动是一种随机过程，每一次单独的过程均不完全相同，但其过程的统计平均是有意义的。下面按雷诺平均法建立紊流连续性方程和运动方程。

2.1.2 紊流运动基本方程

对于紊流，其瞬时值可以写为时均值＋脉动值。例如，流速 $u_i=\overline{u_i}+u_i'$，u_i 为瞬时值，$\overline{u_i}$ 为时均值，u_i'为脉动值；压强 $p=\overline{p}+p'$，p 为瞬时值，$\overline{p}$ 为时均值，p'为脉动值。紊流运动基本方程也包括连续性方程和运动方程。

1. 紊流连续性方程

将 $u_i=\overline{u}_i+u_i'$代入连续性方程式（2.1），并进行时间平均，得

$$\overline{\frac{\partial u_i}{\partial x_i}}=\overline{\frac{\partial(\overline{u}_i+u_i')}{\partial x_i}}=\frac{\overline{\partial \overline{u}_i}}{\partial x_i}+\frac{\partial \overline{u_i'}}{\partial x_i}=0 \tag{2.3}$$

因 $\overline{u_i'}=0$，由式（2.3）可得紊流时均流动的连续性方程：

$$\frac{\partial \overline{u}_i}{\partial x_i}=0 \tag{2.4}$$

将 $u_i=\overline{u}_i+u_i'$代入连续性方程式（2.1），得

$$\frac{\partial(\overline{u}_i+u')}{\partial x_i}=\frac{\partial \overline{u}_i}{\partial x_i}+\frac{\partial u_i}{\partial x_i}=0 \tag{2.5}$$

将式（2.4）代入式（2.5）得脉动流速的连续性方程：

$$\frac{\partial u_i'}{\partial x_i}=0 \tag{2.6}$$

2. 紊流运动方程——雷诺方程

将 $u_i=\overline{u_i}+u_i'$和 $p=\overline{p}+p'$代入 Navier - Stokes 方程，得

$$\frac{\partial}{\partial t}(\overline{u}_i+u_i')+(\overline{u}_j+u_j')\frac{\partial}{\partial x_j}(\overline{u}_i+u_i')=-\frac{1}{\rho}\frac{\partial}{\partial x_i}(\overline{p}+p')+v\frac{\partial^2}{\partial x_j\partial x_j}(\overline{u}_i+u_i')+f_i \tag{2.7}$$

对式（2.7）取时间平均，并注意平均运算法则及消去若干等于 0 的项，得

$$\frac{\partial \overline{u}_i}{\partial t}+\overline{u}_j\frac{\partial \overline{u}_i}{\partial x_j}+\overline{u_j'\frac{\partial u_i'}{\partial x_j}}=-\frac{1}{\rho}\frac{\partial \overline{p}}{\partial x_i}+v\frac{\partial^2 \overline{u}_i}{\partial x_j\partial x_j}+f_i \tag{2.8}$$

式（2.8）等号左端第三项可改写为

$$\overline{u_j'\frac{\partial u_i'}{\partial x_j}}=\overline{\frac{\partial}{\partial x_j}(u_i'u_j')}-\overline{u_i'\frac{\partial u_j}{\partial x_j}} \tag{2.9}$$

因$\frac{\partial u_j'}{\partial x_j}=0$，则式（2.9）右端第二项为0，故

$$\overline{u_j'\frac{\partial u_i'}{\partial x_j}}=\frac{\partial}{\partial x_j}(\overline{u_i'u_j'}) \tag{2.10}$$

代入式（2.7）并整理，得

$$\frac{\partial \overline{u}_i}{\partial t}+\overline{u}_j\frac{\partial \overline{u}_i}{\partial x_j}=-\frac{1}{\rho}\frac{\partial \overline{p}}{\partial x_i}+\frac{1}{\rho}\frac{\partial}{\partial x_j}\left(\mu\frac{\partial \overline{u}_i}{\partial x_j}-\rho\overline{u_i'u_j'}\right)+f_i \tag{2.11}$$

式（2.11）为不可压缩紊流时均流动的运动方程，即雷诺方程（Reynolds equation）。

比较雷诺方程式（2.11）和 Navier - Stokes 方程式（2.2）可知，雷诺方程增加了$-\rho\overline{u_i'u_j'}$项，它代表了紊流脉动对时均流动产生的影响，称为雷诺应力（Reynolds stress）。

至此，得到了时均紊流的基本方程组：1个连续性方程和3个雷诺方程。未知量包括3个时均流速分量、1个时均压强以及6个雷诺应力（$-\rho\overline{u_i'u_j'}$共有9项，因$\overline{u_i'u_j'}=\overline{u_j'u_i'}$，独立的只有6个），共10个，远超过方程的数目。因此，上述时均紊流基本方程组是不封闭的。

2.1.3 紊流模型

应用紊流时均的连续性方程和雷诺方程求解紊流问题时，2.1.2节所述10个未知量远超过方程的数目，这就造成了时均紊流基本方程组的不封闭。为使方程组封闭可解，根据紊流运动规律构建附加条件和关系式，称为紊流模型。近年来发展了各种紊流模型，下面介绍本书用到的几个紊流模型。

1. 标准 $k-\varepsilon$ 模型

下面介绍应用广泛的标准 $k-\varepsilon$ 模型。

标准 $k-\varepsilon$ 模型是基于紊动能 $k=\frac{1}{2}\overline{u_i'u_i'}$ 和紊动能耗散率 $\varepsilon=\frac{\mu}{\rho}\overline{\left(\frac{\partial u_i'}{\partial x_j}\right)\left(\frac{\partial u_i'}{\partial x_j}\right)}$两个未知量的输运方程所构建的紊流模型。

对于不可压缩流动，紊动能 k 和紊动能耗散率 ε 对应的输运方程表示为

$$\frac{\partial k}{\partial t}+\overline{u_j}\frac{\partial k}{\partial x_j}=\frac{\partial}{\partial x_j}\left(\frac{\nu_t}{\sigma_k}\frac{\partial k}{\partial x_j}\right)+\nu_t\frac{\partial \overline{u_i}}{\partial x_j}\left(\frac{\partial \overline{u_i}}{\partial x_j}+\frac{\partial \overline{u_j}}{\partial x_i}\right)-\varepsilon \tag{2.12}$$

$$\frac{\partial \varepsilon}{\partial t}+\overline{u}_j\frac{\partial \varepsilon}{\partial x_j}=C_\mu\frac{\partial}{\partial x_j}\left(\frac{k^2}{\varepsilon\sigma_\varepsilon}\frac{\partial \varepsilon}{\partial x_j}\right)+\left(C_{1\varepsilon}\frac{\pi}{\varepsilon}-C_{2\varepsilon}\right)\frac{\varepsilon^2}{k} \tag{2.13}$$

$$\nu_t = C_\mu \frac{k^2}{\varepsilon} \tag{2.14}$$

$$\pi = -u_i' u_j' \frac{\partial u_i'}{\partial x_j} \tag{2.15}$$

式中：ν_t 为涡黏性系数；π 为 k 的产生项；C_μ、$C_{1\varepsilon}$、$C_{2\varepsilon}$、σ_ε 为经验系数，分别取 0.99、1.44、1.92 和 1.33。

2. Realizable $k-\varepsilon$ 模型

Realizable $k-\varepsilon$ 模型在两方面对标准 $k-\varepsilon$ 模型进行了改进：①在紊动黏度 μ_t 中引入了与旋转和曲率有关的内容；②根据均方涡量脉动动态方程修正了耗散率方程。与标准 $k-\varepsilon$ 模型相比，该模型可以用来模拟旋转均匀剪切流、管道内流、包含有射流和混合流的自由流动及带有分离的流动等。

对于不可压缩流动，紊动能 k 和紊动能耗散率 ε 对应的输运方程表示为

$$\frac{\partial(\rho k)}{\partial t} + \frac{\partial(\rho k \overline{u_i})}{\partial x_i} = \frac{\partial}{\partial x_j}\left[\left(\mu + \frac{\mu_t}{\sigma_k}\right)\frac{\partial k}{\partial x_j}\right] + G_k - \rho\varepsilon \tag{2.16}$$

$$\frac{\partial(\rho\varepsilon)}{\partial t} + \frac{\partial(\rho\varepsilon\overline{u_i})}{\partial x_i} = \frac{\partial}{\partial x_j}\left[\left(\mu + \frac{\mu_t}{\sigma_\varepsilon}\right)\frac{\partial \varepsilon}{\partial x_j}\right] + \rho C_1 S\varepsilon - \rho C_2 \frac{\varepsilon^2}{k + \sqrt{\nu\varepsilon}} \tag{2.17}$$

$$G_k = \mu_t \left(\frac{\partial \overline{u_i}}{\partial x_j} + \frac{\partial \overline{u_j}}{\partial x_i}\right)\frac{\partial \overline{u_i}}{\partial x_j} \tag{2.18}$$

$$\mu_t = \rho C_\mu \frac{k^2}{\varepsilon} \tag{2.19}$$

$$C_1 = \max\left[0.43, \frac{\eta}{\eta+5}\right] \tag{2.20}$$

$$\eta = (2E_{ij} \cdot E_{ij})^{0.5} \frac{k}{\varepsilon} \tag{2.21}$$

$$E_{ij} = \frac{1}{2}\left(\frac{\partial \overline{u_i}}{\partial x_j} + \frac{\partial \overline{u_j}}{\partial x_i}\right) \tag{2.22}$$

$$C_\mu = 1/\left(A_0 + A_s \frac{kU^*}{\varepsilon}\right) \tag{2.23}$$

$$A_s = \sqrt{6}\cos\phi \tag{2.24}$$

$$\phi = \frac{1}{3}\arccos(\sqrt{6}W) \tag{2.25}$$

$$W = \frac{S_{ij}S_{jk}S_{ki}}{\sqrt{S_{ij}S_{ij}}^3} \tag{2.26}$$

$$U^* = \sqrt{S_{ij}S_{ij} + \tilde{\Omega}_{ij}\tilde{\Omega}_{ij}} \tag{2.27}$$

$$\tilde{\Omega}_{ij} = \Omega_{ij} - 2\varepsilon_{ijk}\omega_k \tag{2.28}$$

$$\Omega_{ij}=\overline{\Omega}_{ij}-\varepsilon_{ijk}\omega_k \tag{2.29}$$

式中：$C_2=1.9$；$\sigma_k=1.0$；$\sigma_\varepsilon=1.2$；$A_0=4.04$；μ 为动力黏滞系数；$\overline{\Omega}_{ij}$ 为从角速度的参考系中观测到的时均转动速率张量；ω_k 为旋转角速度；ε_{ijk} 为耗散率。

3. 雷诺应力模型（RSM）

雷诺应力模型是针对雷诺应力张量的所有分量构造附加输运方程，然后直接联立求解雷诺方程、附加输运方程、k 方程和 ε 方程。雷诺应力模型输运方程为

$$\frac{\partial(\rho\overline{u_i'u_j'})}{\partial t}+C_{ij}=D_{ij}+P_{ij}+\Phi_{ij}-\varepsilon_{ij}-F_{ij} \tag{2.30}$$

$$C_{ij}=\frac{\partial(\rho\overline{u_k}\overline{u_i'u_j'})}{\partial x_k} \tag{2.31}$$

$$D_{ij}=-\frac{\partial}{\partial x_k}\left(\frac{\mu_t}{\sigma_k}\frac{\partial\overline{u_i'u_j'}}{\partial x_k}+\mu\frac{\partial\overline{u_i'u_j'}}{\partial x_k}\right) \tag{2.32}$$

$$P_{ij}=-\rho\left(\overline{u_i'u_k'}\frac{\partial\overline{u_j}}{\partial x_k}+\overline{u_j'u_k'}\frac{\partial\overline{u_i}}{\partial x_k}\right) \tag{2.33}$$

$$\varepsilon_{ij}=2\mu\overline{\frac{\partial u_i'}{\partial x_k}\frac{\partial u_j'}{\partial x_k}} \tag{2.34}$$

$$F_{ij}=2\rho\omega_k(\overline{u_j'u_m'}e_{ikm}+\overline{u_i'u_m'}e_{ikm}) \tag{2.35}$$

式中：C_{ij} 为对流项；D_{ij} 为扩散项，$\sigma_k=0.82$；P_{ij} 为剪切力产生项；Φ_{ij} 为压力应变项；ε_{ij} 为黏性耗散项；F_{ij} 为系统旋转产生项；ρ 为液体密度；ω_k 为旋转角速度；e_{ikm} 为转换符号，当 i、k、m 这 3 个指标不同并且符号正序排列时，$e_{ikm}=1$，而当 3 个指标不同并且符号逆序排列时，$e_{ikm}=-1$，当 3 个指标中有重复时，$e_{ikm}=0$。

式（2.30）中的压力应变项 Φ_{ij} 需要构建模型求解，这里给出线性压力应变模型的表达式：

$$\Phi_{ij}=\Phi_{ij,1}+\Phi_{ij,2}+\Phi_{ij,w} \tag{2.36}$$

式中，$\Phi_{ij,1}$ 为慢速压力应变项，模型表达式为

$$\Phi_{ij,1}=-C_1\rho\frac{\varepsilon}{k}\left(\overline{u_i'u_j'}-\frac{2}{3}k\delta_{ij}\right) \tag{2.37}$$

式中：$C_1=1.8$；δ_{ij} 为 Kronecker 符号。

$\Phi_{ij,2}$ 为快速压力应变项，模型表达式为

$$\Phi_{ij,2}=-C_2\left[(P_{ij}+F_{ij}-C_{ij})-\frac{2}{3}\delta_{ij}(P-C)\right] \tag{2.38}$$

式中：$C_2=0.60$；P_{ij}，F_{ij} 和 C_{ij} 定义同式（2.30）；$P=\frac{1}{2}P_{kk}$；$C=\frac{1}{2}C_{kk}$。

$\Phi_{ij,w}$ 为壁面反射项，模型表达式为

$$\Phi_{ij,w}=C_1'\frac{\varepsilon}{k}\left(\overline{u_k'u_m'}n_kn_m\delta_{ij}-\frac{3}{2}\overline{u_i'u_k'}n_jn_k-\frac{3}{2}\overline{u_j'u_k'}n_in_k\right)\frac{C_lk^{3/2}}{\varepsilon d}$$
$$+C_2'\left(\Phi_{km,2}n_kn_m\delta_{ij}-\frac{3}{2}\Phi_{ik,2}n_jn_k-\frac{3}{2}\Phi_{jk,2}n_in_k\right)\frac{C_lk^{3/2}}{\varepsilon d} \tag{2.39}$$

式中：$C_1'=0.5$；$C_2'=0.3$；n_k 为壁面单位法向矢量沿 x_k 方向的分量；d 为研究的位置到壁面的距离；$C_l=C_\mu^{3/4}/\kappa$，$C_\mu=0.09$，κ 为 Karman 常数，$\kappa=0.4187$。

除了输运方程，紊动能 k 和紊动耗散率 ε 的对应方程如下：

$$\frac{\partial(\rho k)}{\partial t}+\frac{\partial(\rho k\overline{u_i})}{\partial x_i}=\frac{\partial}{\partial x_j}\left[\left(\mu+\frac{\mu_t}{\sigma_k}\right)\frac{\partial k}{\partial x_j}\right]+\frac{1}{2}P_{ii}-\rho\varepsilon \tag{2.40}$$

$$\frac{\partial(\rho\varepsilon)}{\partial t}+\frac{\partial(\rho\varepsilon\overline{u_i})}{\partial x_i}=\frac{\partial}{\partial x_j}\left[\left(\mu+\frac{\mu_t}{\sigma_\varepsilon}\right)\frac{\partial\varepsilon}{\partial x_j}\right]+C_{1\varepsilon}\frac{1}{2}P_{ii}-C_{2\varepsilon}\rho\frac{\varepsilon^2}{k} \tag{2.41}$$

式中：P_{ii} 为剪切应力产生项；$\mu_t=\rho C_\mu\frac{k^2}{\varepsilon}$；$C_{1\varepsilon}=1.44$；$C_{2\varepsilon}=1.92$；$C_\mu=0.09$；$\sigma_k=0.82$；$\sigma_\varepsilon=1.0$。

2.1.4 计算方法

模型求解采用有限体积法，离散格式采用二阶迎风格式，压力-速度耦合采用压力校正法，时间差分采用全隐格式，自由水面跟踪采用 VOF（the volume of fluid）方法。

VOF 方法即对每一相引入体积分数变量 α_q，通过求解每一控制单元内体积分数值确定相间界面。设某一控制单元内第 q 相体积分数为 $\alpha_q(0\leqslant\alpha_q\leqslant1)$，则当 $\alpha_q=0$ 时，控制单元内无第 q 相流体；$\alpha_q=1$ 时，控制单元内充满第 q 相流体；$0<\alpha_q<1$ 时，控制单元包含相界面。在每个控制单元内各相体积分数之和等于 1，即

$$\sum_{q=1}^{n}\alpha_q=1 \tag{2.42}$$

α_q 应满足以下方程：

$$\frac{\partial\alpha_q}{\partial t}+U_i\frac{\partial\alpha_q}{\partial X_i}=0 \tag{2.43}$$

计算中所有控制单元表面体积通量的计算采用隐式差分格式，即

$$\frac{\alpha_q^{n+1}-\alpha_q^n}{\Delta t}V+\sum_f(U_f^{n+1}\alpha_{q,f}^{n+1})=0 \tag{2.44}$$

式中：$n+1$ 为当前时间步指示因子；n 为前一时间步指示因子；$\alpha_{q,f}$ 为单元表

面第 q 相体积分数计算值；V 为控制单元体积；U_f 为控制单元表面体积通量。

2.1.5 数值模拟方法验证

应当指出，对于具有双向流动特点的进/出水口，因扩散段分流隔墙致使其体型复杂且精细，其水力特性的数值模拟结果的合理性和可靠性，依赖于紊流模型的选择、网格划分的精细度和技巧、边壁的处理方法，也依赖于计算者的经验，应予以高度重视。下面结合两个实际工程的进/出水口，从进/出水口水头损失、拦污栅断面流速分布、流量分配等方面，验证数值模拟方法获得结果的合理性和可靠性。

1. 侧式进/出水口（2 隔墙 3 孔道）

XL 抽水蓄能电站下水库采用侧式进/出水口，侧式进/出水口总长度为 43.0m。该侧式进/出水口为 2 分流隔墙 3 孔道，每个孔口高 6.5m、宽 4.5m。防涡梁段长度 8m，调整段长度 10m，扩散段长度 25m。扩散段水平扩散角 26.12°，顶板扩张角 5.03°。

计算区域如图 2.1 所示。计算区域包括隧洞、进/出水口、明渠以及库区。库区模拟范围，横向宽度为 5W（W 为进/出水口扩散段末端宽度，代表进/出水口宽度），纵向长度为 10LM（LM 为明渠段长度），这些边界为库区边界；隧洞长度取距渐变段 20D（D 为隧洞洞径），该断面为隧洞边界。

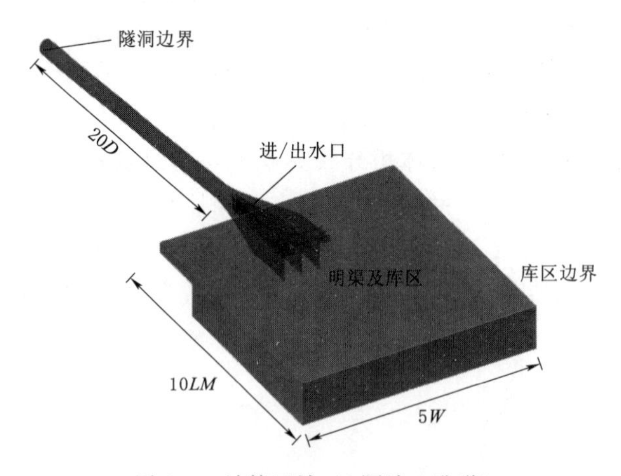

图 2.1 计算区域（2 隔墙 3 孔道）

库区边界依据水库水位按静水压强给出；隧洞边界设为速度边界，由按照流量计算的断面平均流速给出；固壁边界采用无滑移条件。

进/出水口和库区采用结构化六面体网格，进/出水口网格尺寸 0.2m，其余部位网格尺寸 0.3m，网格总数约 1100 万。

利用上述数值模拟方法对该进/出水口进行计算，得到出流工况和进流工况的进/出水口水头损失、拦污栅断面流速分布和各孔道流量分配。计算工况：死水位孔口中心淹没深度7.68m、出流流量54.18m^3/s、进流流量46.76m^3/s。为验证数值模拟结果的合理性，提取数值模拟结果的进/出水口水头损失系数、拦污栅断面中垂线流速分布和各孔道流量分配，并与物理模型试验结果进行比较，相对误差均按物理模型试验值为基准计算，物理模型试验结果取自《XL抽水蓄能电站下水库进/出水口水工模型试验》(2002年)。

(1) 进/出水口水头损失。表2.1列出了数值模拟得到的侧式进/出水口水头损失系数，并与物理模型试验值进行了对比。由表2.1可知，出流工况进/出水口水头损失系数，数值模拟值（数模值）为0.35，物理模型试验值（物模值）为0.33，相对误差为5.15%；进流工况进/出水口水头损失系数，数模值为0.24，物模值为0.23，相对误差为2.61%。数值模拟结果与物理模型试验结果吻合较好。

表2.1　　进/出水口水头损失系数（2隔墙3孔道）

工　况	数模值	物模值	相对误差/%
出流工况	0.35	0.33	5.15
进流工况	0.24	0.23	2.61

(2) 拦污栅断面流速分布。XL抽水蓄能电站下水库进/出水口中、边孔道拦污栅断面中垂线流速分布的数模值与物模值对比如图2.2和图2.3所示。由图可以看出，数值模拟和物理模型试验的拦污栅断面流速分布吻合较好，多数测点流速的相对误差较小，出流工况，中孔道为1.01%～9.68%，边孔道为0.97%～3.77%；进流工况，中孔道为0.00%～10.53%，边孔道为1.96%～11.76%。

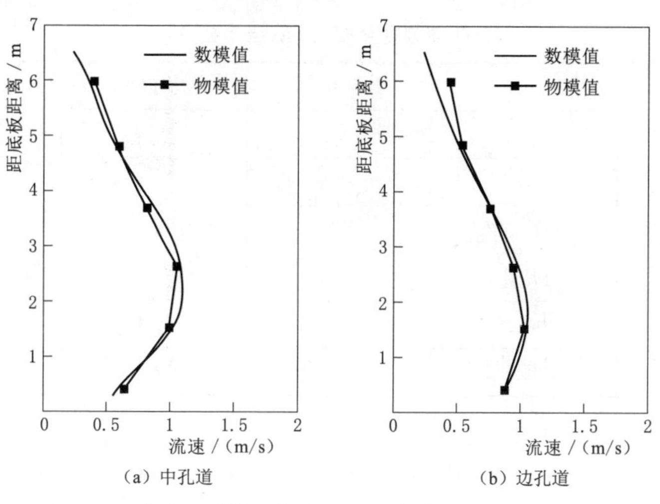

图2.2　出流工况拦污栅断面流速分布（2隔墙3孔道）

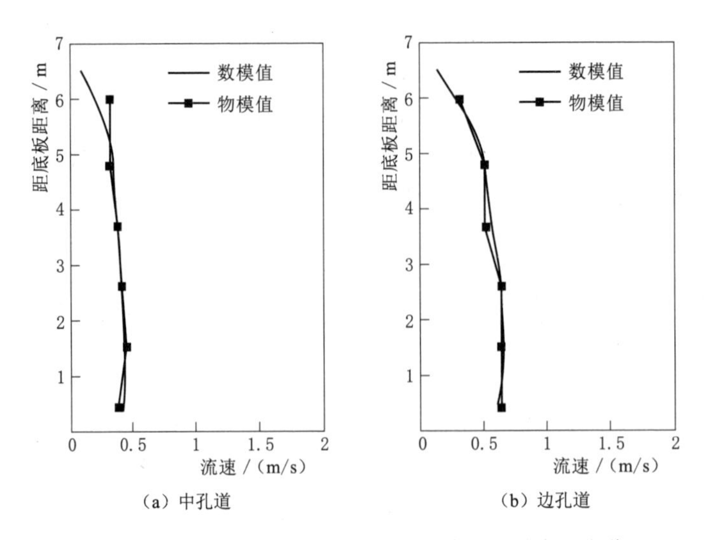

图 2.3 进流工况拦污栅断面流速分布（2隔墙3孔道）

（3）流量分配。表2.2给出了该进/出水口各孔道流量分配的数模值与物模值。各孔道流量分配是指每个孔道流量占整个进/出水口的总流量百分数，例如，该3孔道的侧式进/出水口，流量分配均匀的理想情况，每个孔道流量分配应为33.33%。由表2.2可知，出流工况各孔道流量分配，数模值为31.8%～36.4%，物模值为30.7%～35.1%，相差较小，相对误差在3.6%～6.6%之间；进流工况各孔道流量分配，数模值为27.2%～36.4%，物模值为25.6%～37.2%，相差较小，相对误差在2.2%～6.2%之间。因此，对于该进/出水口各孔道流量分配，数值模拟与物理模型试验吻合较好。

表2.2　　各孔道流量分配（2隔墙3孔道）

工况	孔道	数模值/%	物模值/%	相对误差/%
出流	边孔道1	31.8	30.7	3.6
	中孔道	35.4	34.2	3.5
	边孔道2	32.8	35.1	6.6
进流	边孔道1	36.4	37.2	2.2
	中孔道	27.2	25.6	6.2
	边孔道2	36.4	37.2	2.2

2. 侧式进/出水口（3隔墙4孔道）

HY抽水蓄能电站上水库采用侧式进/出水口，侧式进/出水口总长度为58.22m。该侧式进/出水口为3分流隔墙4孔道，每个孔口高8.7m、宽4.9m。

防涡梁段长度10.11m，调整段长度14.5m，扩散段长度36m。扩散段水平扩散角27.9°，顶板扩张角4.0°。

计算区域如图2.4所示。计算区域包括隧洞、进/出水口、明渠以及库区。库区模拟范围，横向宽度为5W（W为进/出水口扩散段末端宽度，代表进/出水口宽度），纵向长度为10LM（LM为明渠段长度），这些边界为库区边界；隧洞长度取距渐变段20D（D为隧洞洞径），该断面为隧洞边界。

库区边界依据水库水位按静水压强给出；隧洞边界设为速度边界，由按照流量计算的断面平均流速给出；固壁边界采用无滑移条件。

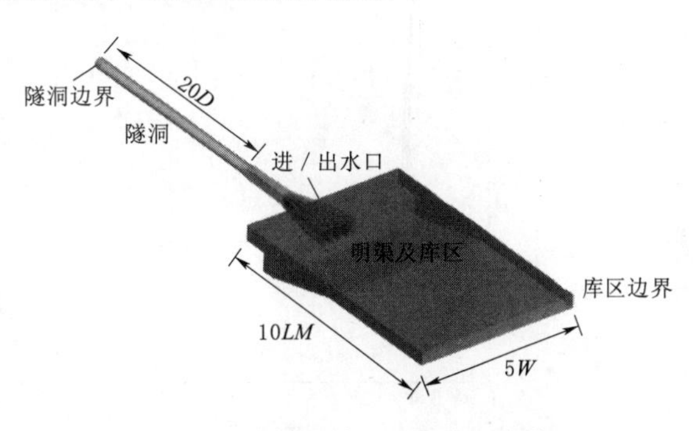

图2.4　计算区域（3隔墙4孔道）

进/出水口和库区采用结构化六面体网格，进/出水口网格尺寸0.2m，其余部位网格尺寸0.3m，网格总数约1200万。

利用上述数值模拟方法对该进/出水口进行计算，得到出流工况和进流工况的进/出水口水头损失、拦污栅断面流速分布、流量分配。计算工况：死水位时孔口中心淹没水深17.65m、出流流量89.0m^3/s、进流流量133.0m^3/s。为验证数值结果的合理性，提取数值模拟结果的进/出水口水头损失系数、拦污栅断面中垂线流速分布和各孔道流量分配，并与物理模型试验结果进行比较，相对误差均按物理模型试验值为基准计算，物理模型试验结果取自《HY抽水蓄能电站下水库进/出水口水工模型试验》（2023年）。

（1）进/出水口水头损失。表2.3列出了该进/出水口水头损失系数的数模值与物模值对比。由表2.3可知，出流工况进/出水口水头损失系数，数模值为0.34，物模值为0.33，相对误差为3.03%；进流工况进/出水口水头损失系数，数模值为0.21，物模值为0.22，相对误差为4.54%。数值模拟结果与物理模型试验结果吻合较好。

表2.3　　进/出水口水头损失系数（3隔墙4孔道）

工况	数模值	物模值	相对误差/%
出流工况	0.34	0.33	3.03
进流工况	0.21	0.22	4.54

（2）拦污栅断面流速分布。该进/出水口中、边孔道拦污栅断面中垂线流速分布的数模值与物模值对比如图2.5和图2.6所示。由图可以看出，数值模拟和

物理模型试验的拦污栅断面流速分布吻合较好，多数测点流速的相对误差较小，出流工况，中孔道为 2.03%～4.26%，边孔道为 0.63%～1.73%；进流工况，中孔道为 0.08%～3.87%；边孔道为 1.05%～2.21%。

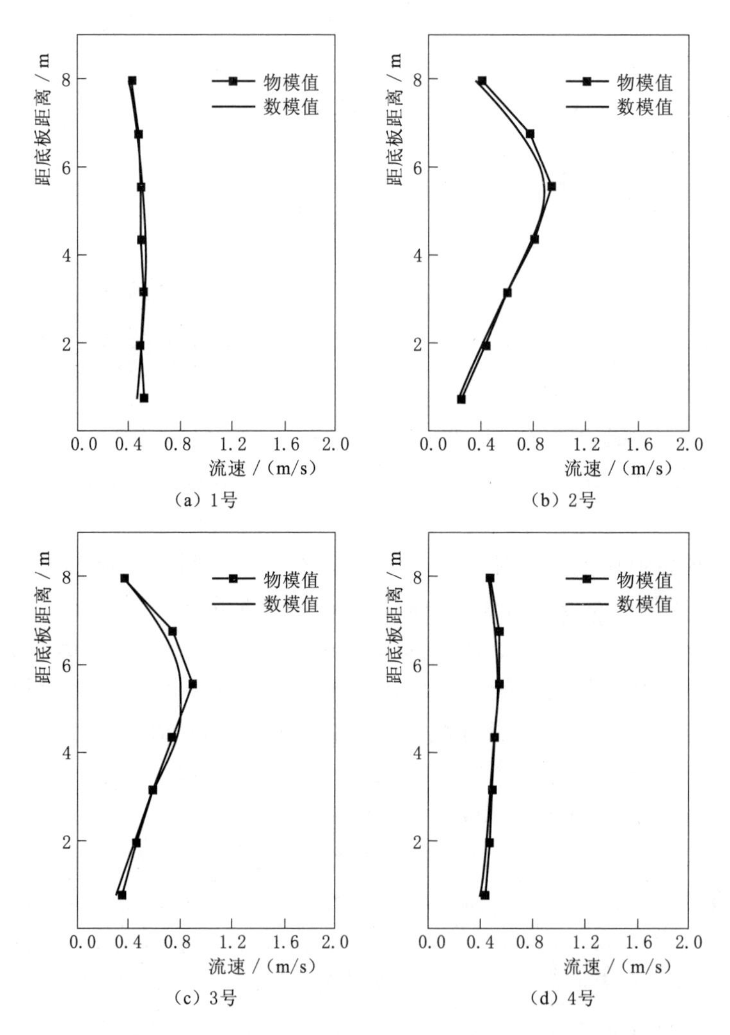

图 2.5 出流工况拦污栅断面流速分布（3 隔墙 4 孔道）

(3) 流量分配。表 2.4 列出了该进/出水口各孔道流量分配的数模值与物模值。由表 2.4 可知，出流工况各孔道流量分配，数模值为 24.05%～25.75%，物模值为 23.70%～26.25%，相差较小，相对误差在 1.20%～1.90%之间；进流工况各孔道流量分配，数模值为 23.43%～26.57%，物模值为 23.81%～25.89%，相差较小，相对误差在 0.47%～2.63%之间。因此，对于该进/出水口各孔道流量分配，数值模拟与物理模型试验吻合较好。

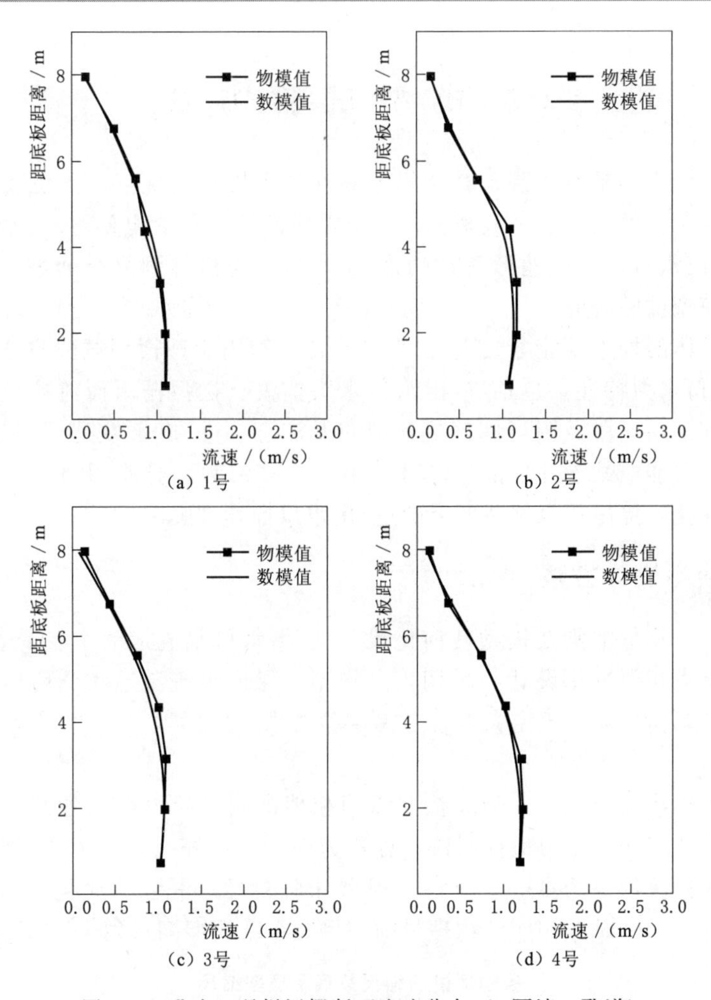

(a) 1号　(b) 2号　(c) 3号　(d) 4号

图 2.6　进流工况拦污栅断面流速分布（3 隔墙 4 孔道）

表 2.4　　进/出水口流量分配（3 隔墙 4 孔道）

工况	孔道	数模值/%	物模值/%	相对误差/%
出流工况	边孔道 1	24.05	23.70	1.48
	中孔道 1	25.47	25.78	1.20
	中孔道 2	25.75	26.25	1.90
	边孔道 2	24.73	24.27	1.90
进流工况	边孔道 1	26.57	25.89	2.63
	中孔道 1	23.43	23.81	1.59
	中孔道 2	24.38	24.56	0.73
	边孔道 2	25.62	25.74	0.47

2.2 模型试验方法

模型试验方法具有直观、其结果可靠性易于接受的优点，但也受试验成本高、试验周期长的局限。一般来说，对于重要的抽水蓄能电站进/出水口、体型复杂的进/出水口、库区地形复杂的进/出水口、连接隧洞复杂的进/出水口等，均应进行模型试验研究。

对于具体的抽水蓄能电站进/出水口设计，利用物理模型试验方法，可以得到进/出水口水力特性，包括进/出水口水头损失、拦污栅断面流速分布、各孔道流量分配、明渠段及附近库区流速分布及流态、进/出水口是否产生漩涡等，对照《抽水蓄能电站设计规范》（NB/T 10072—2018），对进/出水口设计方案进行评价和优化，提出符合规范要求的进/出水口推荐方案。

2.2.1 模型设计方法

（1）模型相似准则及模型几何比尺。进/出水口水流运动主要受重力作用，模型按照重力相似准则设计，采用正态模型，保证水流流态和几何边界条件的相似。模型几何比尺的确定，综合考虑试验要求、库区地形及进/出水口布置形式等。

当确定模型几何比尺之后，依据重力相似准则，即可得到各物理量的模型比尺。模型几何比尺是习惯性叫法，也称为模型几何缩尺，写为1∶35.00时称为模型几何比尺，写为35.00时称为模型几何缩尺，更容易理解。例如，模型几何缩尺为35.00时，相应各物理量的缩尺关系及模型缩尺列于表2.5。

表2.5 各物理量的缩尺关系及模型缩尺

物理量	缩尺关系	模型缩尺	物理量	缩尺关系	模型缩尺
长度	λ_L	35.00	压强	$\lambda_p=\lambda_L\lambda_\rho$	35.00
流速	$\lambda_v=\lambda_L^{1/2}$	5.92	糙率	$\lambda_n=\lambda_L^{1/6}$	1.81
流量	$\lambda_Q=\lambda_L^{5/2}$	7247.20	时间	$\lambda_t=\lambda_L^{1/2}$	5.92

（2）模型模拟范围的确定。当模型缩尺确定后，应根据进/出水口的布置及库区地形，确定合理的模拟范围。模型应包括进出水口、反坡明渠及附近部分库区，也应该包括闸门井及部分输水隧洞。当进/出水口附近库区地形较复杂时，应包括库区地形。一般来说模拟整个库区是困难的，应当在距离反坡明渠上、下游及对面足够远的库区内确定库区模拟范围，作为库区边界，其原则是该库区边界的来流或出流不影响反坡明渠及附近库区的流态。模拟的输水隧洞应足够长，当靠近进/出水口的输水隧洞有坡度、立面转弯、平面转弯等复杂形

式时，应模拟输水隧洞的这些复杂形式，对于有隧洞转弯的，应模拟至转弯以外至少 20 倍洞径距离处，将该断面作为隧洞边界。

(3) 漩涡模拟。原型中黏性力和表面张力对环流与漩涡产生所起的阻滞作用可略去不计，而模型尺度和流量等按比尺缩小导致黏性力和表面张力对环流与漩涡的作用相对增大，即模型缩尺效应。因此模型设计时，应尽量使雷诺数 Re 和韦伯数 We 超过一定的临界值，使黏性力和表面力的影响处于次要位置，尽量避免缩尺的影响。当 Re 及 We 不满足所要求的临界值时，为尽量减免模型缩尺的影响，试验时一般采用加大流量的办法对漩涡运动进行补充观察。

加大流量的倍数应通过计算 Re 及 We 满足相应临界值得到。目前较通用的临界值雷诺数为 $Re \geqslant 3\times10^4$ 或 $Re \geqslant 3.4\times10^4$，$Re=Q/(\nu s)$，$Q$ 为流量，ν 为液体运动黏滞系数，s 为孔口中心淹没深度。模型进水口韦伯数 $We \geqslant 120$，$We=\rho v^2 H/\sigma$，v 为孔口平均流速，ρ 为液体密度，H 为孔口高度，σ 为表面张力系数。上述临界值的来源及计算详见 10.4.2 节和 4.3.1 节。

2.2.2 试验装置

图 2.7 为专门进行抽水蓄能电站进/出水口物理模型试验的装置图。该试验装置在天津大学水力学实验室内，由供水系统、库区、侧式进/出水口、流量控制系统、稳流装置等组成。供水系统包括水泵、高平水塔、供水管路等。

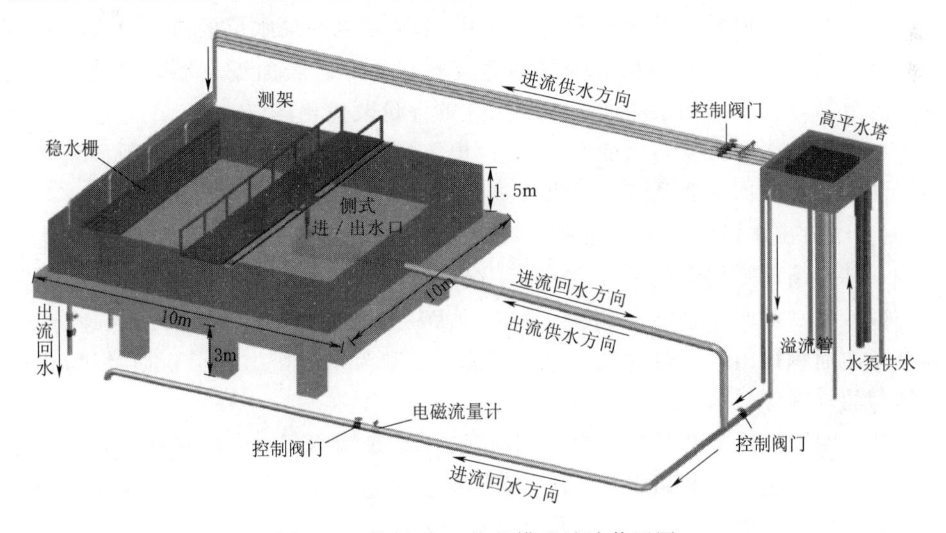

图 2.7 进/出水口物理模型试验装置图

高平水塔由水泵供水，水塔高 10m，水塔内设有溢流板及溢流管保证水位恒定。模型库区应建在距地面足够高的平台上，这样可以模拟输水隧洞的坡度和立面转弯，模型库区范围应足够大。本书的模型库区位于距地面 3.0m 高的平台上，库区长10m，宽10m，高1.5m。侧式进/出水口采用有机玻璃加工制作，一般包括输水隧洞、渐变段、方形段、扩散段、调整段、拦污栅段、防涡梁段等。由计算机控制电磁流量计和自控阀门构成流量控制系统，实现了流量的自动控制和精确量测。稳流装置主要包括稳水箱和稳水栅，以保证进出流平稳。出流工况，水流自高平水塔沿管路流入输水隧洞，经进/出水口出流，向明渠段和库区扩散；进流工况，水流靠水库水位和地面之间的落差从水库自流进入进出水口，并通过高水塔向水库补水保持库水位恒定。

2.2.3 试验方法及量测仪器

按研究内容依次对出流和进流工况分别进行试验，同时进行录像和照相。

1. 试验方法

对于出流工况试验，可依次进行进/出水口水头损失量测、控制断面流速分布量测、明渠流速量测及流态观测。

(1) 进/出水口水头损失量测，在进/出水口典型断面设测压管量测测压管水位，结合断面平均流速，得出不同工况的水头损失及水头损失系数。

(2) 控制断面流速分布量测，利用声学多普勒流速仪（ADV）量测进/出水口断面的流速分布，结合断面面积得出孔道的流量，从流速分布和流量分配方面分析研究进/出水口体型的合理性。

(3) 明渠流速量测及流态观测，利用ADV量测明渠水流的流速分布，观测是否有环流等现象，利用粒子跟踪测速技术记录库区表面流速场。通过对试验数据的分析，提出对明渠断面形式及尺寸的评价及优化建议。

对于进流工况试验，可依次进行进/出水口水头损失量测、控制断面流速分布量测、明渠流速量测及流态观测、进/出水口漩涡观测。

(1) 进/出水口水头损失量测，在进/出水口典型断面设测压管量测测压管水位，结合断面平均流速，得出不同工况上的水头损失及水头损失系数。

(2) 控制断面流速分布量测，利用ADV量测进/出水口断面的流速分布，结合断面面积得出各孔道的流量，从流速分布和流量分配方面分析研究进/出水口体型的合理性。

(3) 明渠流速量测及流态观测，利用ADV量测明渠水流的流速分布，观测是否有漩涡等现象，利用PTV记录库区表面流速场。通过对试验数据的分析，提出对明渠断面形式及尺寸的评价及优化建议。

(4) 进/出水口漩涡观测，在死水位设计流量和增大流量条件下，分别观测进/出水口有无漩涡，关注是否发生吸气漩涡。

对于试验结果，应对标设计规范进行分析，发现问题并进行优化，提出符合规范要求的推荐方案。

（1）整理各工况试验成果，分析进/出水口水头损失系数、拦污栅断面流速分布、各孔道流量分配等，若发现问题，提出修改意见，进行方案优化试验。

（2）根据对环流及漩涡观测成果，分析判断漩涡的危害，若发现问题，提出进/出水口的防涡建议及防涡梁布置的优化建议，并进行优化试验。

2. 量测仪器及测点布置

（1）进/出水口水头损失测量。在进/出水口各典型断面安装测压管，量测测压管水位。各典型断面的位置可参考图 1.10。进/出水口水头损失及水头损失系数可参见式（1.1）～式（1.3）。

（2）拦污栅断面流速量测。利用声学多普勒流速仪量测进/出水口拦污栅断面的流速分布。图 2.8 为声学多普勒流速仪。声学多普勒流速仪可以测量任一点的三维瞬时流速，记录流速的历时变化，其详细介绍请见 2.3.2 节。

图 2.8　声学多普勒流速仪

试验时在进/出水口的每个孔道拦污栅断面布置左、中、右 3 条垂向测线，每条测线沿垂向布设 5～9 个测点。流速测点布置可参见图 1.11。

（3）明渠内流速分布及库区表面流场测量。沿明渠流向布置 3～5 个横向断面，利用声学多普勒流速仪量测明渠段流速分布。在库区表面撒匀足够数量的粒子，利用粒子跟踪测速技术记录库区表面流速场，观测是否有环流等现象。

粒子跟踪测速技术结合了计算机、光学及图像分析等技术，属于 Lagrange 类方法，其原理是通过跟踪流场中示踪粒子一定时间内的运动轨迹分析示踪粒子的速度，如图 2.9 所示。与传统的测量方法相比，粒子跟踪测速技术具有以

（a）示踪粒子均匀抛撒

（b）相机识别示踪粒子

图 2.9　示踪粒子识别

下优点：非接触式测量，通过高清相机拍摄示踪粒子的位置，对流场无干扰；瞬时测量，根据CCD相机拍摄的表面粒子照片分析实时流场变化；测量结果准确直观，能够准确辨别并匹配示踪粒子的流动轨迹，得到流速场图。

2.3 精细量测试验方法

精细量测试验方法主要利用先进的量测仪器量测进/出水口内部流速，获得流速场等，实测得到进/出水口内部流动的详细信息，进而总结流动规律，探讨流动机理。

2.3.1 试验装置

图2.10为精细量测试验装置图。该试验装置在天津大学水力学实验室测试区内，总长约14m，为保证来流充分发展，输水隧洞模拟长度为50D（D为输水隧洞直径）。试验装置由供水系统、水库、侧式进/出水口模型、流量控制系统等组成。供水系统包括水泵、高平水塔、集水箱、供水管路、稳流装置等。为了满足进/出水口双向过流的需求，将进/出水口整体抬高1.5m，进流工况（水流从水库流向输水隧洞）靠水库与地面出口之间的水头差自由出流，出流工况（水流自输水隧洞流向水库）利用高平水塔提供稳定的流量。流量控制系统包括电磁流量计和阀门等。出流工况，水流自高平水塔沿管路依次经过阀门、电磁流量计、输水隧洞后流入进/出水口，再向水库扩散，经过稳流装置后汇入集水箱。进流工况，水流自高平水塔沿管路经过稳流装置稳流后进入水库，随后流入进/出水口及输水隧洞。侧式进/出水口及输水隧洞采用有机玻璃加工

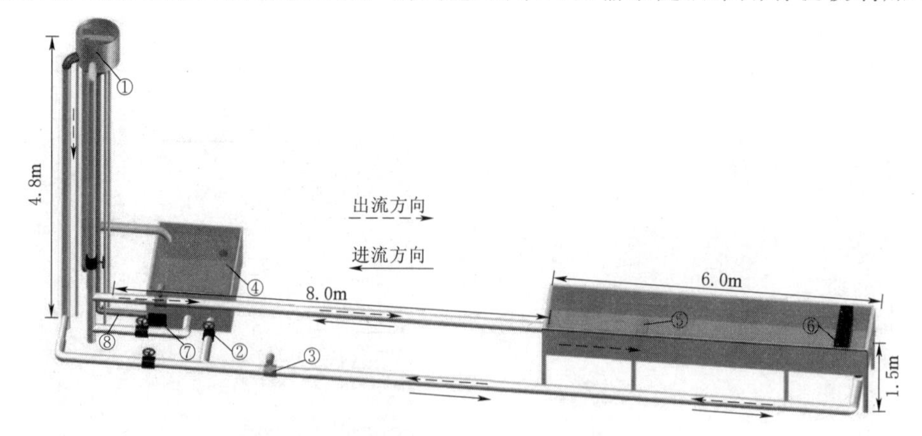

图2.10 精细量测试验装置图

①—高平水塔；②—阀门；③—电磁流量计；④—集水箱；⑤—进/出水口；⑥—稳流装置；⑦—水泵；⑧—供水管路

制作，总长7m，包括输水隧洞、渐变段、扩散段、调整段、防涡梁段等。

2.3.2 拦污栅断面流速量测

对于进/出水口拦污栅断面，采用ADV测量典型测点的三维瞬时流速，记录流速的历时变化规律。ADV作为一种非接触式单点流速测量工具，已广泛应用于实验室和野外，可以精确地测量采样点的三维瞬时流速。ADV包括3个部分，即探头单元、信号处理单元及计算机，其中探头包括发射探头与接收探头，具有非接触测量、使用方便、量测三维流速、测量精度高（测量范围0～4m/s，测量精度可达到±1mm/s）、采样频率高的优势。

ADV测量原理为传感器发射出去的超声波进入到水中，经采样点处粒子反射被4个接收探头接收。将波源和接收探头的位置固定，超声波的频率变化就仅仅与水中散射声波的物质的运动状态有关，即多普勒效应。ADV通过利用声学信号的频率变化推知水中运动粒子的运动状态，进而推算出测量点的流速。

图2.11为声学多普勒流速仪测量方法。试验时，将ADV竖直固定在测架上，通过上下摇动滚轮实现ADV的上下移动。当ADV达到测点位置后，利用ADV的遥距测量功能对测点位置进行校核。ADV测点位置调节校核完成后，待其稳定30s后开始测量，测量时应关注采集数据的相关性及信噪比（SNR）。信噪比与相关系数是反映测量数据可靠性的两个重要指标，通过监测上述两个指标来处理测量过程中的无效数据，进而达到数据过滤的目的。依据仪器的使用手册，测量点处流速信号的信噪比应大于15dB，相关系数应介于70%～100%。测量过程中，可以通过调整仪器流速测量范围、采样体的大小等参数来改善上述两个指标。

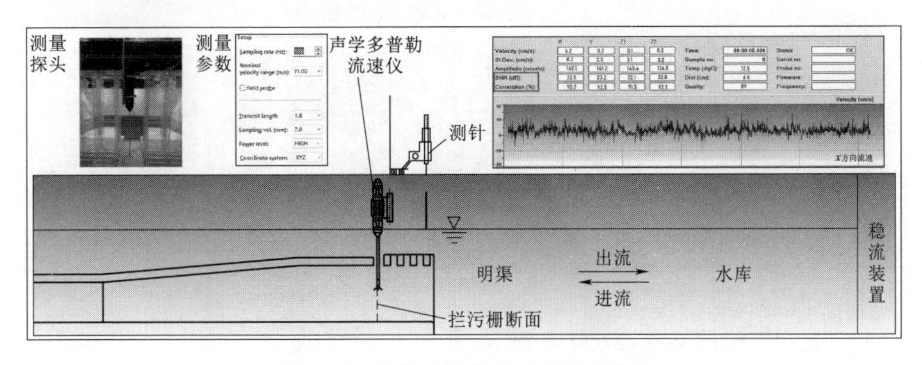

图2.11 声学多普勒流速仪测量方法

2.3.3 进/出水口内部点流速量测

对于进/出水口内部关键点，采用激光多普勒流速仪（laser doppler velocimeter，LDV）测量其二维流速。图 2.12 为激光多普勒流速仪测量方法。LDV 是 20 世纪 70 年代发展起来的一项流体测速技术，可以精确地测量流场中关键点的瞬时流速。本书使用的 LDV 包括光电一体式激光探头（激光波长为 532nm，功率 70MW）、信号处理器、三维坐标架及计算机工作站等，具有非接触式测量、空间分辨率高、响应迅速、流速测量范围广（测速范围为 0～10^3m/s）、测量精度高和采样频率高（最大采样频率 10MHz）的优势。LDV 的测量原理为激光照射流场中的示踪粒子，当该粒子发生位移时所接收到的激光的频率发生改变，通过光电探测器对此频率变化进行捕捉，通过该过程中关联到的速度信号获得该点流体运动的瞬时流速。激光束交点为测量点，测量对流场没有任何干扰，这是激光多普勒测速的最大优点。试验前，首先将 LDV 安装在调整至水平的三维坐标架上，通过计算机软件实现 LDV 在 X、Y、Z 三个方向上的移动，将仪器移动至测点位置，待仪器稳定 30s 后打开激光器开始试验测量。首先，观察光电信号是否正常传输以及调整测速范围使之大于测点的流速变化范围。其次，设置采样数量和采样时间后开始数据采样，测量时着重关注采集数据的有效率。数据有效率是反映测量数据可靠性的重要指标。依据仪器的使用手册，测量过程中，所量测数据的有效率应大于 85%。测量过程中，可以通过调整处理器内的电压、激光能量等来控制采样数据的有效率及采样频率。采样结束后，在软件内对采集到的流速数据进行处理得到流速平均值。

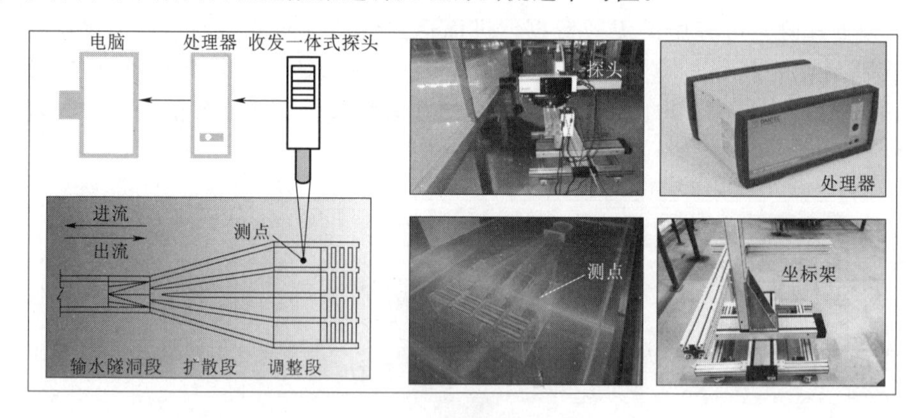

图 2.12 激光多普勒流速仪测量方法

2.3.4 进/出水口内部剖面流速量测

对于进/出水口内部关键剖面，采用粒子图像流速仪（particle image velocimetry，PIV）测量其二维流速场。图 2.13 为粒子图像流速仪测量方法。PIV 是 20 世纪 80 年代发展起来的一项流体测速技术，其结合了传统的流动示踪方法与图像处理技术。本书用到的 PIV 由 CCD 相机、激光发射器、导光臂、组合透镜、示踪粒子和 DaVis 8.3 软件包组成，其中 CCD 相机型号为 Imager SX 4M，相机分辨率为 2360×1776。激光器为 Litron lasers 公司生产的双脉冲 Nd：YAG 激光器，单脉冲最大能量 200mJ、波长 532nm。

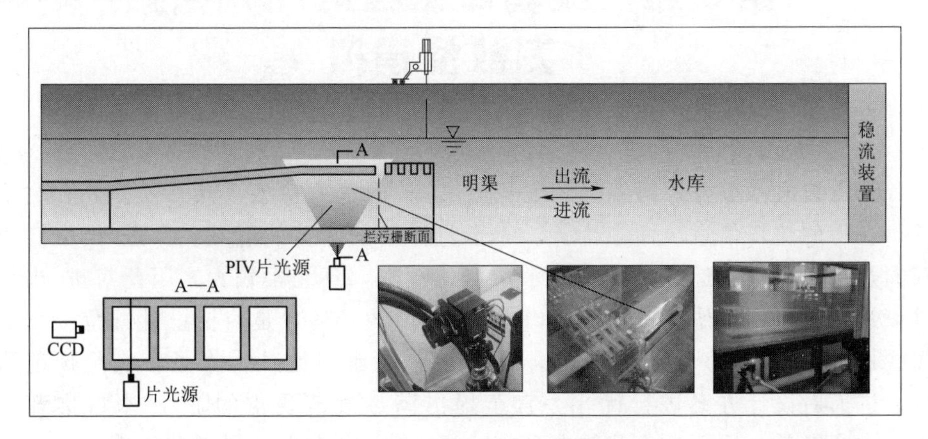

图 2.13　粒子图像流速仪测量方法

PIV 的主要优势为非接触测量、多点同时测量。测量过程中仪器设备未扰动流速场，有效提高了测量精度，此外其突破了单点测速技术的局限性，可以同时得到整个测量平面内的流速信息。PIV 的测量原理为激光器发出的光束通过导光臂传导，经导光臂末端的组合透镜扩散成厚度约 1mm 的激光片光，片光照亮待测量区域。CCD 相机垂直于测量面布置并拍摄流场照片，进一步处理拍摄的流场照片得到时均流速场。

试验前，需对待测平面进行标定，将标定板放置在待测平面内，使用 CCD 相机拍摄一张带有标定板的照片进行图像标定。标定结束后，固定好相机位置并打开双脉冲激光器调节片光角度，使片光恰好掠过标定板所在平面。上述工作完成后，移走标定板开始试验量测，采用双帧双曝光模式，曝光时间间隔为 1000μs，相机采样频率为 10Hz，采集 1000 张图像。通过 Davis 8.3 软件处理拍摄的流场照片得到时均流场，其中图像处理采用互相关算法，查询区域为 32×32 像素。

第3章　某具体工程进/出水口水力数值模拟

利用数值模拟方法研究具体工程进/出水口水力特性，具有效率高、成本低、获得的流场信息全面等优势。对于具体的抽水蓄能电站，其进/出水口为双向过流，在电站运行过程中库水位变化频繁，且变幅较大，因此对进/出水口设计要求严格。研究其进/出水口水力特性的目的，是对标设计规范提出的侧式进/出水口水力学方面的要求，评价进/出水口设计方案是否满足规范要求，进而对设计方案进行优化，直至提出满足规范要求的进/出水口推荐方案。本章以某具体的抽水蓄能电站侧式进/出水口为例，利用数值模拟方法对其进行研究。

3.1　研究内容及研究步骤

利用数值模拟方法对具体的抽水蓄能电站进/出水口水力特性进行研究，其研究内容一般包括：进/出水口水头损失、拦污栅断面流速分布、各孔道流量分配、明渠段及库区流态、进/出水口是否发生有害漩涡等，详细的请参见1.5节侧式进/出水口水力特性研究内容。应当指出，具体的抽水蓄能电站上、下水库进/出水口各有自己的特点，不同的抽水蓄能电站的进/出水口也各不相同，因此侧式进/出水口水力特性的研究内容也不尽相同，应在1.5节列出的研究内容基础上进行完善，其目的是全面揭示具体工程进/出水口的水力特性，提出在双向水流条件下水力条件均较优的进/出水口推荐方案。

一般来说，可按以下步骤进行研究：

(1) 数值模拟方法的结果验证。选定流体运动控制方程、合适的紊流模型以及求解方法，为保证利用该数值模拟方法得到结果的合理性，对已有试验数据的类似侧式进/出水口进行数值模拟，将数值模拟结果和试验结果进行对比，验证计算人员利用该数值模拟方法得到结果的合理性和可靠性。详见2.1.5节。

(2) 确定合理的计算区域和边界条件。针对所研究的具体工程进/出水口，依据库区地形、进/出水口布置、与输水隧洞的衔接方式等，确定合理的计算区域，保证库区边界和隧洞边界设置合理，确保计算结果的可靠性。

（3）设计方案进/出水口数值模拟。针对设计方案进/出水口，计算最不利的2种工况，即死水位发电工况和死水位抽水工况。关注进/出水口拦污栅断面流速分布、各孔道流量分配以及进/出水口内流态，判断设计方案进/出水口各项水力指标是否满足《抽水蓄能电站设计规范》（NB/T 10072—2018）要求。例如，进/出水口拦污栅断面流速不均匀系数（过栅最大流速与过栅平均流速的比值）宜小于1.5，不应大于2，且不产生反向流速；孔道间流量分配合理，各孔道流量相差不大于10%；分析明渠段及附近库区是否有环流，进流时进/出水口上方是否产生漩涡等。

（4）优化方案进/出水口数值模拟。对于设计方案进/出水口水力指标不满足规范要求的，应进行优化。提出优化思路，和设计单位的设计人员进行沟通、讨论，明确优化思路后，提出具体的优化方案并进行数值模拟，有时需要多次优化，直至得出满足规范要求的优化方案进/出水口。

（5）推荐方案进/出水口全面数值模拟。经与设计人员讨论后将满足规范要求的优化方案进/出水口作为推荐方案，进行全面数值模拟研究，计算抽水工况和发电工况的不同水位、流量条件下的进/出水口水头损失、拦污栅断面流速分布、进/出水口内流态、各孔道流量分配、明渠段及库区流态、进/出水口是否发生有害漩涡等。

（6）明确结论。综合分析推荐方案进/出水口的数值模拟结果，得出结论。

3.2 研究实例

YX抽水蓄能电站下水库进/出水口布置于水库左岸，采用岸边侧式进/出水口，2个进/出水口体型相同，并列布置，其中心线间距为48m。下水库正常蓄水位660m时孔口中心淹没深度36.5m；死水位634m时孔口中心淹没深度10.5m。尾水系统采用一洞双机布置型式，单机发电流量68.6m^3/s，单机抽水流量43.85m^3/s。进/出水口底板高程为619m，进/出水口通过反坡明渠与库底相连，反坡明渠由连接段和反坡段组成，连接段长15m，反坡段长52m，坡比1∶4。

该进/出水口设计方案如图3.1所示。进/出水口沿进流方向依次为防涡梁段、调整段、扩散段。该进/出水口为3分流隔墙4孔道，孔口尺寸5.4m×9.0m（宽×高）。防涡梁段10.22m，设4道防涡梁，防涡梁断面尺寸为1.2m×2.0m，梁间距1.2m。调整段长13m。扩散段长33m，平面为双向对称扩散，水平扩散角33.08°，立面为单向扩散，顶板扩张角4.33°。扩散段末端断面（和调整段相接断面）的净空为每孔道 5.4m×9.0m（宽×高），始端断面（和渐变段相接断面）的净空为 6.5m×6.5m（宽×高）。

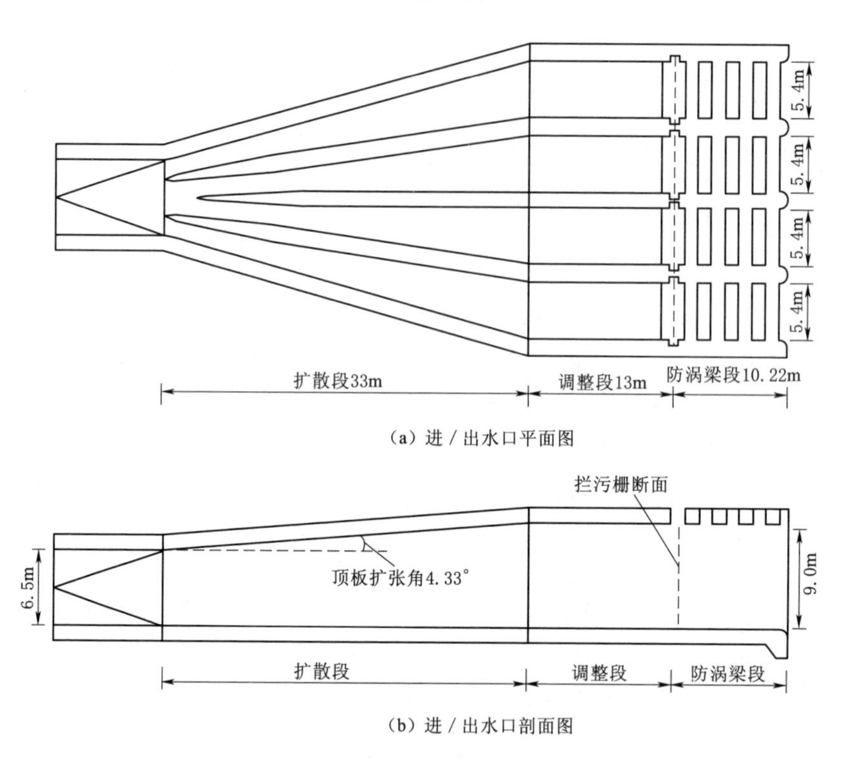

(a) 进/出水口平面图

(b) 进/出水口剖面图

图 3.1 设计方案进/出水口体型图

下面采用数值模拟方法对该侧式进/出水口水力特性进行研究。所用的数值模拟方法及验证已在 2.1 节进行了介绍，这里不再赘述。

3.3 计算区域及边界条件

考虑库区地形、反坡明渠、进/出水口、输水隧洞等布置形式，确定计算区域。计算区域包含了进/出水口右侧库区地形、进/出水口左侧全部边坡、进/出水口前方的反坡明渠及部分河道。将距离反坡明渠约 200m 的河道断面作为库区边界；隧洞模拟至渐变段末端后 20 倍洞径处，将该隧洞断面作为隧洞边界。图 3.2 为计算区域。

隧洞断面边界，按设计流量给出断面平均流速；库区边界，按设定水位给出；固壁边界采用无滑移条件；水库液面为自由液面。

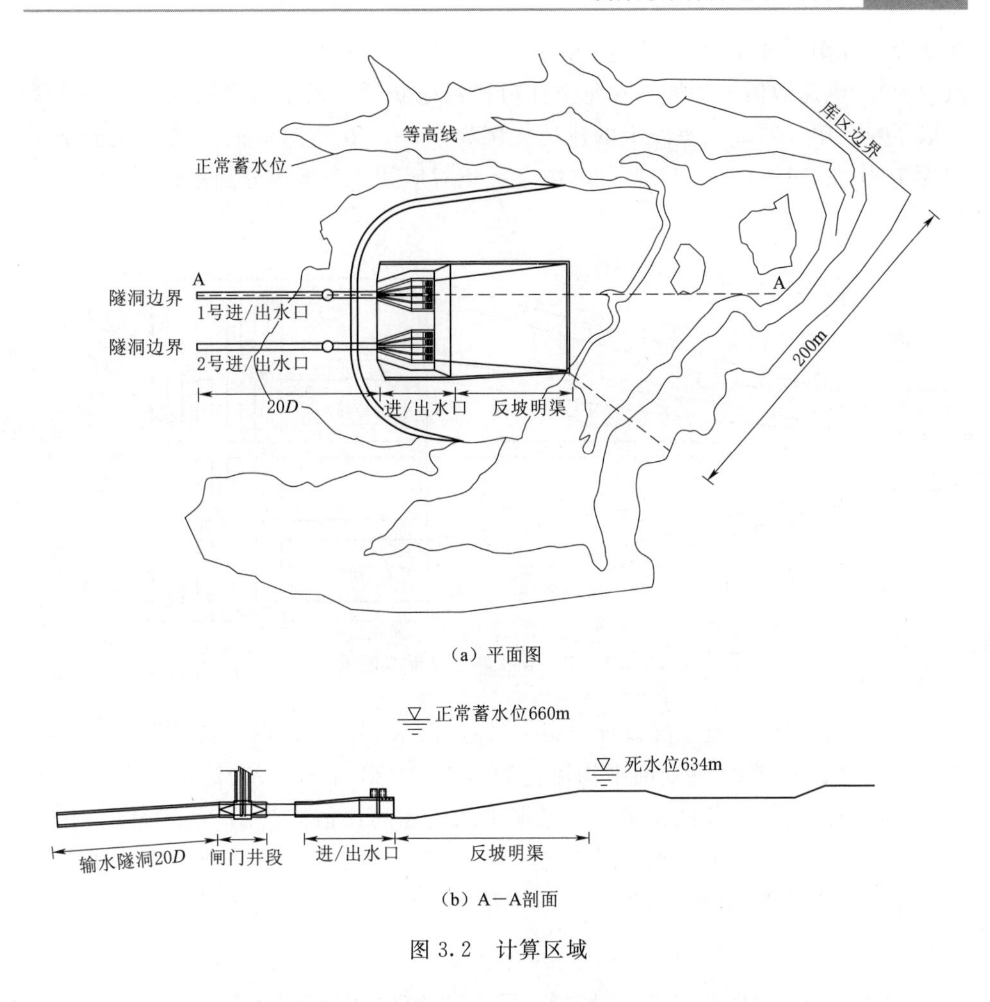

(a) 平面图

(b) A—A剖面

图 3.2 计算区域

3.4 设计方案计算结果及分析

对于设计方案进/出水口，首先计算死水位 634m 双机发电工况（流量 $2\times 68.6m^3/s$）和双机抽水工况（流量 $2\times 43.85m^3/s$）进/出水口拦污栅断面流速分布、流量分配以及进/出水口内流态，判断设计方案进/出水口的各项水力指标是否满足《抽水蓄能电站设计规范》（NB/T 10072—2018）要求。由于 1 号 2 号进/出水口体型相同，下面以 1 号进/出水口计算结果为例进行介绍。

3.4.1 发电工况

1. 拦污栅断面流速

在进/出水口拦污栅断面提取流速。进/出水口拦污栅断面是指拦污栅槽所在断面，如图 3.3 所示。1 号进/出水口的 4 个孔道分别标记为 1-1、1-2、1-3、1-4。流速数值的提取是在每个孔道拦污栅断面上沿垂线进行的，同一孔道提取了左、中、右 3 条垂线上的流速。例如，1-1 孔道对应的 3 条垂线分别标记为 1-1 左、1-1 中、1-1 右，1-2 孔道对应的 3 条垂线分别标记为 1-2 左、1-2 中、1-2 右。

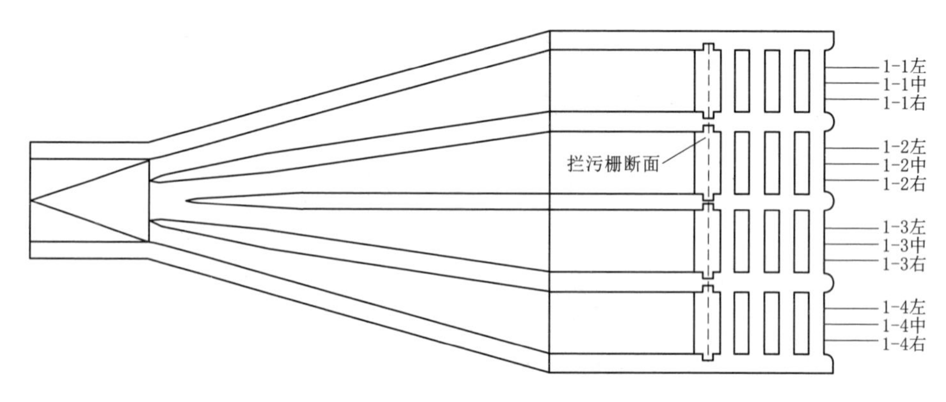

图 3.3 进/出水口流速提取断面

图 3.4 为双机发电工况设计方案 1 号进/出水口拦污栅断面流速分布。具体数据列于表 3.1。拦污栅断面平均流速为 0.69～0.73m/s，最大流速为 1.43m/s，流速不均匀系数（过栅最大流速与过栅平均流速的比值）为 1.80～1.96，孔道主流位于中下部，孔道上部流速较小，拦污栅断面没有反向流速。该双机发电工况为 1 号 2 号进/出水口出流，1 号流量 2×68.6m^3/s，2 号流量 2×68.6m^3/s，死水位 634m。

表 3.1 双机发电工况设计方案 1 号进/出水口拦污栅断面流速

孔道编号	拦污栅断面测线	测线平均流速/(m/s)	最大流速/(m/s)	平均流速/(m/s)	流速不均匀系数	反向流速/(m/s)
1-1	1-1 左	0.57	1.25	0.69	1.82	无
	1-1 中	0.71				
	1-1 右	0.78				
1-2	1-2 左	0.67	1.43	0.73	1.95	无
	1-2 中	0.78				
	1-2 右	0.74				
1-3	1-3 左	0.73	1.42	0.72	1.96	无
	1-3 中	0.77				
	1-3 右	0.66				

续表

孔道编号	拦污栅断面测线	测线平均流速/(m/s)	最大流速/(m/s)	平均流速/(m/s)	流速不均匀系数	反向流速/(m/s)
1-4	1-4左	0.78	1.24	0.69	1.80	无
	1-4中	0.71				
	1-4右	0.57				

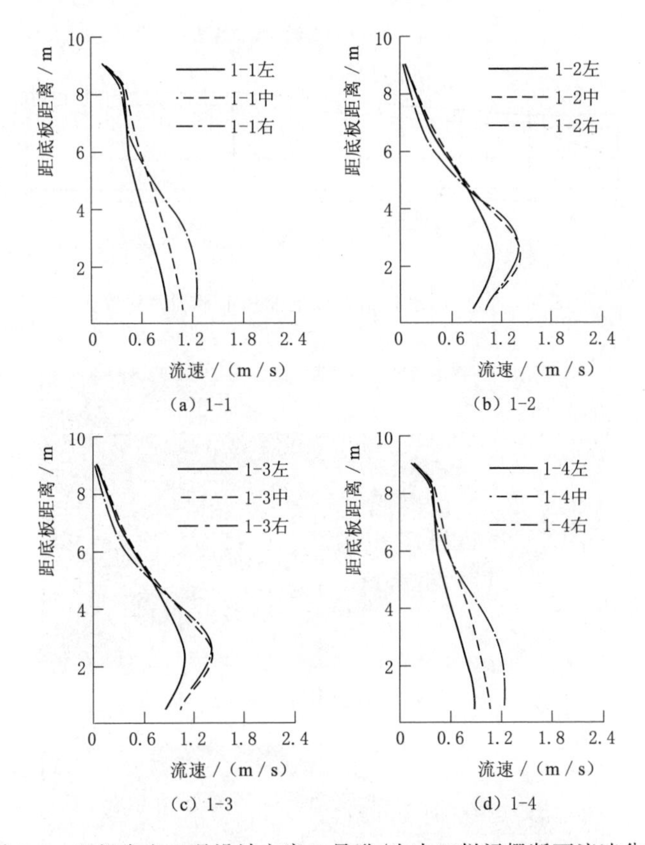

图 3.4 双机发电工况设计方案 1 号进/出水口拦污栅断面流速分布

2. 进/出水口流态

为较全面地描述进/出水口内部流态，沿中间孔道中心线的铅直面（称为纵剖面）和扩散段始端断面中心所在的水平面（称为水平剖面）给出进/出口内部流速场。进/出水口铅直纵剖面位置如图 3.5（a）A—A 所示；进/出水口水平剖面位置如图 3.5（b）B—B 所示。

图 3.6 为双机发电工况设计方案 1 号进/出水口流速场。由图可知，在扩散段内水流主流明显，主流位于进/出水口孔道中下部，水流流速沿程逐渐降低。

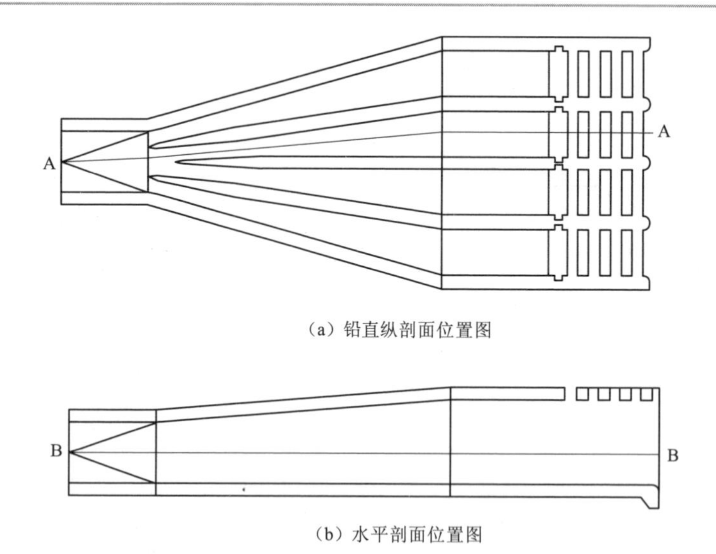

(a) 铅直纵剖面位置图

(b) 水平剖面位置图

图 3.5 进/出水口铅直纵剖面和水平剖面位置图

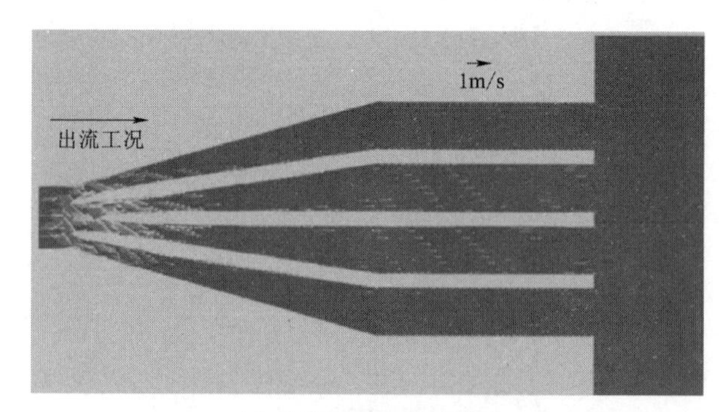

(a) 高程622.25m水平剖面

(b) 铅直纵剖面

图 3.6 双机发电工况设计方案 1 号进/出水口流速场

3. 各孔道流量分配

本书对各孔道的流量不均匀程度进行了定义，并建议各孔道的流量不均匀程度以不超过 10%为宜，详见 1.5 节。各孔道的流量不均匀程度按下式计算：

$$C_Q=\frac{Q_r-Q_m}{Q_m}\times 100\% \tag{3.1}$$

式中：C_Q 为孔道的流量不均匀程度；Q_r 为孔道流量（实际流量）；Q_m 为孔道理想流量（进/出水口总流量/孔道数）。

C_Q 为正值表示实际流量大于理想流量，负值表示实际流量小于理想流量。

根据拦污栅断面流速分布计算各孔道流量。表 3.2 列出了双机发电工况设计方案 1 号进/出水口各孔道流量分配数据。图 3.7 绘制了各孔道流量分配。各孔道流量分配为 24.29%～25.84%（理想流量分配为 25%），各孔道流量不均匀程度为－2.83%～3.37%。发电工况各孔道流量分配均匀，流量不均匀程度均小于 10%。

表 3.2 双机发电工况设计方案 1 号进/出水口各孔道流量分配数据

孔道编号	1－1	1－2	1－3	1－4
流量/(m^3/s)	33.34	35.46	35.08	33.33
流量分配/%	24.30	25.84	25.57	24.29
流量不均匀程度/%	－2.82	3.37	2.28	－2.83

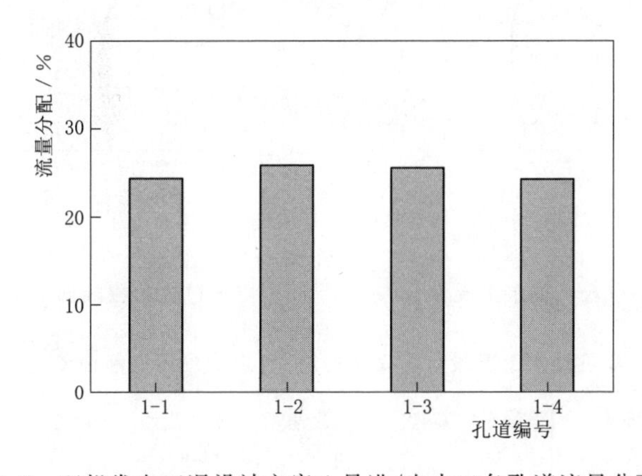

图 3.7 双机发电工况设计方案 1 号进/出水口各孔道流量分配图

3.4.2 抽水工况

1. 拦污栅断面流速

图 3.8 为双机抽水工况设计方案 1 号进/出水口拦污栅断面流速分布。具体数据列于表 3.3。拦污栅断面平均流速为 0.32～0.46m/s，最大流速为 0.67m/s，流速不均匀系数（过栅最大流速与过栅平均流速的比值）为 1.42～1.44。该双机抽水工况为 1 号 2 号进/出水口进流，1 号流量 2×43.85m^3/s，2 号流量 2×43.85m^3/s，死水位 634m。

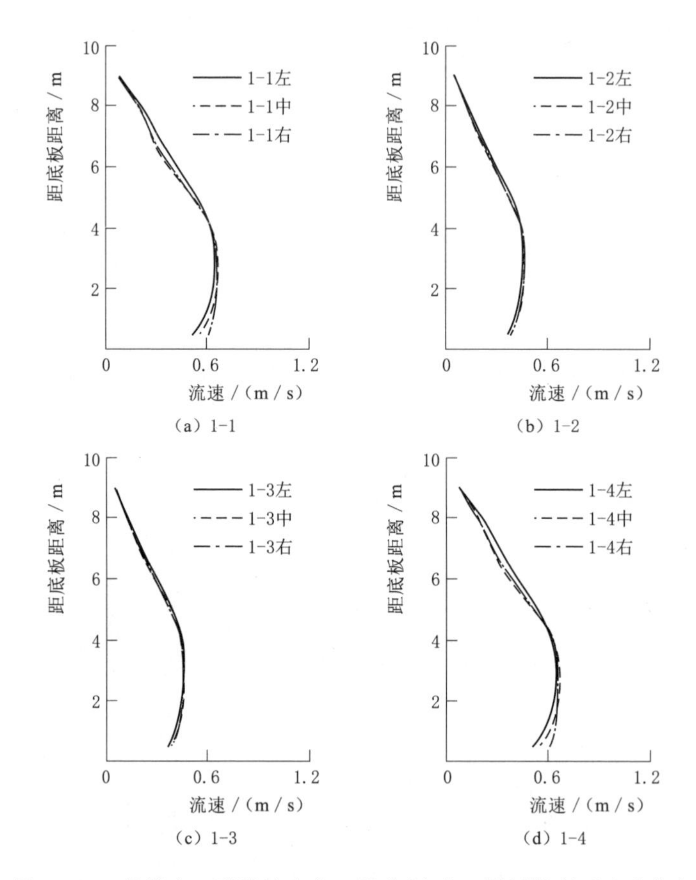

图 3.8　双机抽水工况设计方案 1 号进/出水口拦污栅断面流速分布

表 3.3　　双机抽水工况设计方案 1 号进/出水口拦污栅断面流速

孔道编号	拦污栅断面测线	测线平均流速 /(m/s)	最大流速 /(m/s)	平均流速 /(m/s)	流速不均匀系数	反向流速 /(m/s)
1-1	1-1 左	0.46	0.66	0.46	1.44	无
	1-1 中	0.46				
	1-1 右	0.46				
1-2	1-2 左	0.32	0.46	0.32	1.42	无
	1-2 中	0.32				
	1-2 右	0.32				
1-3	1-3 左	0.32	0.46	0.32	1.42	无
	1-3 中	0.32				
	1-3 右	0.32				

续表

孔道编号	拦污栅断面测线	测线平均流速/(m/s)	最大流速/(m/s)	平均流速/(m/s)	流速不均匀系数	反向流速/(m/s)
1-4	1-4左	0.46	0.67	0.46	1.44	无
	1-4中	0.46				
	1-4右	0.46				

2. 进/出水口流态

图 3.9 为双机抽水工况设计方案 1 号进/出水口流速场。由图可知，水流较为平顺地由水库进入进/出水口，水流流速沿程逐渐增大。

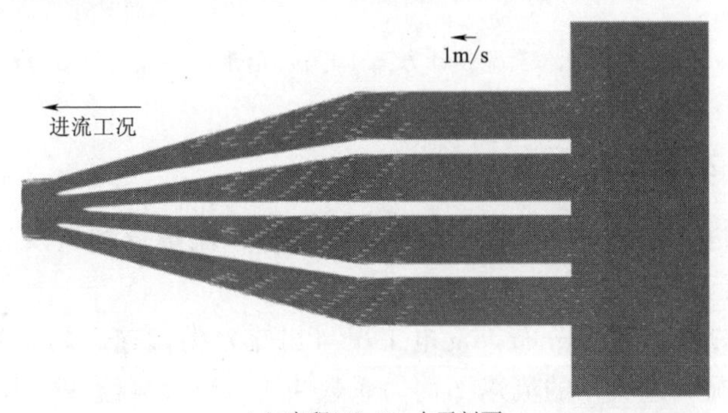

(a) 高程622.25m水平剖面

(b) 铅直纵剖面

图 3.9 双机抽水工况设计方案 1 号进/出水口流速场

3. 各孔道流量分配

表 3.4 列出了双机抽水工况设计方案 1 号进/出水口各孔道流量分配数据。图 3.10 绘制了各孔道流量分配。各孔道流量分配为 20.50%～29.50%（理想流量分配为 25%），各孔道流量不均匀程度为−18.00%～18.01%。各孔道的流量不均匀程度按式（3.1）计算。

表 3.4 双机抽水工况设计方案 1 号进/出水口各孔道流量分配数据

孔道编号	1-1	1-2	1-3	1-4
流量/(m^3/s)	25.87	17.98	17.98	25.87
流量分配/%	29.50	20.50	20.50	29.50
流量不均匀程度/%	18.01	−18.00	−18.00	18.00

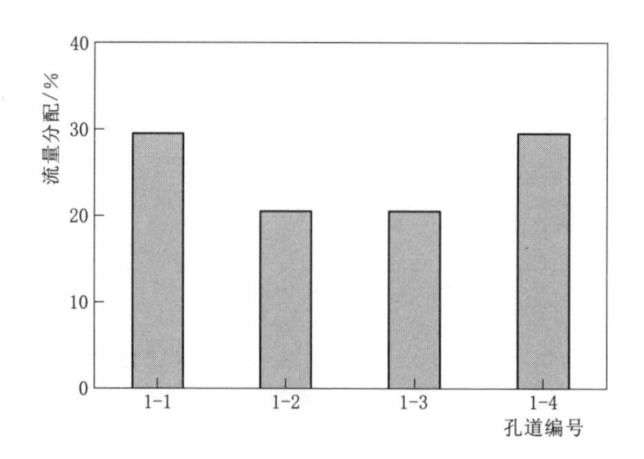

图 3.10 双机抽水工况设计方案 1 号进/出水口各孔道流量分配图

3.4.3 计算发现的问题

分析上述进/出水口的拦污栅断面流速分布、流量分配以及进/出水口内流态，发现以下问题：

(1) 拦污栅断面流速分布，发电工况（出流）的流速不均匀系数为 1.80～1.96；抽水工况（进流）的流速不均匀系数为 1.42～1.44。进/出水口拦污栅断面无反向流速，流速不均匀系数小于 2，拦污栅断面流速分布满足《抽水蓄能电站设计规范》(NB/T 10072—2018) 要求。

(2) 各孔道流量分配，发电工况（出流）各孔道流量不均匀程度为－2.83%～3.37%，各孔道流量不均匀程度满足要求；抽水工况（进流）各孔道流量不均匀程度为－18.00%～18.01%，大于 10%，各孔道流量不均匀程度不满足要求。

鉴于设计方案抽水工况（进流）各孔道流量分配不均匀程度大于 10%，不满足要求，因此进/出水口设计方案需进一步优化。

3.5 优化方案计算结果及分析

设计方案计算结果表明，抽水工况（进流）流量不均匀程度大于 10%，不满足要求，分析原因是扩散段内分流隔墙间距布置不当所致。为此，通过调整扩散段内分流隔墙间距形成了优化方案。

在进/出水口设计方案的基础上将分流隔墙中边孔道宽度之比由 1.43m：1.82m 调整为 1.58m：1.67m，中隔墙缩进距离由 3.25m 调整为 2.55m，形成优化方案。分流隔墙布置如图 3.11 所示。

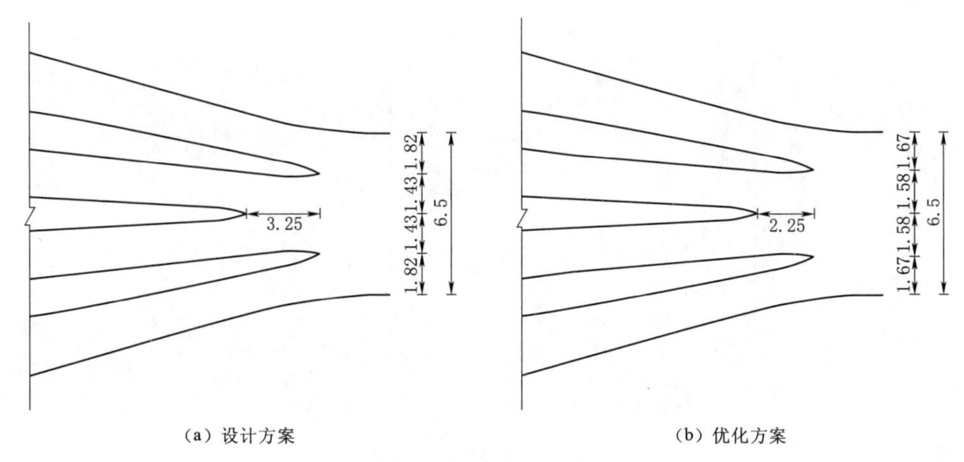

(a) 设计方案　　(b) 优化方案

图 3.11　分流隔墙布置（单位：m）

3.5.1　发电工况

1. 拦污栅断面流速

图 3.12 为双机发电工况优化方案 1 号进/出水口拦污栅断面流速分布。具体数据列于表 3.5。拦污栅断面平均流速为 0.63～0.76m/s，最大流速为 1.42m/s，流速不均匀系数为 1.82～1.87，水流主流位于孔道中下部，拦污栅断面无反向流速。该双机发电工况为 1 号 2 号进/出水口出流，1 号流量 2×68.6m^3/s，2 号流量 2×68.6m^3/s，死水位 634m。

表 3.5　　双机发电工况优化方案 1 号进/出水口拦污栅断面流速

孔道编号	拦污栅断面测线	测线平均流速/(m/s)	最大流速/(m/s)	平均流速/(m/s)	流速不均匀系数	反向流速/(m/s)
1-1	1-1左	0.53	1.15	0.63	1.82	无
	1-1中	0.64				
	1-1右	0.69				
1-2	1-2左	0.69	1.42	0.76	1.87	无
	1-2中	0.79				
	1-2右	0.72				
1-3	1-3左	0.74	1.42	0.76	1.87	无
	1-3中	0.79				
	1-3右	0.68				
1-4	1-4左	0.68	1.15	0.63	1.82	无
	1-4中	0.64				
	1-4右	0.53				

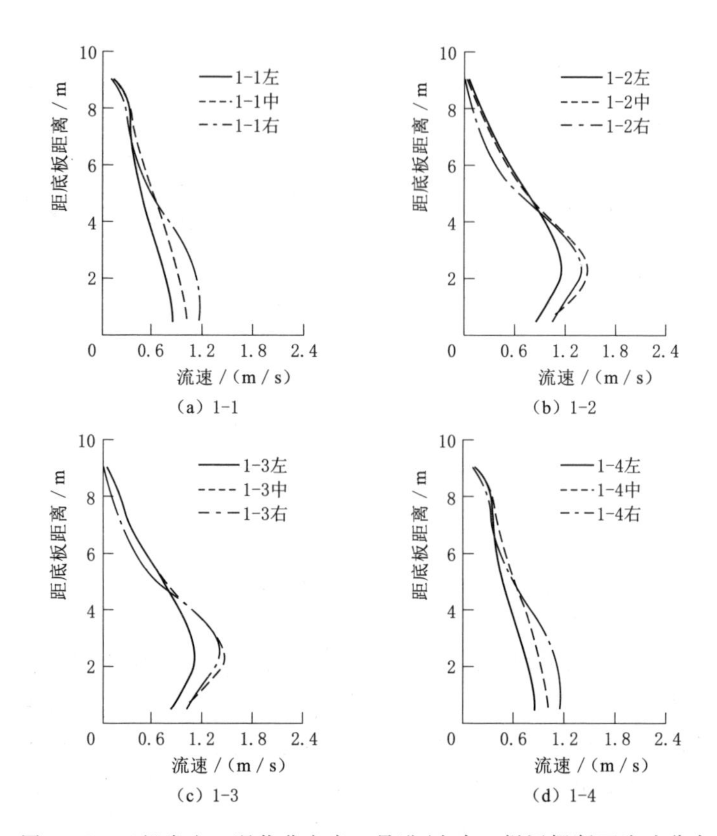

图 3.12 双机发电工况优化方案1号进/出水口拦污栅断面流速分布

2. 各孔道流量分配

表3.6列出了双机发电工况优化方案1号进/出水口各孔道流量分配数据。图3.13绘制了各孔道流量分配。各孔道流量分配为22.84%～27.19%（理想流量分配为25%），各孔道流量不均匀程度为−8.64%～8.76%。

表3.6 双机发电工况优化方案1号进/出水口各孔道流量分配数据

孔道编号	1-1	1-2	1-3	1-4
流量/(m^3/s)	31.37	37.20	37.30	31.33
流量分配/%	22.86	27.11	27.19	22.84
流量不均匀程度/%	−8.56	8.44	8.76	−8.64

3.5.2 抽水工况

1. 拦污栅断面流速

图3.14为双机抽水工况优化方案1号进/出水口拦污栅断面流速分布。具体

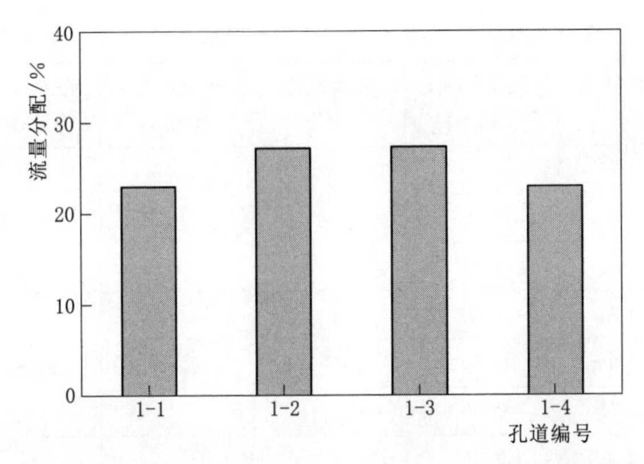

图 3.13 双机发电工况优化方案 1 号进/出水口各孔道流量分配

数据列于表 3.7。拦污栅断面平均流速为 0.36～0.43m/s，最大流速为 0.62m/s，流速不均匀系数为 1.43～1.44。该双机抽水工况为 1 号 2 号进/出水口进流，1 号流量 $2\times43.85m^3/s$，2 号流量 $2\times43.85m^3/s$，死水位 634m。

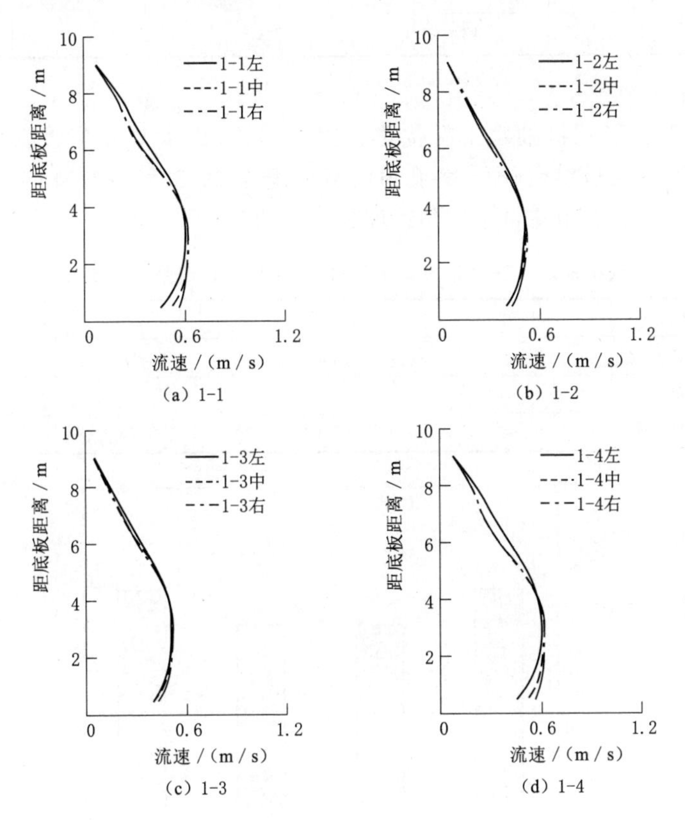

图 3.14 双机抽水工况优化方案 1 号进/出水口拦污栅断面流速分布

表 3.7 双机抽水工况优化方案1号进/出水口拦污栅断面流速数据

孔道编号	拦污栅断面测线	测线平均流速/(m/s)	最大流速/(m/s)	平均流速/(m/s)	流速不均匀系数	反向流速/(m/s)
1-1	1-1左	0.43	0.62	0.43	1.44	无
	1-1中	0.43				
	1-1右	0.43				
1-2	1-2左	0.36	0.51	0.36	1.43	无
	1-2中	0.36				
	1-2右	0.36				
1-3	1-3左	0.36	0.51	0.36	1.43	无
	1-3中	0.36				
	1-3右	0.36				
1-4	1-4左	0.43	0.62	0.43	1.44	无
	1-4中	0.43				
	1-4右	0.43				

2. 流量分配

表3.8列出了双机抽水工况优化方案1号进/出水口各孔道流量分配。图3.15绘制了各孔道流量分配。各孔道流量分配为22.82%～27.18%（理想流量分配为25%），各孔道流量不均匀程度为−8.73%～8.73%。

表 3.8 双机抽水工况优化方案1号进/出水口孔口流量分配数据

孔道编号	1-1	1-2	1-3	1-4
流量/(m^3/s)	23.82	20.03	20.01	23.84
流量分配/%	27.16	22.84	22.82	27.18
流量不均匀程度/%	8.64	−8.64	−8.73	8.73

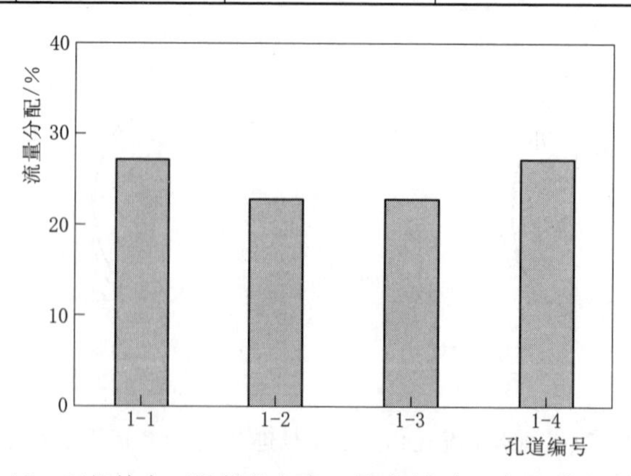

图3.15 双机抽水工况优化方案1号进/出水口各孔道流量分配

计算结果表明优化方案，发电工况和抽水工况孔道流量分配均匀，流量不均匀程度均小于10%。进/出水口优化方案的各项水力指标符合《抽水蓄能电站设计规范》（NB/T 10072—2018）要求，可作为推荐方案进行全面研究。

3.6 推荐方案计算结果及分析

下面对进/出水口推荐方案进行全面的数值模拟研究，包括发电工况和抽水工况。水位包括死水位634m和正常蓄水位660m。研究内容包括进/出水口水头损失、拦污栅断面流速分布、进/出水口流态、孔道流量分配、明渠流速分布及流态等。对于推荐方案，应给出所有特征水位及运行工况的计算结果。考虑到篇幅限制，以及死水位部分运行工况的计算结果已在优化过程中给出，下面主要以正常蓄水位1号2号双机发电工况和双机抽水工况为例进行介绍。此外，由于1号2号进/出水口体型相同，输水隧洞布置形式也完全一致，计算结果以1号进/出水口为例进行介绍。

3.6.1 发电工况

1. 进/出水口水头损失

进/出水口水头损失是指距离扩散段上游渐变段末端1倍洞径（$1D$）断面（1—1断面）至库区断面（0—0断面）间的水头损失，如图3.16所示。

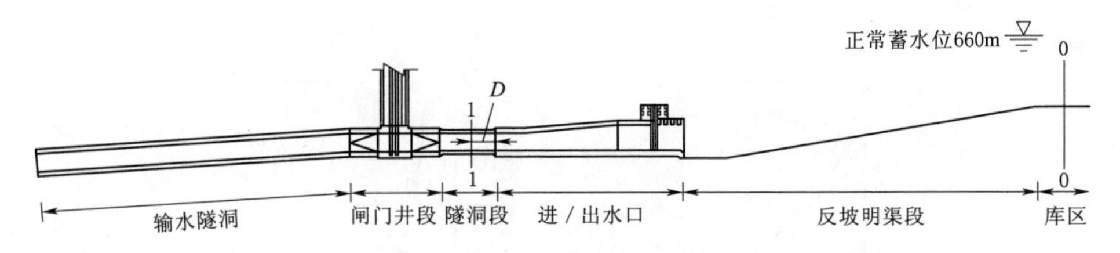

图3.16 水头损失计算断面

表3.9为双机发电工况推荐方案1号进/出水口的水头损失计算结果。双机发电工况推荐方案1号进/出水口水头损失系数为0.33。该双机发电工况为4台机组运行，1号2号进/出水口出流，1号流量2×68.6m^3/s，2号流量2×68.6m^3/s，正常蓄水位660m。

表3.9 双机发电工况推荐方案1号进/出水口水头损失

运行工况	水位/m	流量/(m^3/s)	平均流速/(m/s)	水头损失/m	水头损失系数
1号2号双机发电	660	2×68.6	4.13	0.29	0.33

注 表中平均流速为隧洞断面的平均流速。

第 5 章关于抽水蓄能电站侧式进/出水口水头损失专门研究表明，对于优化较好的侧式进/出水口，通常其出流工况的水头损失系数在 0.30～0.40 之间。该抽水蓄能电站下水库侧式进/出水口发电工况（出流）的水头损失系数 0.33 符合一般规律。

2. 拦污栅断面流速

图 3.17 为双机发电工况推荐方案 1 号进/出水口拦污栅断面流速分布。具体数据列于表 3.10。拦污栅断面平均流速为 0.68～0.82m/s，最大流速为 1.54m/s，流速不均匀系数为 1.83～1.88，孔道主流位于孔道中下部，拦污栅断面无反向流速。该双机发电工况为 4 台机组运行，1 号 2 号进/出水口出流，1 号流量 $2\times68.6m^3/s$，2 号流量 $2\times68.6m^3/s$，正常蓄水位 660m。

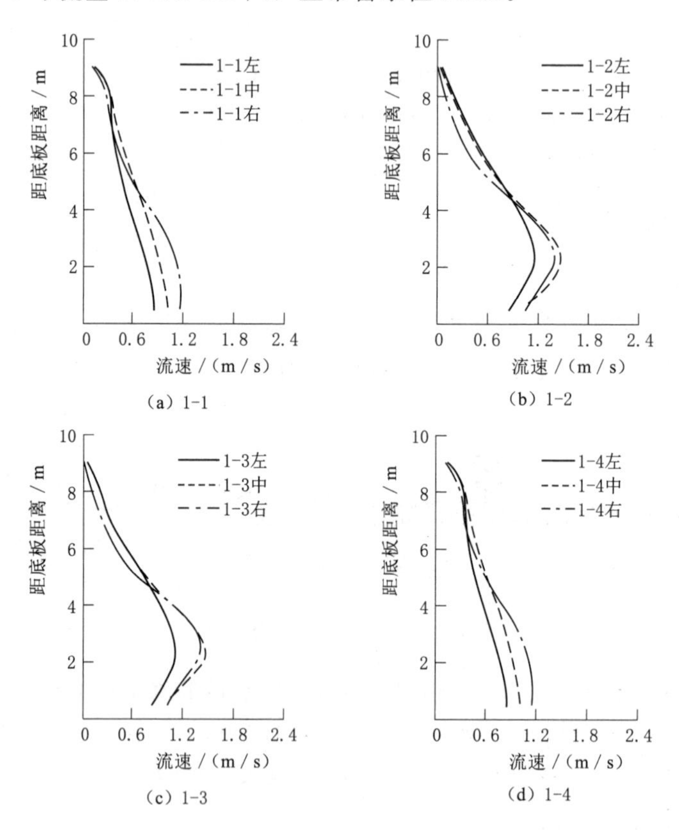

图 3.17 双机发电工况推荐方案 1 号进/出水口拦污栅断面流速分布

3. 进/出水口流态

图 3.18 为双机发电工况推荐方案 1 号进/出水口内部流速场。由图可知，扩散段内水流主流明显，主流位于进/出水口孔道中下部，水流流速沿程逐渐降低。

表 3.10　　双机发电工况推荐方案 1 号进/出水口拦污栅断面流速

孔道编号	拦污栅断面测线	测线平均流速/(m/s)	最大流速/(m/s)	平均流速/(m/s)	流速不均匀系数	反向流速/(m/s)
1-1	1-1左	0.59	1.24	0.68	1.83	无
	1-1中	0.71				
	1-1右	0.73				
1-2	1-2左	0.79	1.54	0.82	1.88	无
	1-2中	0.86				
	1-2右	0.81				
1-3	1-3左	0.82	1.54	0.82	1.88	无
	1-3中	0.87				
	1-3右	0.76				
1-4	1-4左	0.73	1.24	0.68	1.83	无
	1-4中	0.70				
	1-4右	0.60				

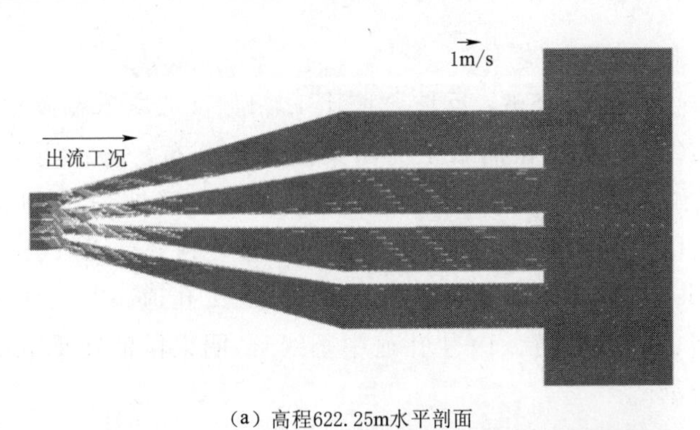

(a) 高程622.25m水平剖面

(b) 铅直纵剖面

图 3.18　双机发电工况推荐方案 1 号进/出水口流速场

4. 各孔道流量分配

表 3.11 列出了双机发电工况推荐方案 1 号进/出水口各孔道流量分配数据。图 3.19 绘制了各孔道流量分配。各孔道流量分配为 22.83%～27.18%（理想流量分配为 25%），各孔道流量不均匀程度为−8.67%～8.72%。

表 3.11 双机发电工况推荐方案1号进/出水口各孔道流量分配数据

孔道编号	1-1	1-2	1-3	1-4
流量/(m^3/s)	31.38	37.20	37.30	31.33
流量分配/%	22.88	27.11	27.18	22.83
流量不均匀程度/%	-8.50	8.45	8.72	-8.67

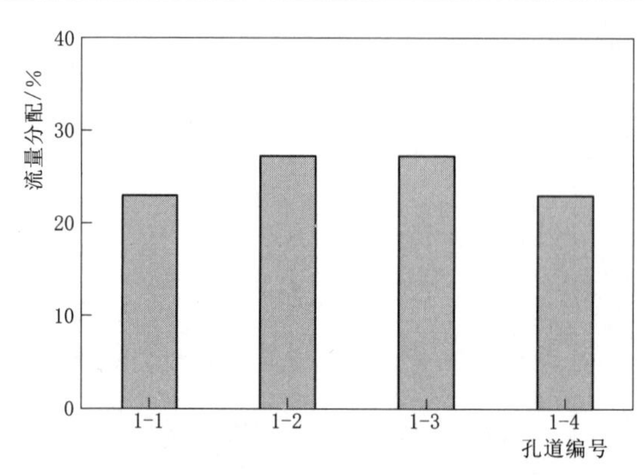

图 319 双机发电工况推荐方案1号进/出水口各孔道流量分配

5. 明渠流速分布及流态

明渠连接段高程616.5m，反坡段坡比1∶4，反坡段末端高程631m。针对死水位，研究各发电工况和抽水工况明渠段流速分布，分析明渠及库区流态。提取了连接段与反坡段交界断面（0+015.00）、反坡段中间断面Ⅰ（0+034.33）、反坡段中间断面Ⅱ（0+053.67）、拦沙坎顶部断面（0+090.25）4个断面的流速，共布置L1～L5五条测线（对应2-1孔道、2-3孔道、1号2号进/出水口之间、1-2孔道、1-4孔道中垂线）。明渠段流速提取断面及测点布置如图3.20所示。

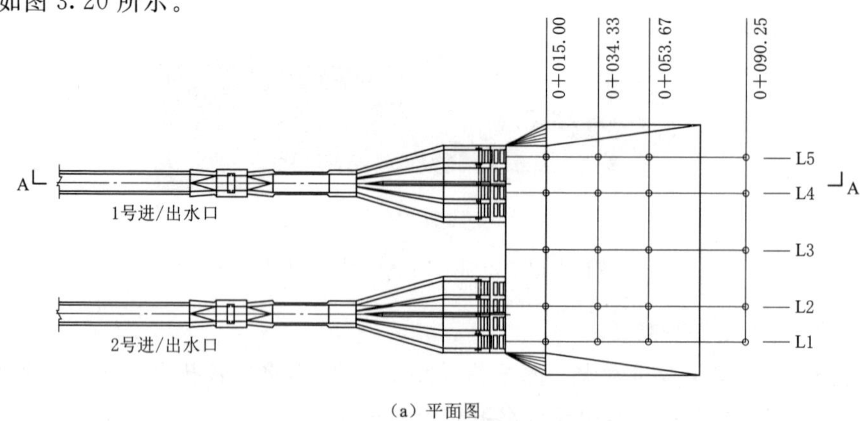

(a) 平面图

图 3.20（一） 明渠段流速提取断面及测点布置

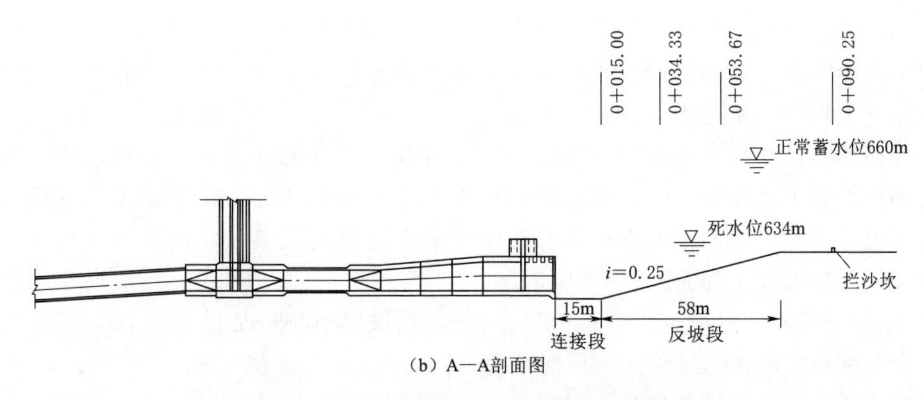

(b) A—A剖面图

图 3.20（二） 明渠段流速提取断面及测点布置

对于明渠流速分布及流态，当最低运行水位不出现不利的水流现象时，运行水位越高其水流条件越好，因此这里只研究死水位双机发电工况。该死水位双机发电工况为4台机组运行，1号2号进/出水口出流，1号流量2×68.6m^3/s，2号流量2×68.6m^3/s，死水位634m。结果表明，水流自进/出水口进入明渠，明渠段主流距底部3～5m，略高于孔口主流位置。图3.21给出了发电工况（出流）明渠流速沿水深分布，这里以L4测线即1-2孔道中垂线各典型断面为例，出流方向为正。连接段与反坡段交界断面（0+015.00）流速0.15～1.39m/s，反坡段中间断面Ⅰ（0+034.33）流速0.13～1.03m/s，反坡段中间断面

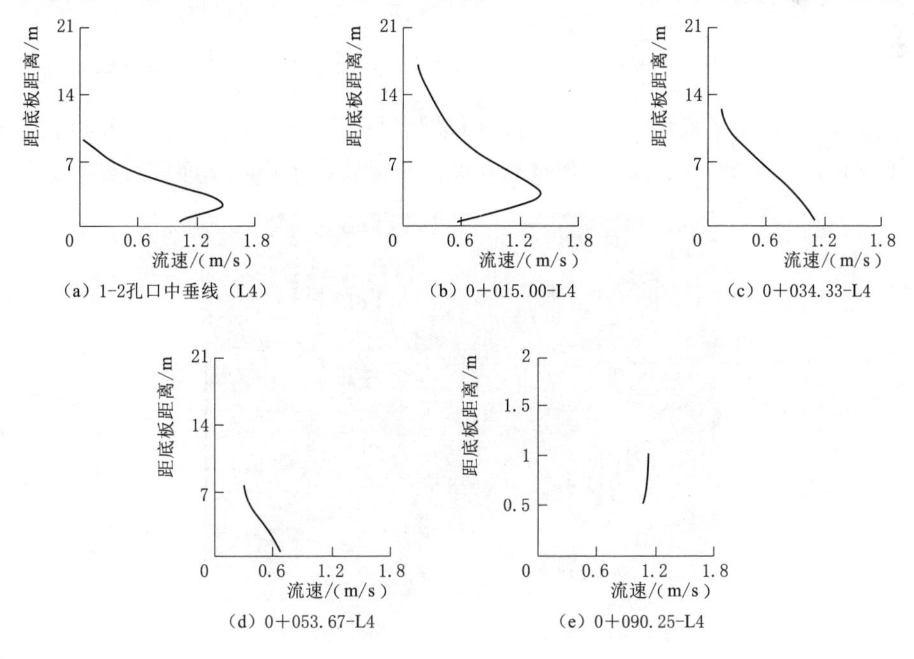

图 3.21 发电工况（出流）明渠流速沿水深分布

Ⅱ（0+053.67）流速0.32～0.64m/s。拦沙坎顶部断面（0+090.25），拦沙坎顶部高程632.5m，死水位634m时拦沙坎顶部水深1.5m，拦沙坎顶部断面流速分布较为均匀，流速1.11～1.14m/s。

明渠内，水流自进/出水口进入明渠，主流靠近渠底位置，上部近水面有微弱回流，到了反坡段末端，水流沿出流方向进入库区。图3.22给出了4台机发电工况（出流）水面下0.5m水平剖面明渠流速横向分布（以出流方向为正）。连接段与反坡段交界断面（0+015.00）流速－0.35～0.15m/s，反坡段中间断面Ⅰ（0+034.33）流速－0.38～0.13m/s，反坡段中间断面Ⅱ（0+053.67）流速－0.04～0.33m/s，拦沙坎顶部断面（0+090.25）流速0.80～1.20m/s，各断面流速横向分布较为均匀。

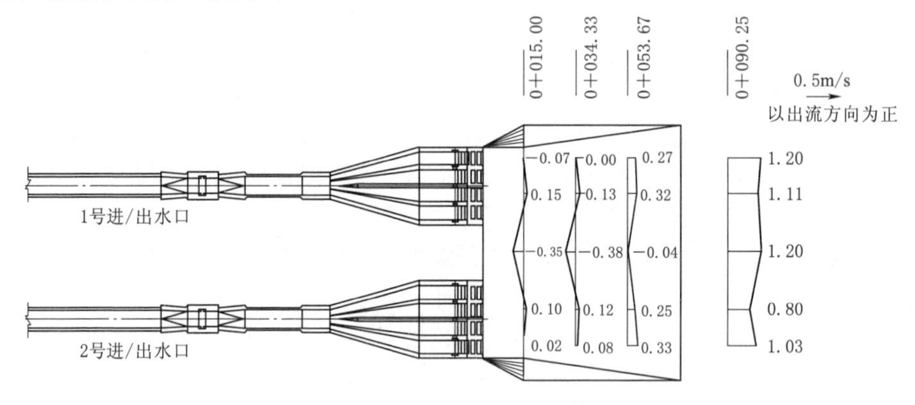

图3.22 发电工况（出流）水面下0.5m水平剖面明渠流速横向分布（高程633.5m）

图3.23给出了发电工况（出流）明渠及附近库区表面流速场。出流水流经过明渠向库区扩散，明渠段表面没有环流，水流较为平稳，水面波动较小。

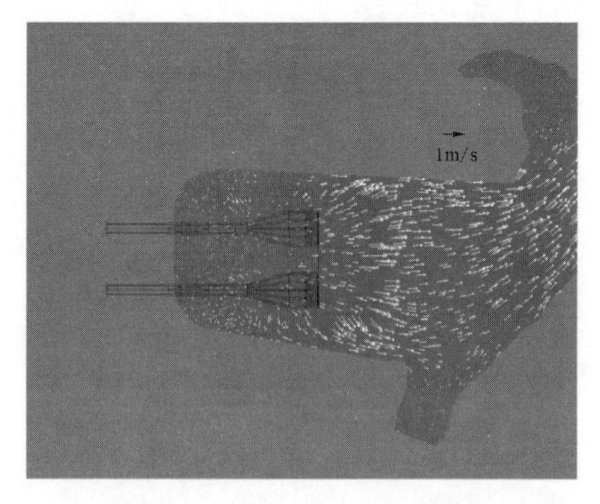

图3.23 发电工况（出流）明渠及附近库区表面流速场

3.6.2 抽水工况

1. 进/出水口水头损失

表 3.12 给出了双机抽水工况推荐方案 1 号进/出水口的水头损失计算结果。推荐方案 1 号进/出水口水头损失系数为 0.23。该双机抽水工况为 4 台机组运行，1 号 2 号进/出水口进流，1 号流量 2×57.89m^3/s，2 号流量 2×57.89m^3/s，正常蓄水位 660m。

表 3.12　　双机抽水工况推荐方案 1 号进/出水口水头损失

运行工况	水位 /m	流量 /(m^3/s)	平均流速 /(m/s)	水头损失 /m	水头损失系数
1 号 2 号双机抽水	660	2×57.89	3.49	0.14	0.23

注　表中平均流速为隧洞断面的平均流速。

第 5 章关于抽水蓄能电站侧式进/出水口水头损失的专门研究表明，对于优化较好的侧式进/出水口，通常其进流工况的水头损失系数在 0.20～0.30 之间。该抽水蓄能电站下水库侧式进/出水口抽水工况（进流）的水头损失系数 0.23 符合一般规律。

2. 拦污栅断面流速

图 3.24 为双机抽水工况推荐方案 1 号进/出水口拦污栅断面流速分布。具体数据列于表 3.13。拦污栅断面平均流速为 0.48～0.57m/s，最大流速为 0.82m/s，流速不均匀系数为 1.43～1.44。该双机抽水工况为 4 台机组运行，1 号 2 号进/出水口进流，1 号流量 2×57.89m^3/s，2 号流量 2×57.89m^3/s，正常蓄水位 660m。

表 3.13　　双机抽水工况推荐方案 1 号进/出水口拦污栅断面流速数据

孔道编号	拦污栅断面测线	测线平均流速 /(m/s)	最大流速 /(m/s)	平均流速 /(m/s)	流速不均匀系数	反向流速 /(m/s)
1-1	1-1 左	0.57	0.82	0.57	1.44	无
	1-1 中	0.57				
	1-1 右	0.57				
1-2	1-2 左	0.48	0.68	0.48	1.43	无
	1-2 中	0.48				
	1-2 右	0.48				
1-3	1-3 左	0.47	0.68	0.48	1.43	无
	1-3 中	0.48				
	1-3 右	0.48				

续表

孔道编号	拦污栅断面测线	测线平均流速/(m/s)	最大流速/(m/s)	平均流速/(m/s)	流速不均匀系数	反向流速/(m/s)
1-4	1-4 左	0.57	0.82	0.57	1.44	无
	1-4 中	0.57				
	1-4 右	0.57				

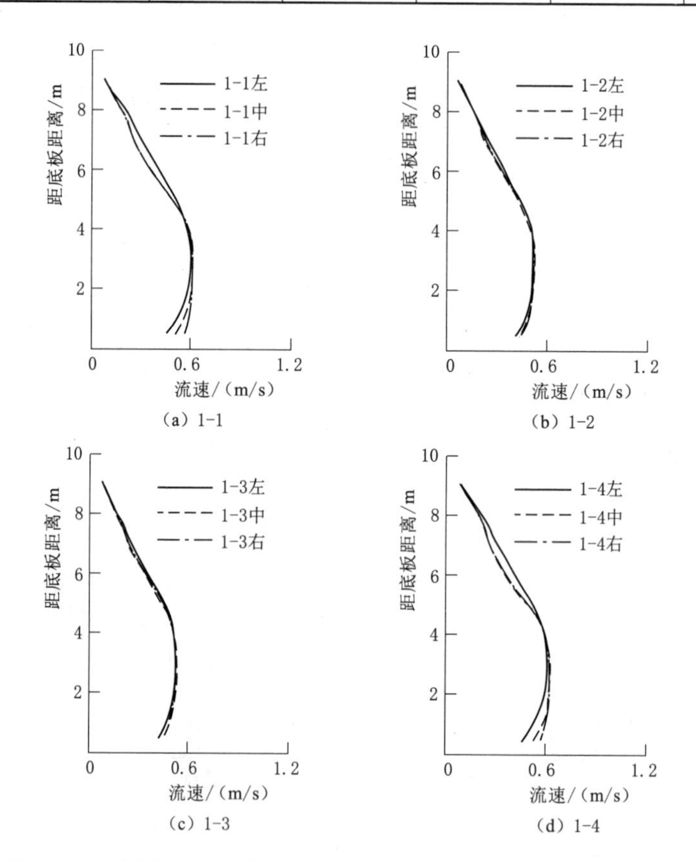

图 3.24 双机抽水工况推荐方案 1 号进/出水口拦污栅断面流速分布

3. 进/出水口流态

图 3.25 为双机抽水工况推荐方案 1 号进/出水口流速场。水流较为平顺地进入进/出水口。

4. 各孔道流量分配

表 3.14 列出了双机抽水工况推荐方案 1 号进/出水口各孔道流量分配数据。图 3.26 绘制了各孔道流量分配。各孔道流量分配为 22.82%～27.18%（理想流量分配为 25%），各孔道流量不均匀程度为－8.72%～8.72%。

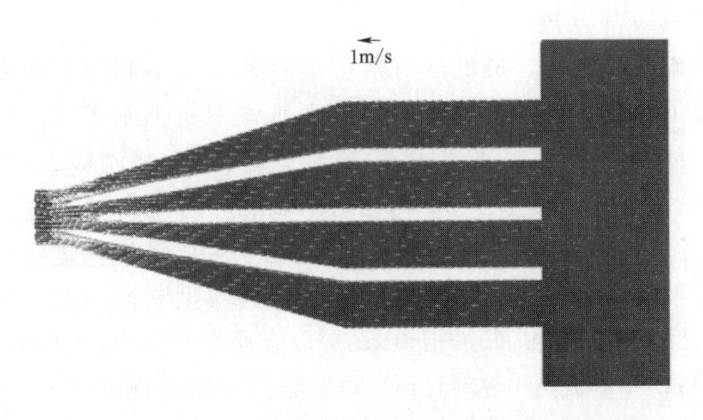

（a）高程622.25m水平剖面

（b）铅直纵剖面

图 3.25　双机抽水工况推荐方案 1 号进/出水口流速场

表 3.14　　双机抽水工况推荐方案 1 号进/出水口各孔道流量分配数据

孔道编号	1-1	1-2	1-3	1-4
流量/(m^3/s)	31.45	26.44	26.42	31.47
流量分配/%	27.16	22.84	22.82	27.18
流量不均匀程度/%	8.67	−8.67	−8.72	8.72

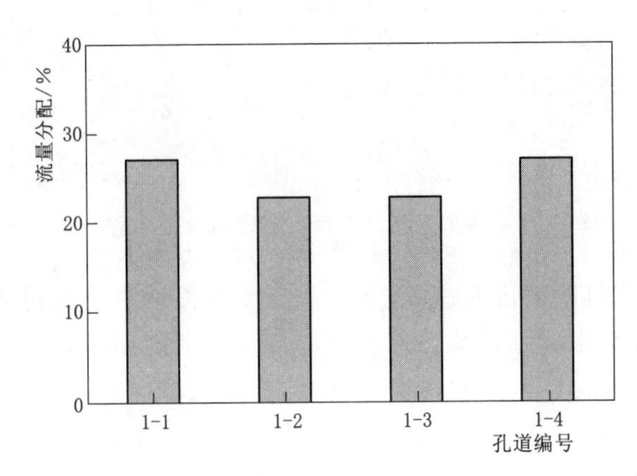

图 3.26　双机抽水工况推荐方案 1 号进/出水口各孔道流量分配

5. 明渠流速分布及流态

对于明渠流速及流态，最低运行水位最容易发生不利的水流现象，运行水位越高其水流条件越好，因此这里只研究死水位双机抽水工况。该死水位双机抽水工况为4台机组运行，1号2号进/出水口进流，1号流量2×43.85m³/s，2号流量2×43.85m³/s，死水位634m。结果表明，水流自明渠进入进/出水口，各测线沿水深流速分布基本均匀。图3.27给出了抽水工况（进流）明渠流速沿水深分布，这里以L4测线即1-2孔道中垂线各典型断面为例，以进流方向为正。连接段与反坡段交界断面（0+015.00）流速0.01～0.08m/s，反坡段中间断面Ⅰ（0+034.33）流速0～0.15m/s，反坡段中间断面Ⅱ（0+053.67）流速0.08～0.62m/s。拦沙坎顶部断面（0+090.25），拦沙坎顶部高程632.5m，死水位634m时拦沙坎顶部水深1.5m，拦沙坎顶部断面流速分布较为均匀，流速0.76～0.88m/s。

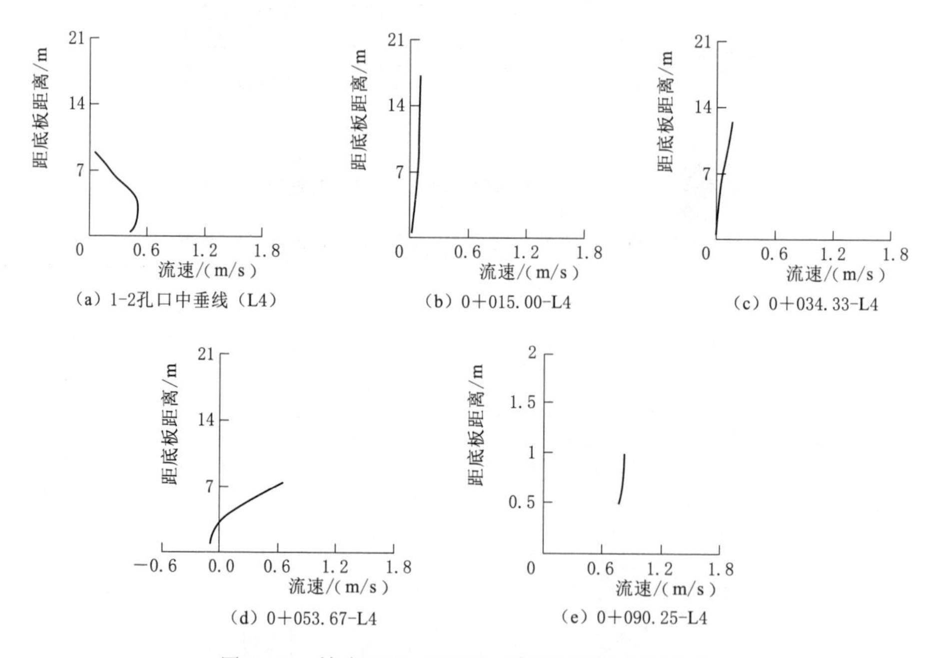

图3.27 抽水工况（进流）明渠流速沿水深分布

明渠内，水流自明渠进入进/出水口，经反坡段后平顺地进入各进/出水口。图3.28给出了抽水工况（进流）水面下0.5m水平剖面明渠流速横向分布（以进流方向为正）。连接段与反坡段交界断面（0+015.00）流速0.01～0.60m/s，反坡段中间断面Ⅰ（0+034.33）流速0.02～0.42m/s，反坡段中间断面Ⅱ（0+053.67）流速0.13～0.62m/s，拦沙坎顶部断面（0+090.25）流速0.74～1.04m/s，各断面流速横向分布较为均匀。

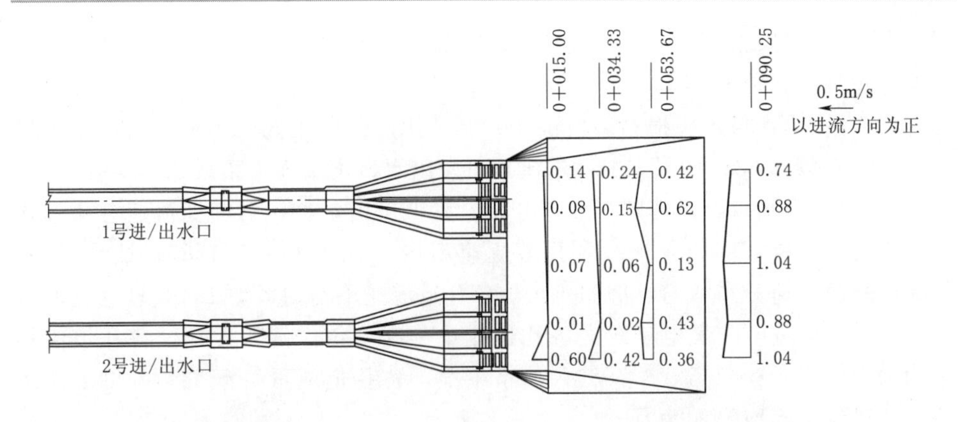

图 3.28 4台机抽水工况（进流）水面下 0.5m 水平剖面明渠流速横向分布

图 3.29 给出了抽水工况（进流）明渠及附近库区表面流速场。进流水流由库区流入进/出水口，明渠段表面没有环流，水流较为平稳，水面波动较小，水流经过反坡段后平顺地进入进/出水口，不会产生有害吸气漩涡。

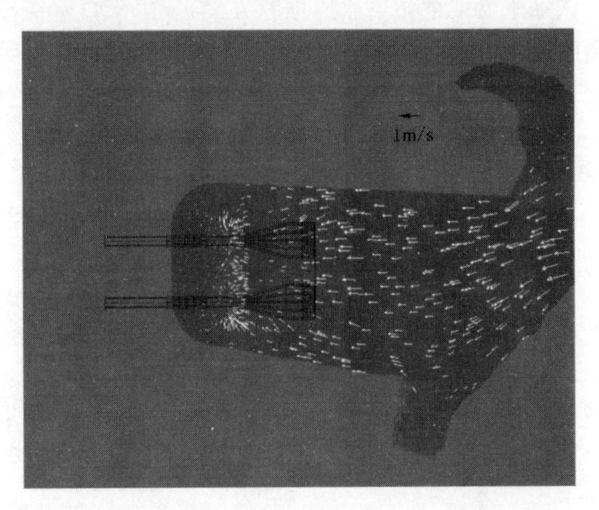

图 3.29 抽水工况（进流）明渠及附近库区表面流速场

3.7 数值模拟结论

本章对 YX 抽水蓄能电站设计方案进/出水口水力特性进行了数值模拟研究，研究发现抽水工况各孔道流量分配不均匀，孔道流量不均匀程度大于 10%，不满足要求。通过优化扩散段内分流隔墙布置得到了进/出水口体型的推荐方案。全面研究了推荐方案进/出水口发电工况（出流）和抽水工况（进流），包括进/出水口水头损失、拦污栅断面流速分布、各孔道流量分配、明渠及库区流态等，得到以下结论：

（1）进/出水口水头损失系数符合一般规律，发电工况（出流），进/出水口水头损失系数0.33；抽水工况（进流），进/出水口水头损失系数0.23。

（2）进/出水口拦污栅断面流速分布。发电工况，拦污栅断面流速分布较均匀，无反向流速，例如死水位各孔道流速不均匀系数1.82～1.87；抽水工况，拦污栅断面流速分布均匀，例如死水位各孔道流速不均匀系数1.43～1.44。

（3）流量分配。发电工况，各孔道流量分配均匀，例如死水位各孔道流量不均匀程度为－8.64％～8.76％；抽水工况，各孔道流量分配均匀，例如死水位各孔道流量不均匀程度为－8.73％～8.73％。

（4）明渠流速分布及库区流态，发电工况（出流），水流自进/出水口经明渠均匀流向前方库区。抽水工况（进流），水流由库区平顺地进入进/出水口，明渠各断面流速分布基本均匀。死水位4台机组抽水工况运行时进/出水口不会产生有害漩涡。

综上所述，该抽水蓄能电站下水库推荐方案进/出水口水头损失系数符合一般规律，拦污栅断面流速分布较均匀，各孔道流量分配均匀，明渠及库区流态较好，满足《抽水蓄能电站设计规范》（NB/T 10072—2018）要求。

第4章　某具体工程进/出水口水力模型试验

利用模型试验方法研究具体工程的进/出水口水力特性具有直观、试验成果易于接受等优点。对于进/出水口布置及边界条件较复杂的抽水蓄能电站工程，应进行水力模型试验，研究其进/出水口水力特性，其目的是对标设计规范提出的侧式进/出水口水力学方面的要求，评价进/出水口设计方案是否满足规范要求，进而对设计方案进行优化，直至提出满足规范要求的进/出水口推荐方案。一般来说，利用数值模拟和模型试验相结合的方法对具体工程进/出水口水力特性进行研究是较理想的方法，即利用数值模拟方法进行优化提出推荐方案，利用模型试验方法对推荐方案进行研究，进一步发现问题，尤其是对于进/出水口附近库区地形复杂或连接隧洞复杂的情况，模型试验方法更能显示其优势。本章以某具体的抽水蓄能电站侧式进/出水口为例，利用模型试验方法对其进行研究。

4.1　研究内容及研究步骤

对于具体的抽水蓄能电站，利用模型试验方法对其进/出水口水力特性进行研究，一般来说其研究内容应包括进/出水口水头损失、拦污栅断面流速分布、各孔道流量分配、明渠段及库区流态、进/出水口是否发生有害漩涡等，详细的请参见1.5节侧式进/出水口水力特性研究内容。应当指出，具体的抽水蓄能电站上、下水库进/出水口各有自己的特点，不同的抽水蓄能电站的进/出水口也各不相同，因此侧式进/出水口水力特性的研究内容也不尽相同，应在上面列出的研究内容基础上进行完善，其目的是全面揭示具体工程进/出水口的水力特性，提出在双向水流条件下水力条件均较优的进/出水口推荐方案。

一般来说，可按以下步骤进行研究：

（1）模型设计。按重力相似准则进行模型设计。综合考虑研究内容、库区地形、进/出水口布置、连接隧洞形式、隧洞直径以及流量等，确定模型几何比尺。详见2.2.1节模型设计方法。

（2）确定合理的模拟区域。针对所研究的具体工程进/出水口，依据库区地形、进/出水口布置、与输水隧洞的衔接方式等，确定合理的模拟区域，保证库区边界和隧洞边界设置合理，确保试验结果的可靠性。

（3）初步试验量测。首先对最不利的两种工况，即死水位发电工况和死水位抽水工况进行试验量测。量测进/出水口拦污栅断面流速分布、各孔道流量分配，观测明渠及附近库区是否有环流，进流时进/出水口上方是否产生漩涡等。

(4) 初步试验量测结果分析。对于试验量测的结果进行初步分析，若其水力指标不满足规范要求，应进行优化。若其水力指标满足规范要求，则进一步试验量测获得全面水力指标。

(5) 全面试验量测。对于初步试验量测结果符合设计规范要求且没有发现不利水流现象的情况，进行全面试验研究。试验量测及观测抽水工况和发电工况的不同水位、流量条件下的进/出水口水头损失、拦污栅断面流速分布、各孔道流量分配、明渠及附近库区流速、进/出水口是否发生有害漩涡等。同时对典型工况进行录像和照相。

(6) 明确结论。综合分析推荐方案进/出水口的试验结果，得出结论。

4.2 研 究 实 例

ZH抽水蓄能电站下水库进/出水口采用侧式进/出水口，4个进/出水口体型相同、并列布置，中心线间距均为25m。下水库正常蓄水位151m，死水位139m。尾水系统采用一洞一机的布置型式，单机发电流量130.2m^3/s，单机抽水流量84.5m^3/s。进/出水口沿抽水水流方向依次为防涡梁段、调整段、扩散段、方形段，全长66.6m，进水口底板高程121.0m。方形段长9m，截面尺寸5.4m×6.8m（宽×高）。扩散段长34m，设两个分流隔墙，分流隔墙宽度1.4m，平面为双向对称扩散，总水平扩散角23.59°，立面为单向扩散，顶板扩张角4.71°。调整段长13.6m。防涡梁段长10m，顶部设置4道防涡梁，其断面尺寸为1.2m×2m，净距1.2m。孔道拦污栅断面尺寸5.6m×9.6m（宽×高）。反坡明渠长54.0m，连接段长15.0m，反坡段坡比1∶3。反坡段末端设拦沙坎，坎顶高程137.0m。该侧式进/出水口体型如图4.1所示。

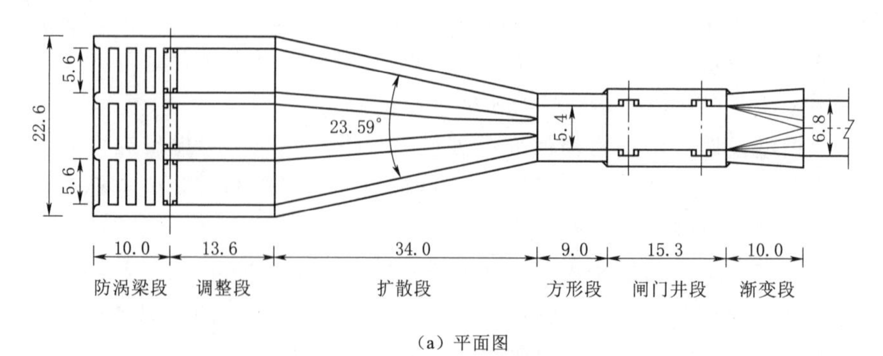

(a) 平面图

图4.1（一） 侧式进/出水口体型（单位：m）

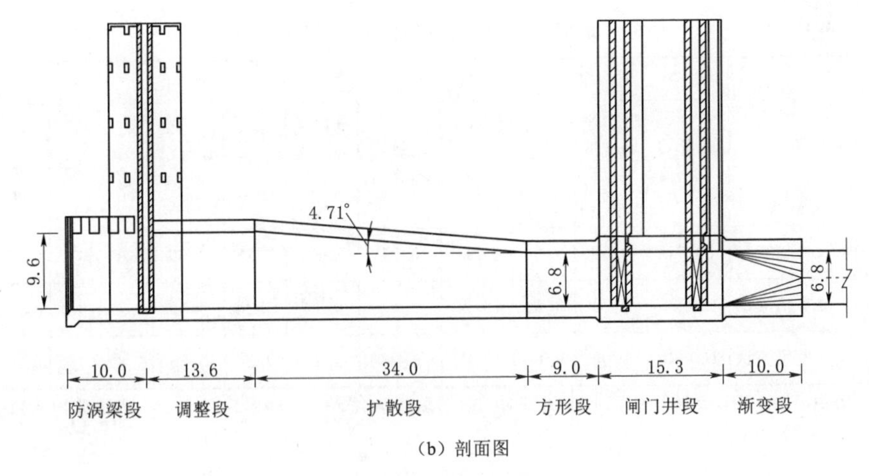

(b) 剖面图

图 4.1（二） 侧式进/出水口体型（单位：m）

4.3 模型设计和制作

4.3.1 模型设计

侧式进/出水口试验模型按重力相似准则设计。综合考虑试验要求、库区地形及进/出水口布置形式等，确定模型缩尺。对于该侧式进/出水口模型试验，最后选定模型几何缩尺为 34.0，对应的流速缩尺为 5.83、流量缩尺为 6740.58、糙率缩尺为 1.80。详细的模型设计见 2.2.1 节。

当模型缩尺确定后，应根据该进/出水口的布置及附近库区地形，分理选定模型边界，确定模拟范围。该下水库为河道型水库，进/出水口对面河岸离进/出水口较近，应模拟对面河岸地形；模拟进/出水口所在河岸的上、下游地形；为保障进/出水口上、下游河道边界水流条件符合实际，应模拟足够长的河段，这里选取距明渠开挖边线上、下游各 300m 的河道断面作为库区边界；该进/出水口连接的隧洞有两个立面转弯，均离进/出水口较近，两个立面转弯均应模拟，这里模拟至下弯道末端后 20 倍洞径处（$20D=136$m），该断面作为隧洞边界。模拟范围参见下文的模型布置图（图 4.2）。

为观测进流工况进水口是否产生漩涡，模型设计时还应该考虑是否需要增大流量进行观测。所设计的模型，应使雷诺数 Re 和韦伯数 We 超过一定的临界值，使黏性力和表面力的影响处于次要位置，尽量避免缩尺的影响。按 2.2.1 节模型设计方法的漩涡模拟要求，表 4.1 计算了抽水工况（进流工况）的模型雷诺数 Re 和韦伯数 We。表中显示，当模型流量增大至 2.0 倍设计流量时，模型雷诺数 Re 和韦伯数 We 满足临界值的要求。

表 4.1 进流工况进/出水口的 Re 和 We

工况		原型值				模型值					
		流量 Q /(m³/s)	进口平均流速 v /(m/s)	孔口高度 H/m	孔口中心淹没深度 s /m	流量 Q /(m³/s)	进口平均流速 v /(m/s)	孔口高度 H/m	孔口中心淹没深度 s /m	$Re=Q/(\nu s)$	$We=\rho v^2 H/\sigma$
死水位 139m，单机抽水流量 84.5m³/s	1.0 倍流量	84.50	0.52	9.60	13.20	0.01	0.09	0.28	0.39	2.84×10^4	31.02*
	1.5 倍流量	126.75	0.79	9.60	13.20	0.02	0.14	0.28	0.39	4.25×10^4	69.79*
	2.0 倍流量	169.00	1.05	9.60	13.20	0.03	0.18	0.28	0.39	5.67×10^4	124.06

注 表中 * 表示不满足临界值。水温取 15℃，运动黏滞系数 $\nu=1.139\times10^{-6}\text{m}^2/\text{s}$；表面张力系数 $\sigma=0.0735\text{N/m}$。

4.3.2 模型制作

模型按上面确定的模拟范围制作。进/出水口为混凝土浇筑，原型混凝土糙率 0.012～0.016，模型糙率 0.0066～0.0088。有机玻璃糙率 0.0075～0.0085 基本满足模型糙率 0.0066～0.0088 要求。模型进/出水口及输水隧洞选用有机玻璃加工制作。模型反坡明渠及库区地形采用水泥砂浆抹面，水泥砂浆糙率 0.009～0.010，库区按实际地形模拟。

模型水库布置在距地面 3.0m 高的试验平台上，模型水库长 13m，宽 9m，高 1.5m。模型由高平水塔供水。发电工况（出流），自高平水塔的 4 支管路（出流管路）供水至进/出水口模型的管路端，4 支管路分别安装电磁流量计量测发电流量。抽水工况（进流），水流靠水库水位和地面之间的落差从水库自流进入进/出水口，并通过高平水塔向水库补水保持库水位恒定。水库内设置稳流装置保障水库水面平稳。图 4.2 为进/出水口模型布置图。图 4.3 为进/出水口模型。

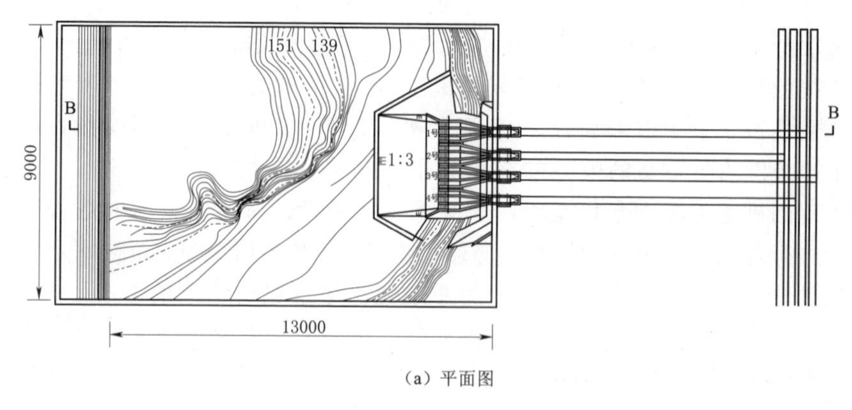

(a) 平面图

图 4.2（一） 进/出水口模型布置图（单位：mm）

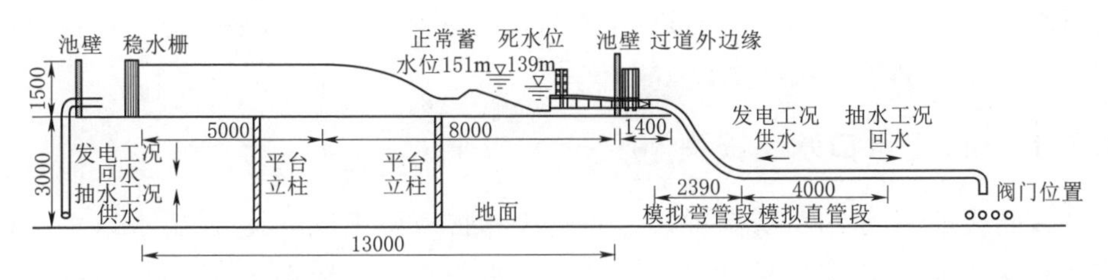

(b) B—B剖面图

图 4.2（二） 进/出水口模型布置图（单位：mm）

图 4.3 进/出水口模型

4.4 试验结果分析

按 4.1 节研究内容及研究步骤进行试验。分析初步试验量测结果，没有发现不利水流现象，因此进行全面试验研究。试验量测及观测了抽水工况和发电工况的不同水位、流量条件下的进/出水口水头损失、拦污栅断面流速分布、各孔道流量分配、明渠流速及附近库区流态、进/出水口是否发生有害漩涡等，并对试验成果进行了全面分析和总结。限于篇幅，同时考虑抽水蓄能电站运行时死水位为最不利水位，因此本章以发电工况和抽水工况死水位的量测结果为例进行分析。发电工况为 4 台机组运行，1 号 2 号 3 号 4 号进/出水口同时出流，1～4 号进/出水口的流量均为 130.2m^3/s，库水位为死水位 139m。抽水工况为 4

台机组运行，1号2号3号4号进/出水口同时进流，1～4号进/出水口的流量均为84.5m³/s，库水位为死水位139m。

4.4.1 进/出水口水头损失

该侧式进/出水口由防涡梁段、调整段和扩散段组成，其进/出水口水头损失是指库区至进/出水口扩散段始端之间的水头损失。按1.5节的进/出水口水头损失设量测断面读取测压管水位的方法，图4.4给出了该侧式进/出水口水头损失量测断面布置。典型断面间的水头损失通过测量两断面间的测压管水位差以及相应的过流流量后经计算推求。

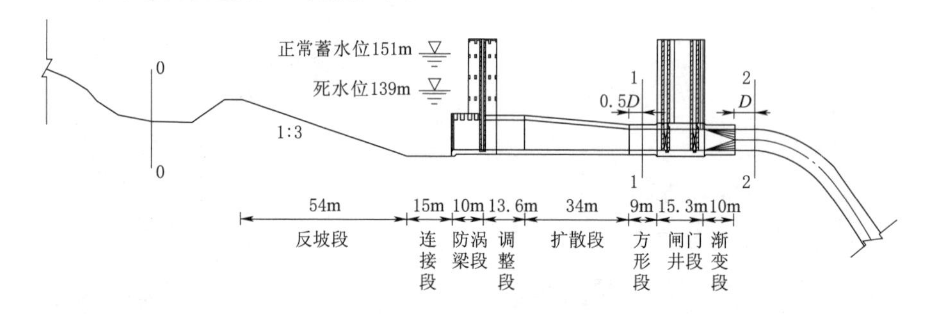

图4.4 水头损失测压管断面位置

表4.2列出了发电工况（出流）1号2号3号4号进/出水口水头损失的量测结果。发电工况（出流），进/出水口水头损失系数为0.32。

表4.2 发电工况（出流）1号2号3号4号进/出水口水头损失

进/出水口编号	进/出水口运行状况	原型			模型					水头损失系数 ξ	
		流量/(m³/s)	引水隧洞平均流速 v/(m/s)	流速水头 $v^2/(2g)$/m	流量/(L/s)	引水隧洞平均流速 v/(cm/s)	流速水头 $v^2/(2g)$/cm	水头损失 h_f/cm			
								闸门井段	进/出水口	闸门井段	进/出水口
1号	1号2号3号4号出流	130.2	3.59	0.66	19.32	61.48	1.93	0.31	0.62	0.16	0.32
	1号2号3号出流	130.2	3.59	0.66	19.32	61.48	1.93	0.29	0.62	0.16	0.32
2号	1号2号3号4号出流	130.2	3.59	0.66	19.32	61.48	1.93	0.30	0.61	0.16	0.32
	1号2号3号出流	130.2	3.59	0.66	19.32	61.48	1.93	0.30	0.61	0.16	0.32
3号	1号2号3号4号出流	130.2	3.59	0.66	19.32	61.48	1.93	0.31	0.63	0.16	0.33
	1号2号3号出流	130.2	3.59	0.66	19.32	61.48	1.93	0.31	0.62	0.16	0.32

续表

进/出水口编号	进/出水口运行状况	原型			模型					水头损失系数 ξ	
		流量/(m^3/s)	引水隧洞平均流速 v/(m/s)	流速水头 $v^2/(2g)$/m	流量/(L/s)	引水隧洞平均流速 v/(cm/s)	流速水头 $v^2/(2g)$/cm	水头损失 h_f/cm 闸门井段	水头损失 h_f/cm 进/出水口	闸门井段	进/出水口
4号	1号2号3号4号出流	130.2	3.59	0.66	19.32	61.48	1.93	0.30	0.61	0.16	0.32
	1号2号4号出流	130.2	3.59	0.66	19.32	61.48	1.93	0.31	0.62	0.16	0.32
水头损失系数平均值										0.16	0.32

表4.3列出了抽水工况（进流）1号2号3号4号进/出水口水头损失的量测结果。抽水工况（进流），进/出水口水头损失系数为0.22。

表4.3　　抽水工况（进流）1号2号3号4号进/出水口水头损失

进/出水口编号	进/出水口运行状况	原型			模型					水头损失系数 ξ	
		流量/(m^3/s)	引水隧洞平均流速 v/(m/s)	流速水头 $v^2/(2g)$/m	流量/(L/s)	引水隧洞平均流速 v/(cm/s)	流速水头 $v^2/(2g)$/cm	水头损失 h_f/cm 闸门井段	水头损失 h_f/cm 进/出水口	闸门井段	进/出水口
1号	1号2号3号4号出流	84.5	2.33	0.28	12.54	39.90	0.81	0.11	0.18	0.13	0.22
	1号2号3号出流	84.5	2.33	0.28	12.54	39.90	0.81	0.10	0.18	0.13	0.22
2号	1号2号3号4号出流	84.5	2.33	0.28	12.54	39.90	0.81	0.10	0.18	0.13	0.22
	1号2号3号出流	84.5	2.33	0.28	12.54	39.90	0.81	0.10	0.19	0.13	0.23
3号	1号2号3号4号出流	84.5	2.33	0.28	12.54	39.90	0.81	0.11	0.18	0.14	0.22
	1号2号3号出流	84.5	2.33	0.28	12.54	39.90	0.81	0.11	0.18	0.13	0.22
4号	1号2号3号4号出流	84.5	2.33	0.28	12.54	39.90	0.81	0.10	0.19	0.13	0.22
	1号2号4号出流	84.5	2.33	0.28	12.54	39.90	0.81	0.11	0.18	0.13	0.22
水头损失系数平均值										0.13	0.22

试验表明，该下水库进/出水口水头损失系数，发电工况（出流）0.32；抽水工况（进流）0.22。第5章关于抽水蓄能电站侧式进/出水口水头损失的专门研究表明，对于优化较好的侧式进/出水口，出流工况的水头损失系数在0.30～0.40之间，进流工况的水头损失系数在0.20～0.30之间。该抽水蓄能电站下水

库侧式进/出水口水头损失系数符合一般规律。

4.4.2 拦污栅断面流速分布

试验量测了拦污栅断面的流速。

对进/出水口每个孔道（1号进/出水口的3个孔道分别标记为1-1、1-2、1-3）拦污栅断面布设左、中、右3条垂向测线（例如，1-1孔道对应的3条垂向测线分别标记为1-1左、1-1中、1-1右），以研究孔道拦污栅断面流速在横向上的变化规律，同时在每条测线沿水深方向布设7个测点，以便研究同一孔道拦污栅断面流速在垂向上的变化规律，流速测线和测点位置如图4.5所示。由于4个进/出水口完全相同，下面以1号进/出水口为例进行表述。

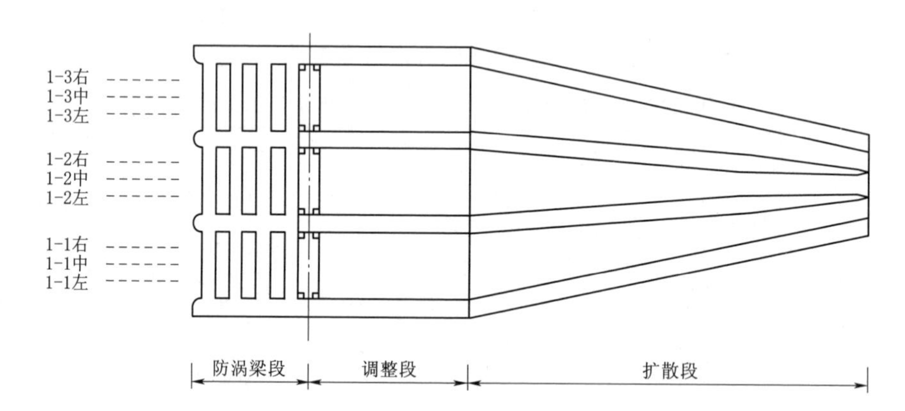

（a）测线平面布置

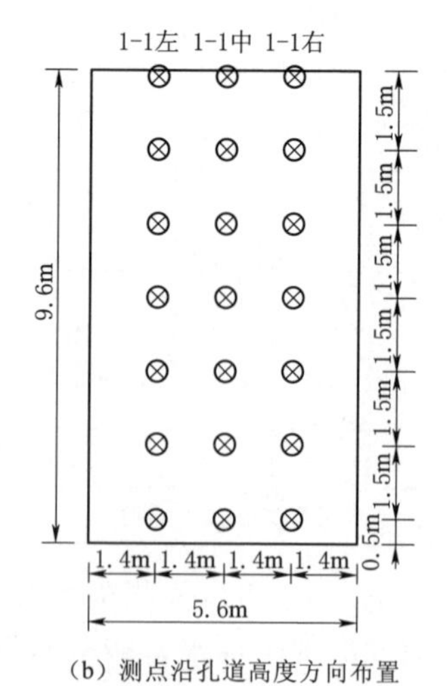

（b）测点沿孔道高度方向布置

图4.5 拦污栅断面流速测线和测点布置图

发电工况（出流）1号进/出水口拦污栅断面流速量测结果列于表4.4。拦污栅断面流速分布如图4.6所示。各孔道平均流速0.80～0.90m/s，最大流速1.28m/s，各孔道流速不均匀系数（过栅最大流速与过栅平均流速的比值）1.42～1.54。该发电工况为4台机组运行，1号2号3号4号进/出水口同时出流，1～4号进/出水口的流量均为130.2m³/s，库水位为死水位139m。

表4.4　发电工况（出流）1号进/出水口拦污栅断面流速量测结果

测点距底板距离/m	测线位置								
	1-1左/(m/s)	1-1中/(m/s)	1-1右/(m/s)	1-2左/(m/s)	1-2中/(m/s)	1-2右/(m/s)	1-3左/(m/s)	1-3中/(m/s)	1-3右/(m/s)
9.50	1.06	1.12	1.06	0.95	1.06	0.94	1.05	1.12	1.08
8.00	1.19	1.23	1.21	1.18	1.26	1.18	1.21	1.24	1.22
6.50	0.97	1.12	0.99	1.23	1.28	1.24	0.97	1.10	1.02
5.00	0.79	0.86	0.80	1.08	1.12	1.10	0.78	0.87	0.81
3.50	0.60	0.64	0.57	0.85	0.89	0.90	0.61	0.62	0.58
2.00	0.44	0.50	0.44	0.57	0.63	0.61	0.44	0.48	0.45
0.50	0.39	0.43	0.38	0.26	0.27	0.29	0.37	0.43	0.38
平均流速/(m/s)	0.80			0.90			0.80		
最大流速/(m/s)	1.23			1.28			1.24		
流速不均匀系数	1.54			1.42			1.54		

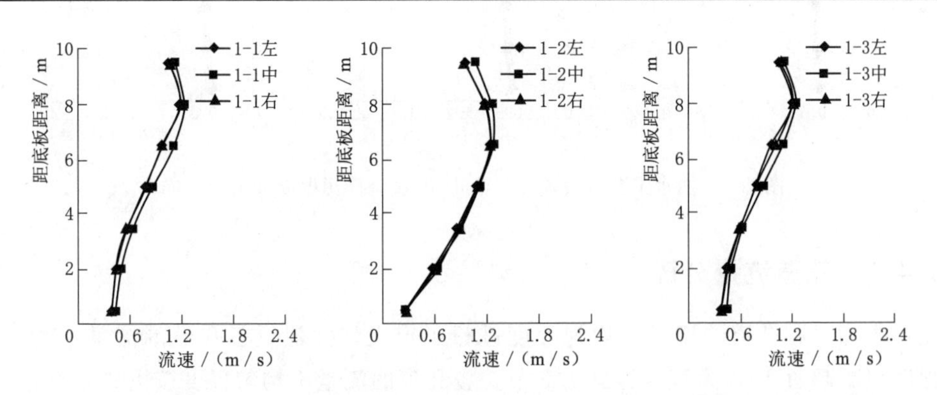

图4.6　发电工况（出流）1号进/出水口拦污栅断面流速分布

抽水工况（进流）1号进/出水口拦污栅断面流速量测结果列于表4.5。拦污栅断面流速分布如图4.7所示。各孔道平均流速0.49～0.54m/s，最大流速0.69m/s，各孔道流速不均匀系数（过栅最大流速与过栅平均流速的比值）1.26～1.30。该抽水工况为4台机组运行，1号2号3号4号进/出水口同时进流，1～4号进/出水口的流量均为84.5m³/s，库水位为死水位139m。

表 4.5　抽水工况（进流）1 号进/出水口拦污栅断面流速量测结果

测点距底板距离/m	测线位置								
	1-1左/(m/s)	1-1中/(m/s)	1-1右/(m/s)	1-2左/(m/s)	1-2中/(m/s)	1-2右/(m/s)	1-3左/(m/s)	1-3中/(m/s)	1-3右/(m/s)
9.50	0.14	0.11	0.14	0.13	0.14	0.17	0.10	0.13	0.10
8.00	0.55	0.54	0.55	0.58	0.60	0.63	0.53	0.53	0.54
6.50	0.59	0.61	0.62	0.63	0.66	0.69	0.60	0.59	0.64
5.00	0.57	0.58	0.59	0.60	0.64	0.66	0.60	0.59	0.62
3.50	0.55	0.56	0.55	0.57	0.61	0.63	0.53	0.57	0.59
2.00	0.53	0.54	0.54	0.56	0.60	0.62	0.50	0.54	0.58
0.50	0.48	0.49	0.49	0.51	0.55	0.57	0.46	0.51	0.55
平均流速/(m/s)	0.49			0.54			0.50		
最大流速/(m/s)	0.62			0.69			0.64		
流速不均匀系数	1.26			1.28			1.30		

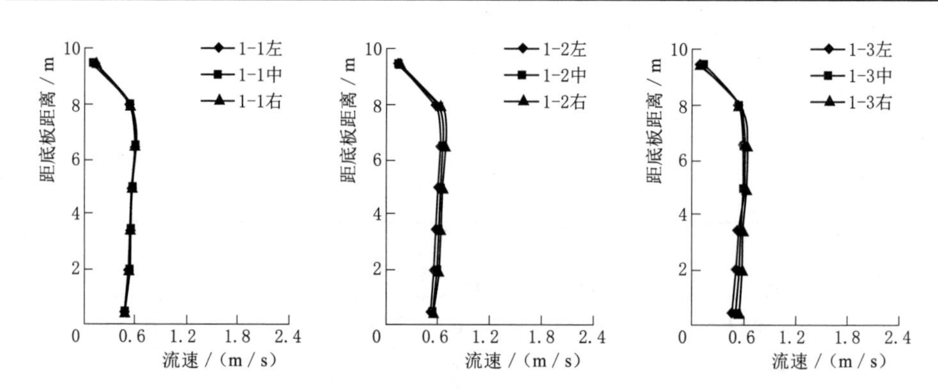

图 4.7　抽水工况（进流）1 号进/出水口拦污栅断面流速分布

4.4.3　孔道流量分配

本书对各孔道的流量不均匀程度进行了定义，并建议各孔道的流量不均匀程度以不超过 10%为宜，详见 1.5 节。各孔道的流量不均匀程度按下式计算：

$$C_Q=\frac{Q_r-Q_m}{Q_m}\times 100\% \tag{4.1}$$

式中：C_Q 为孔道的流量不均匀程度；Q_r 为孔道流量（实际流量）；Q_m 为孔道理想流量（进/出水口总流量/孔道数）。

C_Q 为正值表示实际流量大于理想流量，负值表示实际流量小于理想流量。

表 4.6 列出了发电工况（出流）1 号进/出水口各孔道流量分配量测结果。

图 4.8 绘制了各孔道流量分配。发电工况（出流）1 号进/出水口各孔道流量分配为 31.98%～35.99%（理想流量分配为 33%），各孔道流量不均匀程度为 −4.07%～7.97%。该发电工况为 4 台机组运行，1 号 2 号 3 号 4 号进/出水口同时出流，1～4 号进/出水口的流量均为 130.2m^3/s，库水位为死水位 139m。

表 4.6　　发电工况（出流）1 号进/出水口流量分配量测结果

进/出水口编号	1 号		
孔道编号	1-1	1-2	1-3
流量分配/%	31.98	35.99	32.03
流量不均匀程度/%	−4.07	7.97	−3.90

表 4.7 列出了抽水工况（进流）1 号进/出水口各孔道流量分配量测结果。图 4.9 绘制了各孔道流量分配。抽水工况（进流）1 号进/出水口各孔道流量分配为 32.14%～35.36%（理想流量分配为 33%），各孔道流量不均匀程度为 −3.57%～6.09%。该抽水工况为 4 台机组运行，1 号 2 号 3 号 4 号进/出水口同时进流，1～4 号进/出水口的流量均为 84.5m^3/s，库水位为死水位 139m。

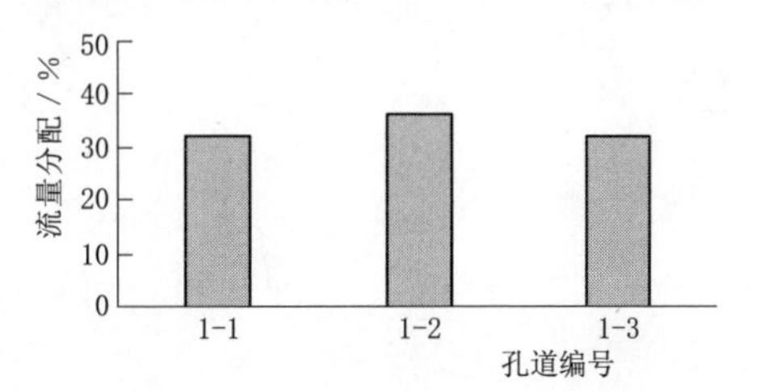

图 4.8　发电工况（出流）1 号进/出水口流量分配

表 4.7　　抽水工况（进流）1 号进/出水口流量分配量测结果

进/出水口编号	1 号		
孔道编号	1-1	1-2	1-3
流量分配/%	32.14	35.37	32.49
流量不均匀程度/%	−3.57	6.09	−2.52

4.4.4　明渠及附近库区流速

试验量测了明渠及附近库区的流速，并观测了各工况明渠及附近库区的流态。流速测量横向测线及垂向测线的测点如图 4.10 所示。横向测线的具体位置分别为连接段与反坡段交接断面（桩号 0＋025.00），反坡段间断面（桩号 0＋045.00），反坡段末端断面（桩号 0＋079.00），库区断面（桩号 0＋105.00）。为直观展示水面以下的明渠内的流速变化情况，依据流速量测数据

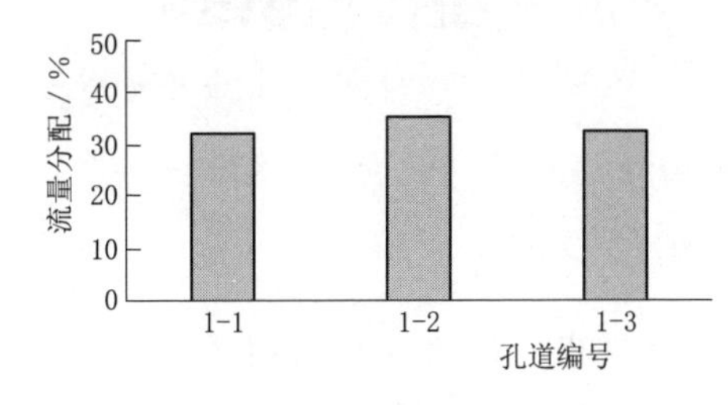

图 4.9　抽水工况（进流）1 号进/出水口流量分配

给出了水面以下不同高程水平剖面的流速分布，例如高程 125.8m（孔口中心）水平剖面和高程 138.5m 水平剖面接近水面的流速分布。此外，为展示明渠内主流沿程变化，给出了对应中孔道中心的明渠沿程流速分布，其测点布置如图 4.11 所示。

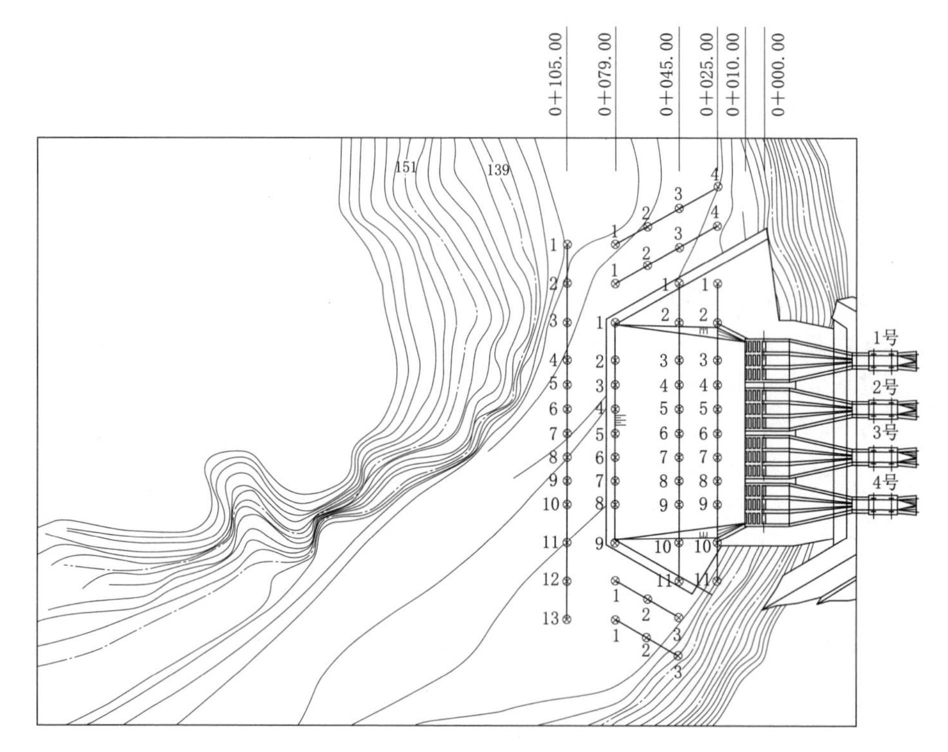

(a) 流速测量的横向测线及测点

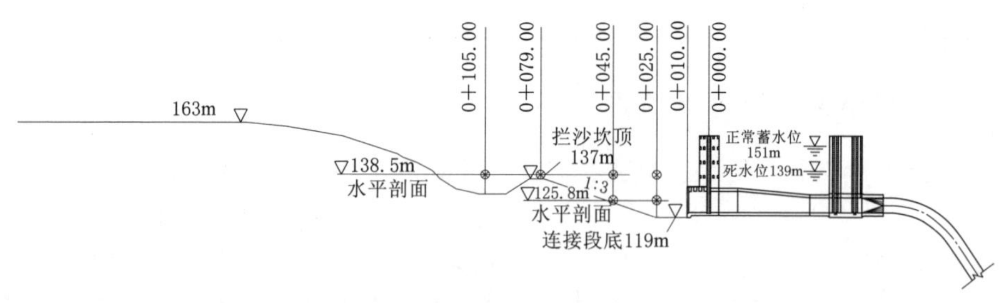

(b) 流速测量的垂向测线及测点

图 4.10 流速测量的测线及测点

首先进行了发电工况（出流）的试验。该发电工况为 4 台机组运行，1 号 2 号 3 号 4 号进/出水口同时出流，1～4 号进/出水口的流量均为 130.2m^3/s，库水位为死水位 139m。试验表明，水流自进/出水口进入明渠，明渠段主流靠近

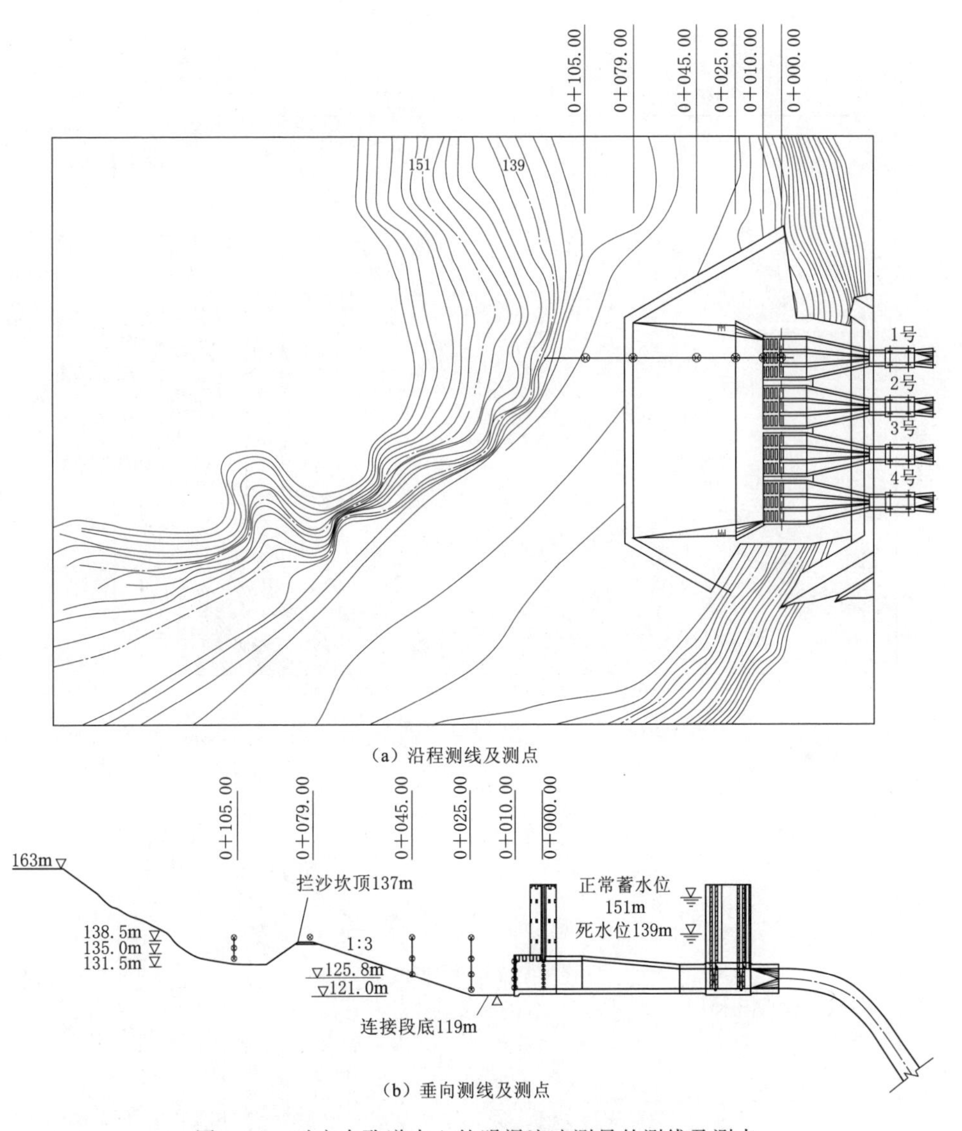

(a) 沿程测线及测点

(b) 垂向测线及测点

图 4.11　对应中孔道中心的明渠流速测量的测线及测点

渠底，上部近水面有回流，但对进/出水口无影响。水流经明渠向明渠库区扩散。图 4.12 给出了发电工况（出流）明渠及库区的流速分布。

高程 125.8m（孔口中心）水平剖面的流速分布如图 4.12（a）所示，明渠内连接段与反坡段交界断面（0＋025.00）流速为 0.08～0.44m/s，反坡段断面（0＋045.00）流速为 0.14～0.48m/s，各断面沿横向流速分布较为均匀。

高程 138.5m（接近水面）水平剖面的流速分布如图 4.12（b）所示，沿出流方向，明渠内连接段与反坡段交界断面（0＋025.00）流速为－0.27～0.06m/s，

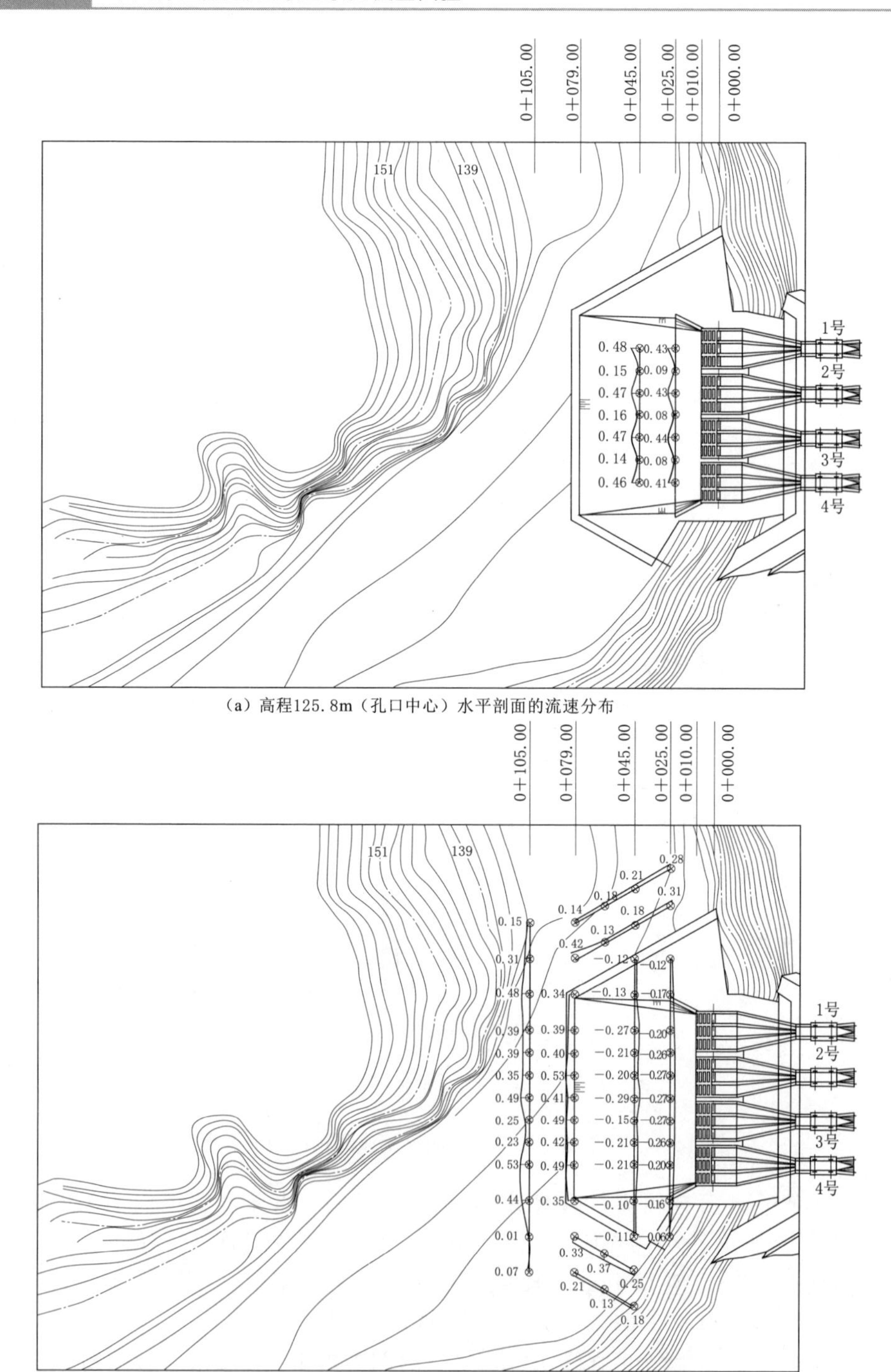

(a) 高程125.8m（孔口中心）水平剖面的流速分布

(b) 高程138.5m（接近水面）水平剖面的流速分布

图 4.12（一） 发电工况（出流）明渠及库区流速分布

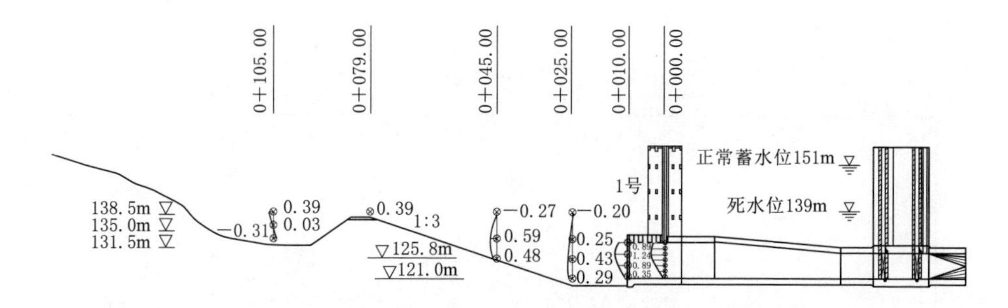

(c) 对应中孔道中心的明渠纵剖面沿程流速分布

图 4.12（二） 发电工况（出流）明渠及库区流速分布

反坡段断面（0＋045.00）流速为－0.29～－0.10m/s，反坡段末端断面（0＋079.00）流速为 0.34～0.53m/s，库区断面（0＋105.00）流速为 0.01～0.53m/s。

对应中孔道中心的明渠沿程流速分布如图 4.12（c）所示，防涡梁段前断面（0＋010.00）流速为 0.35～1.24m/s，明渠内连接段与反坡段交界断面（0＋025.00）流速为－0.20～0.43m/s，反坡段断面（0＋045.00）流速为－0.27～0.59m/s，反坡段末端断面（0＋079.00）流速为 0.39m/s，库区断面（0＋105.00）流速为－0.31～0.39m/s；沿出流方向，拦污栅断面主流偏上，水流自进/出水口向前方及两侧明渠扩散，主流位置逐渐靠下，由于反坡段较陡，在连接段与反坡段交界断面（0＋025.00）以及反坡段断面（0＋045.00）水面出现回流。

其次进行了抽水工况（进流）的试验。该抽水工况为 4 台机组运行，1 号 2 号 3 号 4 号进/出水口同时进流，1～4 号进/出水口的流量均为 84.5m^3/s，库水位为死水位 139m。试验表明，水流自明渠前方及两侧库区均匀地流向进/出水口。图 4.13 给出了抽水工况（进流）明渠及库区的流速分布。

高程 125.8m（孔口中心）水平剖面的流速分布如图 4.13（a）所示，明渠内连接段与反坡段交界断面（0＋025.00）流速为 0.06～0.11m/s，反坡段断面（0＋045.40）流速为 0.04～0.11m/s。

高程 138.5m（接近水面）水平剖面的流速分布如图 4.13（b）所示，明渠内连接段与反坡段交界断面（0＋025.00）流速为 0.05～0.15m/s，反坡段断面（0＋045.40）流速为 0.02～0.26m/s，反坡段末端断面（0＋079.00）流速为 0.07～0.42m/s，库区断面（0＋105.00）流速为 0.01～0.07m/s。

对应中孔道中心的明渠沿程流速分布如图 4.13（c）所示，防涡梁段前断面（0＋010.00）流速为 0.33～0.38m/s，明渠内连接段与反坡段交界断面（0＋025.00）流速为 0.05～0.11m/s，反坡段断面（0＋045.00）流速为

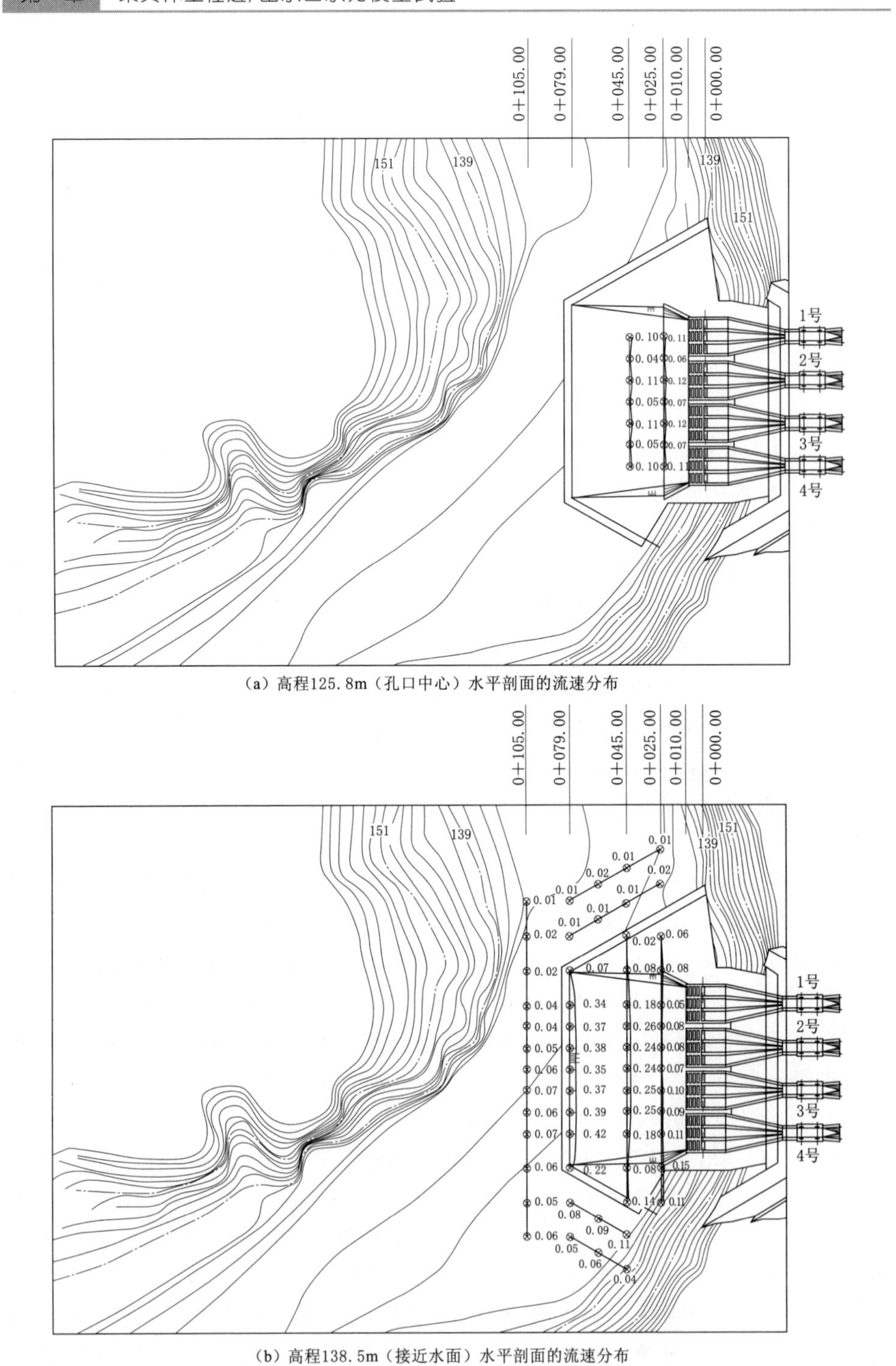

(a) 高程125.8m（孔口中心）水平剖面的流速分布

(b) 高程138.5m（接近水面）水平剖面的流速分布

图 4.13（一） 抽水工况（进流）明渠及库区流速分布

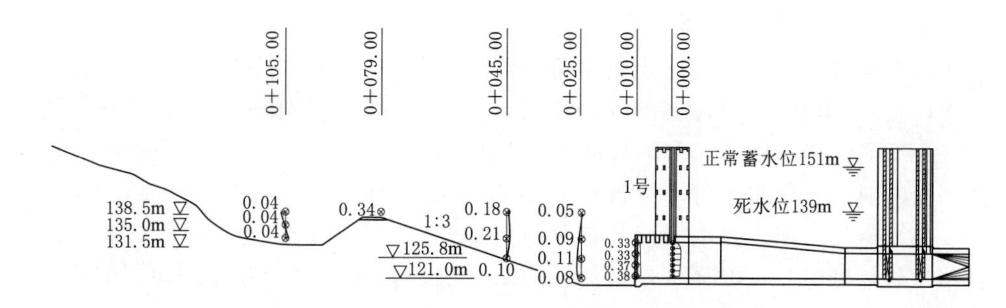

(c) 对应中孔道中心的明渠纵剖面沿程流速分布

图 4.13（二） 抽水工况（进流）明渠及库区流速分布

0.10～0.21m/s，反坡段末端断面（0＋079.00）流速为 0.34m/s，库区断面（0+105.00）流速为 0.04m/s。

4.4.5 进/出水口漩涡观测

试验对死水位进流工况进水口是否产生漩涡进行了观测。首先进行了设计流量的情况，然后按照 4.3.1 模型设计中计算模型雷诺数 *Re* 和韦伯数 *We* 的表 4.1，依次观测了加大 1.5 倍和 2.0 倍设计流量的情况。表 4.1 显示，当模型流量增大至 2.0 倍设计流量时，模型雷诺数 *Re* 和韦伯数 *We* 满足临界值的要求。

试验发现，死水位 139m，设计流量 84.5m^3/s，各孔口上方水面较平稳，拦污栅断面处水面未出现涡纹；当流量增至 1.5×84.5m^3/s，各孔口上方水面较平稳，拦污栅断面处水面未出现涡纹；当流量增至 2.0×84.5m^3/s，各孔口水面出现少量涡纹，但涡纹强度较弱。表 4.8 对观测的漩涡情况进行了描述。试验观测结果表明，该侧式进/出水口不会发生有害漩涡。

表 4.8　　进/出水口漩涡情况描述

流量/(m^3/s)	漩涡情况描述
84.5	各孔口上方水面较平稳，拦污栅断面处水面未出现涡纹
1.5×84.5	各孔口上方水面较平稳，拦污栅断面处水面未出现涡纹
2.0×84.5	各孔口拦污栅断面处水面出现少量涡纹，涡纹强度较弱

4.5 水力模型试验结论

本章对 ZH 下水库进/出水口水力特性进行了试验研究，分别研究了发电工况（出流）和抽水工况（进流），包括进/出水口水头损失、拦污栅断面流速分布、各孔道流量分配、明渠流速及库区流态等，得到以下结论：

(1) 进/出水口水头损失系数符合一般规律，抽水工况（出流），进/出水口水头损失系数0.32；发电工况（进流），进/出水口水头损失系数0.22。

(2) 进/出水口拦污栅断面流速分布。发电工况，拦污栅断面流速分布较均匀，无反向流速，例如死水位时各孔道流速不均匀系数1.42～1.54；抽水工况，拦污栅断面流速分布均匀，例如死水位时各孔道流速不均匀系数1.26～1.30。

(3) 流量分配。发电工况，各孔道流量分配均匀，例如死水位时各孔道流量不均匀程度为－4.07％～7.97％；抽水工况，各孔道流量分配均匀，例如死水位时各孔道流量不均匀程度为－3.57％～6.09％。

(4) 明渠流速及库区流态，抽水工况（出流），水流自进/出水口经明渠均匀流向前方库区。发电工况（进流），水流由库区平顺地进入进/出水口，明渠各断面流速分布基本均匀。死水位时4台机组抽水工况进/出水口不会产生有害漩涡。

综上所述，该抽水蓄能电站下水库进/出水口水头损失系数符合一般规律，拦污栅断面流速分布较均匀，各孔道流量分配均匀，明渠及库区流态较好，满足《抽水蓄能电站设计规范》（NB/T 10072—2018）要求。

第5章　进/出水口水头损失研究

进/出水口水头损失是抽水蓄能电站输水系统水头损失的重要组成部分，准确计算水头损失是评估电站运行经济效益的重要需求。本章利用数值模拟方法研究了15个抽水蓄能电站侧式进/出水口水头损失；利用多元线性回归方法，建立了基于侧式进/出水口体型参数计算水头损失系数的回归方程，分析了侧式进/出水口体型参数对其水头损失的影响规律。

5.1 研究对象

针对多个典型的侧式进/出水口进行研究。为统一描述不同的侧式进/出水口，首先对侧式进/出水口体型参数化，即用各参数来表征侧式进出水口。对于典型的侧式进/出水口，其体型参数包括长度、宽度、高度和角度等4方面。

(1) 长度包括防涡梁段长度 L_1、调整段长度 L_2、扩散段长度 L_3、扩散段始端的中分流隔墙缩进距离 f。

(2) 宽度包括孔口宽度 B；扩散段末端宽度 W，W 是 n 个孔口宽度 B 和 $n-1$ 个分流隔墙宽度之和；扩散段始端中孔道对应宽度（简称中孔道宽度）a；扩散段始端边孔道对应宽度（简称边孔道宽度）b；输水隧洞直径 D。

(3) 高度包括孔口高度 H。

(4) 角度包括扩散段水平扩散角 α、顶板扩张角 β。

此外，考虑到水流经过反坡明渠时会发生垂向收缩或扩散进而产生水头损失，因此反坡坡比 i 也是水头损失的影响因素。

典型侧式进/出水口体型参数及符号如图5.1所示。

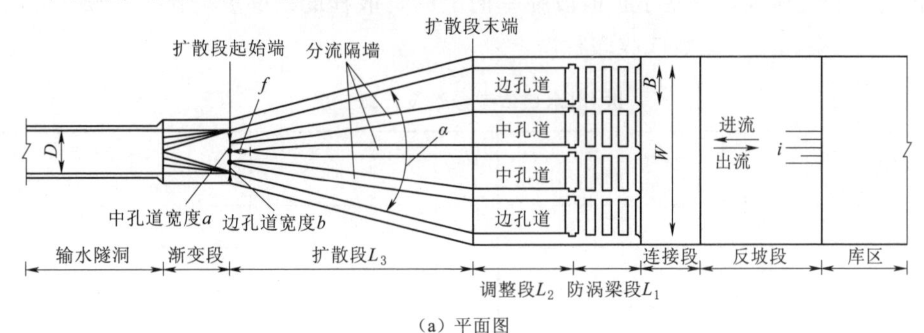

(a) 平面图

图5.1（一）　典型侧式进/出水口体型参数及符号

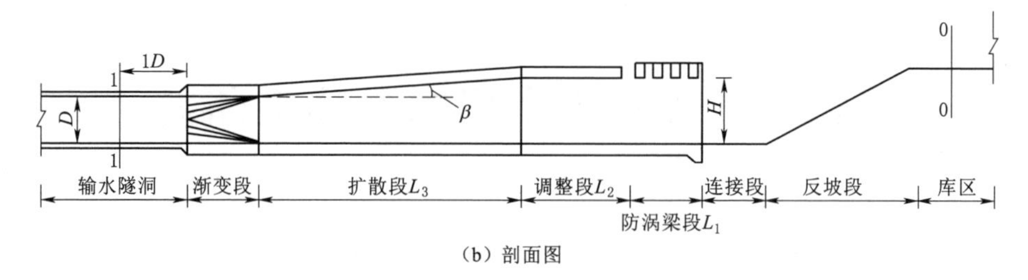

（b）剖面图

图 5.1（二）　典型侧式进/出水口体型参数及符号

5.2　侧式进/出水口水头损失系数

选取 15 个典型的抽水蓄能电站的侧式进/出水口，包括 3 隔墙 4 孔道侧式进出水口和 2 隔墙 3 孔道侧式进出水口。应当指出，这 15 个抽水蓄能电站侧式进/出水口均是经过优化后的较优体型。

利用数值模拟方法对这 15 个抽水蓄能电站的侧式进/出水口水头损失进行专门研究，得到出流工况和进流工况的侧式进/出水口水头损失系数。所用的数值模拟方法及验证已在 2.1 节进行了介绍，这里不再赘述。

表 5.1 列出了 15 个抽水蓄能电站的侧式进/出水口体型参数及计算工况。为使研究结果具有普适性，且便于后续多元线性回归分析，这里以各体型参数相对值表征各体型参数，即体型参数与输水隧洞直径 D 的比值。防涡梁段长度/隧洞直径（L_1/D）、调整段长度/隧洞直径（L_2/D）、扩散段长度/隧洞直径（L_3/D）反映了长度方向上进/出水口的尺寸；中隔墙缩进距离/隧洞洞径（f/D）和分流隔墙中边孔道宽度之比（a/b）反映了扩散段始端的分流隔墙布置形式；扩散段水平扩散角 α，通过扩散段末端宽度/扩散段始端宽度（W/D）体现，反映了扩散段水平方向上的扩散程度；扩散段顶板扩张角 β 通过孔口高度/隧洞直径（H/D）体现，反映了扩散段在垂向上的扩散程度；反坡坡比 i 反映了水流在反坡明渠的垂向扩散或收缩程度。

表 5.1　　进/出水口体型参数及计算工况

序号	名称	D /m	L_1 /m	L_2 /m	L_3 /m	W /m	H /m	f /m	$\frac{a}{b}$	α/(°)	β/(°)	i	出流流量 /(m³/s)	进流流量 /(m³/s)
1	XL	4.3	10.00	8.00	25.00	15.30	6.50	0.0	0.86	26.00	5.00	0.00	54.18	46.76
2	FN	5.0	8.45	9.05	25.00	14.80	7.00	0.0	0.86	22.18	4.57	0.25	71.20	52.77
3	ZR	5.6	15.00	10.22	30.00	16.30	8.50	0.0	1.20	27.24	5.52	0.25	69.90	54.43
4	DH	6.2	15.90	10.10	32.00	27.00	7.30	3.1	0.78	34.65	2.60	0.33	2×61.60	2×62.43

续表

序号	名称	D /m	L_1 /m	L_2 /m	L_3 /m	W /m	H /m	f /m	$\frac{a}{b}$	α/(°)	β/(°)	i	出流流量 /(m^3/s)	进流流量 /(m^3/s)
5	HY	6.2	14.50	10.10	36.00	24.10	8.70	3.1	0.94	27.92	3.97	0.33	2×55.90	2×67.30
6	WD	6.8	14.60	9.45	39.00	22.90	10.00	3.4	0.79	23.33	2.32	0.25	2×63.40	2×70.70
7	ZH	6.8	10.00	13.60	34.00	19.60	9.60	0	0.86	23.59	4.71	0.33	130.20	84.50
8	FN	7.0	15.00	10.15	38.00	26.20	9.00	3.0	0.91	28.36	3.01	0.25	2×55.90	2×67.30
9	FE	7.0	15.00	11.00	38.00	24.20	10.00	3.0	0.79	25.50	4.51	0.25	2×71.40	2×76.90
10	YM	7.0	14.90	10.10	37.50	26.20	9.00	3.8	0.77	30.72	3.05	0.00	2×82.30	2×60.10
11	QY	7.2	14.50	10.00	36.00	29.40	8.70	3.0	0.85	34.28	4.39	0.25	2×80.80	2×60.87
12	WH	7.2	14.50	10.03	36.00	29.40	8.70	3.2	0.85	34.27	4.39	0.25	2×84.00	2×73.10
13	XT	8.0	10.10	16.00	40.00	30.20	10.0	4.0	0.79	31.02	4.29	0.25	2×113.00	2×71.70
14	TD	8.2	10.25	0	33.00	27.00	10.0	3.4	0.79	34.51	3.12	0.25	2×91.40	2×56.20
15	SZ	9.4	19.00	10.10	47.00	33.80	12.80	2.7	0.79	29.10	4.14	0.25	2×132.9	2×151.7

这15个侧式进/出水口体型参数相对值、出流工况水头损失系数 ξ_{CL} 和进流工况水头损失系数 ξ_{JL} 列于表5.2。计算结果表明，出流工况的水头损失系数 ξ_{CL} 处于0.33～0.39之间，进流工况的水头损失系数 ξ_{JL} 处于0.20～0.26之间，出流工况的水头损失系数 ξ_{CL} 明显大于进流工况的水头损失系数 ξ_{JL}。

表5.2　进/出水口体型参数相对值及水头损失系数

序号	名称	D/m	$\frac{L_1}{D}$	$\frac{L_2}{D}$	$\frac{L_3}{D}$	$\frac{f}{D}$	$\frac{W}{D}$	$\frac{H}{D}$	$\frac{a}{b}$	i	ξ_{CL}	ξ_{JL}
1	XL	4.3	1.86	2.33	5.81	0	3.56	1.51	0.86	0.00	0.35	0.24
2	FN	5.0	1.81	1.69	5.00	0	2.96	1.40	0.86	0.25	0.36	0.22
3	ZR	5.6	1.83	2.68	5.36	0	2.91	1.52	1.20	0.25	0.34	0.21
4	DH	6.2	1.63	2.56	5.16	0.50	4.35	1.18	0.78	0.33	0.38	0.23
5	HY	6.2	1.63	2.34	5.81	0.50	3.89	1.40	0.94	0.33	0.39	0.25
6	WD	6.8	1.39	2.15	5.74	0.50	3.37	1.47	0.79	0.25	0.39	0.25
7	ZH	6.8	1.47	2.00	5.00	0	2.88	1.41	0.86	0.33	0.33	0.22
8	FN	7.0	1.45	2.14	5.43	0.43	3.74	1.29	0.91	0.25	0.37	0.23
9	FE	7.0	1.57	2.14	5.43	0.43	3.46	1.43	0.79	0.25	0.37	0.22
10	YM	7.0	1.44	2.13	5.36	0.54	3.74	1.29	0.77	0.00	0.39	0.20
11	QY	7.2	1.39	2.01	5.00	0.41	4.08	1.21	0.85	0.25	0.38	0.25
12	WH	7.2	1.39	2.01	5.00	0.44	4.08	1.21	0.85	0.25	0.38	0.26
13	XT	8.0	1.26	2.00	5.00	0.50	3.78	1.25	0.79	0.25	0.36	0.23
14	TD	8.2	1.25	0	4.02	0.41	3.29	1.22	0.79	0.25	0.36	0.24
15	SZ	9.4	1.07	2.02	5.00	0.29	3.60	1.36	0.79	0.25	0.38	0.20

5.3　水头损失系数回归方程

现将侧式进/出水口水头损失系数 ξ 作为因变量（出流工况的水头损失系数为 ξ_{CL}，进流工况为 ξ_{JL}），将 L_1/D、L_2/D、L_3/D、f/D、W/D、H/D、a/b 和 i 依次作为自变量 $X_1 \sim X_8$，假设 ξ 和 $X_1 \sim X_8$ 存在线性关系，建立回归方程如下：

$$\xi=\beta_1 X_1+\beta_2 X_2+\beta_3 X_3+\beta_4 X_4+\beta_5 X_5+\beta_6 X_6+\beta_7 X_7+\beta_8 X_8+\beta_0+\varepsilon \tag{5.1}$$

式中：ξ 为因变量；$X_1 \sim X_8$ 为自变量；$\beta_0 \sim \beta_8$ 为回归方程系数；ε 为残差。

将利用数值模拟方法得到的各侧式进/出水口水头损失系数的具体值称为数模值 ξ，将通过回归方程计算得到的水头损失系数值称为回归值 $\hat{\xi}$，ξ 与 $\hat{\xi}$ 的差值即为残差 ε。所有的数模值 ξ 与回归值 $\hat{\xi}$ 的残差平方和按式（5.2）计算。

$$Q_\varepsilon=\sum\varepsilon^2=\sum(\xi-\hat{\xi})^2=\sum[\xi-(\beta_1 X_1+\beta_2 X_2+\cdots+\beta_8 X_8+\beta_0)]^2 \tag{5.2}$$

式中：Q_ε 为所有 ξ 与 $\hat{\xi}$ 的残差平方和；ξ 为数模值；$\hat{\xi}$ 为回归值。

统计学认为 Q_ε 值越小，回归值效果越好。

回归方程的建立是通过最小二乘法实现的。该方法是对式（5.2）求偏导得到微分方程并求解，找到使 Q_ε 达到最小值的回归方程系数 $\hat{\beta}_0 \sim \hat{\beta}_8$，建立回归方程（5.3）。

$$\hat{\xi}=\hat{\beta}_1 X_1+\hat{\beta}_2 X_2+\hat{\beta}_3 X_3+\hat{\beta}_4 X_4+\hat{\beta}_5 X_5+\hat{\beta}_6 X_6+\hat{\beta}_7 X_7+\hat{\beta}_8 X_8+\hat{\beta}_0 \tag{5.3}$$

上述建立回归方程的方法是通过统计分析软件 SPSS 实现的，这里不再赘述。

5.3.1　出流工况水头损失系数回归方程

利用上述水头损失系数回归方程的建立方法，得到出流工况进/出水口水头损失系数 ξ_{CL} 的回归方程：

$$\begin{aligned}\hat{\xi}_{CL}=&-0.011\frac{L_1}{D}-0.006\frac{L_2}{D}+0.018\frac{L_3}{D}+0.045\frac{f}{D}+0.013\frac{W}{D}+0.009\frac{H}{D}\\&-0.007\frac{a}{b}+0.009i+0.236\end{aligned} \tag{5.4}$$

式中：$\hat{\xi}_{CL}$ 为出流工况进/出水口水头损失系数 ξ_{CL} 的回归值，在回归方程中为因变量，进/出水口各体型参数相对值在回归方程中为自变量。

5.3.2　进流工况水头损失系数回归方程

利用上述水头损失系数回归方程的建立方法，得到进流工况进/出水口水头损失系数回归方程：

$$\hat{\xi}_{JL}=0.007\frac{L_1}{D}-0.033\frac{L_2}{D}+0.051\frac{L_3}{D}-0.043\frac{f}{D}+0.027\frac{W}{D}-0.059\frac{H}{D}-0.018\frac{a}{b}-0.103i+0.005 \tag{5.5}$$

式中：$\hat{\xi}_{JL}$ 为进流工况进/出水口水头损失系数 ξ_{JL} 的回归值，在回归方程中为因变量；进/出水口各体型参数相对值在回归方程中为自变量。

5.4 水头损失系数回归方程的应用与验证

实际工程中，侧式进/出水口水头损失系数一般通过模型试验或者数值模拟方法得到，需要周期较长的模型试验或建模计算。在已知侧式进/出水口体型参数的情况下，利用本章建立的回归方程式（5.4）和式（5.5）则能方便地得到进/出水口水头损失系数。下面以某个具体工程侧式进/出水口为对象，分别利用数值模拟方法和本书提出的回归方程对出流工况和进流工况的水头损失系数进行计算，并将结果进行对比，以验证回归方程的精度及适用性。

研究对象为上述15个抽水蓄能电站工程之外的第16个抽水蓄能电站下水库侧式进/出水口，其经过优化后的体型如图5.2所示。各项参数分别为 $D=6.6\text{m}$，$L_1=10.2\text{m}$，$L_2=14.0\text{m}$，$L_3=33.0\text{m}$，$f=3.0\text{m}$，$W=25.0\text{m}$，$H=8.8\text{m}$，$a/b=0.94$，$i=0.25$。计算条件为死水位孔口中心淹没深度11.6m，双机出流工况流量 $2\times63.56\text{m}^3/\text{s}$，双机进流工况流量 $2\times46.10\text{m}^3/\text{s}$。

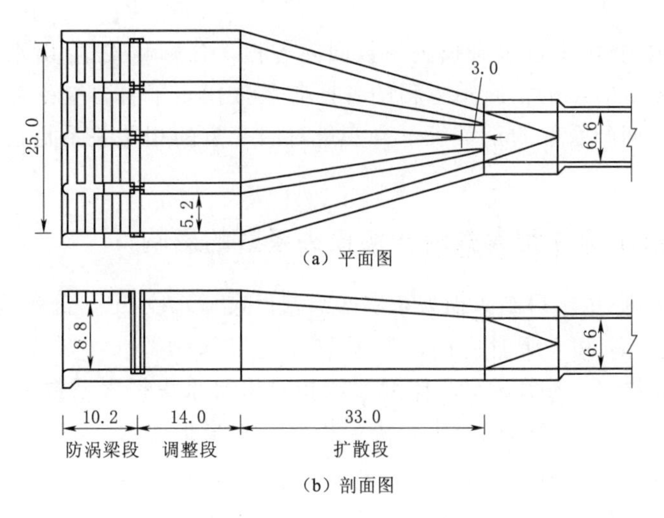

图5.2　第16个抽水蓄能电站侧式进/出水口体型（单位：m）

利用数值模拟方法，对该侧式进/出水口进行了数值模拟。计算结果表明，出流工况的进/出水口水头损失系数为0.37，进流工况为0.23，称为数模值。所用的数值模拟方法和前文相同，这里不再赘述。

利用本章所建立的回归方程式（5.4）和式（5.5），对该进/出水口水头损失系数进行计算。计算结果表明，出流工况的进/出水口水头损失系数为0.38，进流工况为0.22，称为回归值。

将上述两种方法得到的回归值与数模值进行对比分析以验证回归方程的适用性，并将两者之差与数模值之比的百分数作为相对误差Δ，列于表5.3。

表5.3　进/出水口水头损失系数对比

工况	回归值	数模值	Δ/%
出流工况	0.38	0.37	2.70
进流工况	0.22	0.23	−4.35

对比结果表明，利用回归方程式（5.4）和式（5.5）计算得出流工况和进流工况进/出水口水头损失系数回归值与数模值吻合较好，相对误差Δ分别为2.70%和−4.35%。因此，本节提出的基于侧式进/出水口体型参数建立的计算其水头损失系数的回归方程，能快速准确地计算出流工况和进流工况的水头损失系数，是一种便捷的新方法。

5.5　体型参数对进/出水口水头损失系数的影响分析

下面依据进/出水口水头损失系数回归方程，分析侧式进/出水口体型参数对水头损失系数的影响。回归方程的各回归系数代表了各自变量变化对因变量的影响程度，回归系数的正负表示自变量对因变量的相关关系是正相关还是负相关。

5.5.1　出流工况体型参数对水头损失系数的影响

出流工况进/出水口水头损失系数回归方程式（5.4）中，自变量L_3/D、f/D、W/D、H/D和i所对应的回归系数分别为0.018、0.045、0.013、0.009和0.009，均为正，表示这5个体型参数相对值与水头损失系数ξ_{CL}呈正相关，反映了扩散段长度、中隔墙缩进距离、扩散段水平扩散角、扩散段顶板扩张角和反坡坡比均与水头损失系数ξ_{CL}呈正相关。自变量L_1/D、L_2/D和a/b所对应的回归系数分别为−0.011、−0.006和−0.007，均为负，表示这3个体型参数相对值与水头损失系数ξ_{CL}呈负相关，反映了防涡梁段长度、调整段长度和中边孔道宽度之比与水头损失系数 ξ_{CL} 呈负相关。

综上，出流工况水头损失系数回归方程，揭示了各体型参数对出流工况水头损失系数影响的规律以及出流工况侧式进/出水口体型参数与水头损失系数的相关性，扩散段长度、中隔墙缩进距离、水平扩散角、顶板扩张角和反坡段坡比为正相关；防涡梁段长度、调整段长度和中边孔道宽度之比为负相关。

5.5.2 进流工况体型参数对水头损失系数的影响

进流工况进/出水口水头损失系数回归方程式（5.5）中，自变量 L_1/D、L_3/D、W/D 所对应的回归系数分别为 0.007、0.051、0.027，均为正，表示这 3 个体型参数相对值与水头损失系数 ξ_{JL} 呈正相关，反映了防涡梁段长度、扩散段长度、扩散段水平扩散角均与水头损失系数 ξ_{JL} 呈正相关。自变量 L_2/D、f/D、H/D、a/b 和 i 所对应的回归系数分别为－0.033、－0.043、－0.059、－0.018 和－0.103，均为负，反映了调整段长度、中隔墙缩进距离、扩散段顶板扩张角、中边孔道宽度之比以及反坡段坡比与水头损失系数 ξ_{JL} 呈负相关。

综上，进流工况水头损失系数回归方程，揭示了各体型参数对进流工况水头损失系数的影响规律以及进流工况侧式进/出水口体型参数与水头损失系数的相关性，防涡梁段长度、扩散段长度、扩散段水平扩散角为正相关；调整段长度、中隔墙缩进距离、扩散段顶板扩张角、中边孔道宽度之比、反坡段坡比为负相关。

5.6 进/出水口水头损失结论与讨论

本章以 15 个抽水蓄能电站侧式进/出水口为研究对象，采用数值模拟方法分别建立数值模型计算了进/出水口水头损失系数，利用多元回归分析方法建立了计算进/出水口水头损失的回归方程。

（1）本章 15 个抽水蓄能电站侧式进/出水口均是经过优化后的较优体型，数值模拟得到的进/出水口水头损失系数，出流工况在 0.33～0.39 之间，进流工况在 0.20～0.26 之间。出流工况的水头损失系数明显大于进流工况的水头损失系数。

（2）利用本章建立的计算侧式进/出水口水头损失系数的回归方程，将体型参数代入回归方程，可快速、较准确地得到出流工况和进流工况的进/出水口水头损失系数。应当指出，本章的回归方程是基于 15 个侧式进/出水口得到的，当进/出水口样本数量足够多时，回归方程系数可能略有变化，所提出的回归方程还有待完善。

（3）对于侧式进/出水口，基于同类工程可比性的考虑，其水头损失系数 ξ

一般对应输水隧洞断面速度水头 $\alpha v^2/(2g)$，即 $\xi = h_j/\left(\frac{\alpha v^2}{2g}\right)$，参见式（1.3）。通过优化进/出水口体型可以获得较小的进/出水口水头损失。综合本章15个侧式进/出水口水头损失结果以及笔者研究过的另外40多个侧式进/出水口水头损失结果和其他研究者发表的结果，笔者认为，对于优化后的侧式进/出水口，出流工况的水头损失系数在0.30～0.40之间、进流工况的水头损失系数在0.20～0.30之间均属于正常范围，若大于该范围的上限说明进/出水口体型还有优化空间，通过进/出水口体型优化实现达到小于该范围的下限是非常困难的。

第6章　进/出水口拦污栅断面流速及内部流动规律研究

关于进/出水口拦污栅断面流速分布，《抽水蓄能电站设计规范》（NB/T 10072—2018）指出，孔道拦污栅断面流速分布均匀，应避免产生反向流速，各运行工况拦污栅断面流速的最大值与平均流速的比值不宜大于1.5，不应大于2.0。本章利用精细量测试验方法，对侧式进/出水口拦污栅断面流速分布以及进/出水口内部流动规律进行专门研究。

6.1　研　究　对　象

图6.1为某工程侧式进/出水口体型图。沿进流方向，侧式进/出水口由防涡梁段、调整段、扩散段等组成，其前接明渠段与库区相连，其后通过渐变段接输水隧洞。该典型进/出水口采用3隔墙4孔道布置（图6.1），孔口高度8.7m、宽度6.3m，防涡梁段长10.5m，调整段长14.5m，扩散段长36m，水平扩散角34.3°，顶板扩张角2.35°，输水隧洞直径7.2m。出流工况（从进/出

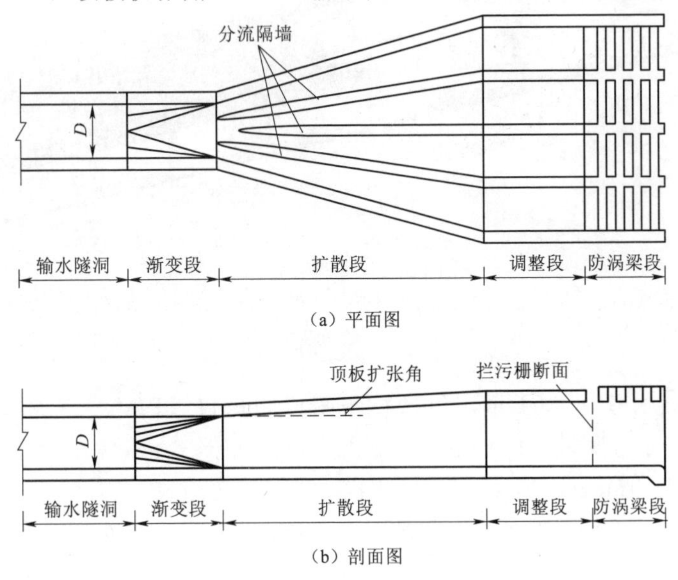

图6.1　某工程侧式进/出水口体型图

水口流出进入水库），流量158.0m³/s，输水隧洞平均流速3.88m/s；进流工况（从水库流入进/出水口），流量114m³/s，输水隧洞平均流速2.80m/s，死水位孔口中心的淹没深度13.15m，正常蓄水位孔口中心淹没深度30.15m。

6.2 试验装置及量测仪

以上述某具体工程的进/出水口为基础，按几何缩尺60建立了典型进/出水口试验装置，如图6.2所示。该试验装置总长约14m，由供水管路系统、侧式进/出水口模型、流量控制系统等组成。供水管路系统包括集水箱、高平水塔、管路、稳流装置等；流量控制系统包括电磁流量计和阀门等。出流工况，自高平水塔沿出流管路经过阀门、电磁流量计、隧洞流入进/出水口，再向明渠段及库区内扩散，经过稳流装置后汇入集水箱；进流工况，自高平水塔沿进流管路经过稳流装置稳流后，进入库区、明渠段，流入进/出水口。

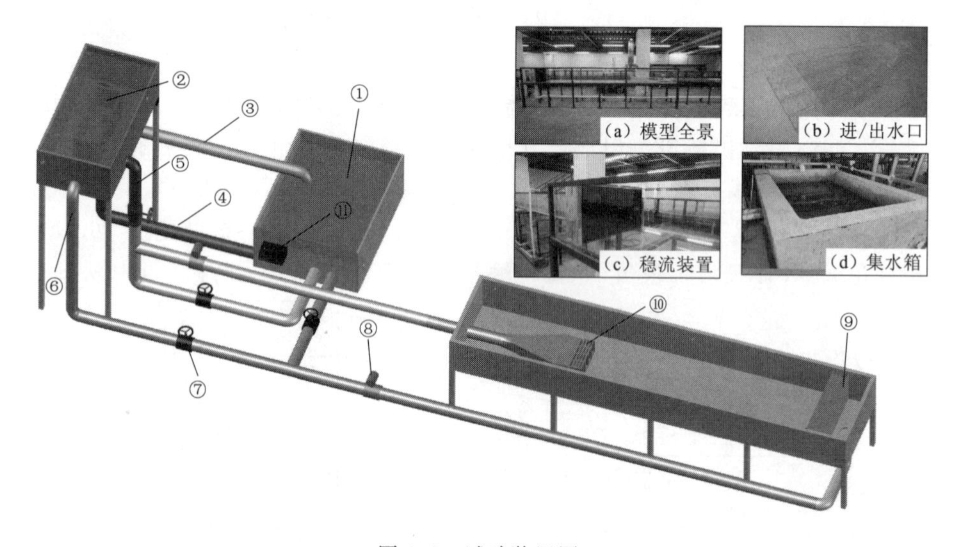

图6.2 试验装置图

①—集水箱；②—高平水塔；③—溢流管；④—供水管；⑤—出流管路；⑥—进流管路；⑦—阀门；⑧—电磁流量计；⑨—稳流装置；⑩—进/出水口；⑪—水泵

量测系统如图6.3所示，包括粒子图像测速仪（PIV）、声学多普勒流速仪（ADV）、水位测针。PIV主要由Nano TRL 425－10双脉冲激光器（激光波长为532nm）、Imager SX 4M CCD相机、导光臂等组成。

利用PIV量测进/出水口内部纵剖面流场，采用分区域拍照的方法，单次测量的覆盖范围为40cm×30cm（横向×垂向），PIV的激光源布置于进/出水口下方，激光经过透镜转换成约1mm的片光源，从底部照亮测量部位，CCD相机垂

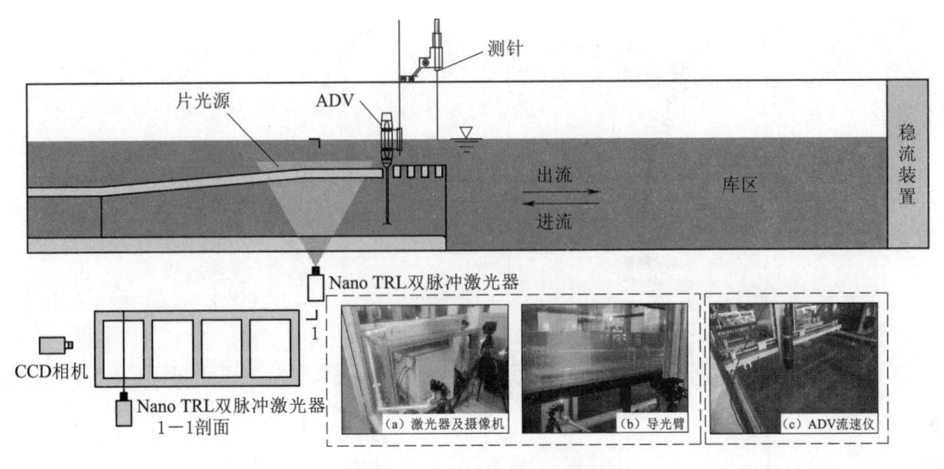

图 6.3 量测系统布置图

直于片光源布置；试验时采用跟随性较好的空心玻璃珠作为示踪粒子，其直径 11μm、密度 1.02×103kg/m^3；采用双帧双曝光模式，曝光时间间隔为 1000μs，相机采样频率为 10Hz，图像后处理采用 DAVIS8.0 软件，图像处理采用互相关算法，查询区域为 32×32 像素。

利用 ADV 量测孔道拦污栅断面流速分布，沿水深方向共均匀布置了 15 个测点，采样频率 100Hz。

6.3 进/出水口拦污栅断面流速分布

下面按出流工况和进流工况，给出不同淹没深度下进/出水口拦污栅断面流速的量测结果。对于拦污栅断面流速分布，流速按无量纲量给出，即流速值 u 与孔口平均流速 v_{out}（出流工况）或 v_{in}（进流工况）的比值；距底板距离按无量纲量给出，即距底板距离 y 与孔口高度 H 的比值。

6.3.1 出流工况拦污栅断面流速

图 6.4 为不同淹没深度出流工况拦污栅断面流速分布，其中纵坐标为距底板距离 y 与孔口高度 H 的比值，横坐标为流速值与孔口平均流速的比值。从图中看出，淹没深度的变化对拦污栅断面流速分布无影响；中孔道拦污栅断面流速分布主流靠近断面中部，无反向流速，边孔道拦污栅断面流速分布较中孔道均匀。该侧式进/出水口的中孔道流速不均匀系数 1.31（最大流速/平均流速）；边孔道流速不均匀系数 1.10。

图 6.5 对比了 PIV 与 ADV 的实测结果，两种量测仪器的量测结果基本相同。

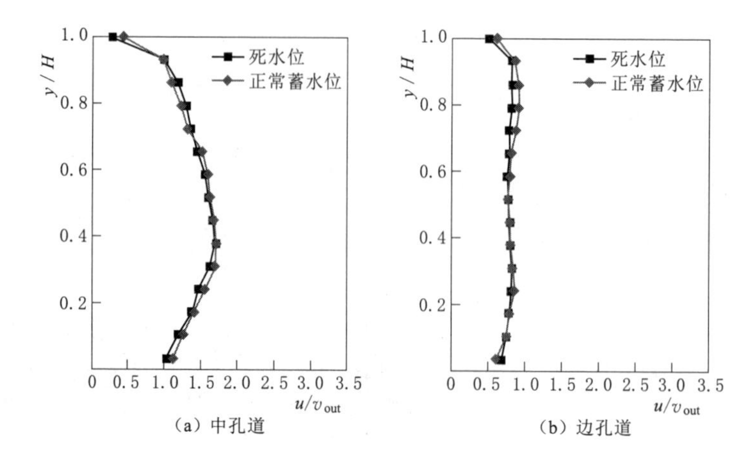

图 6.4 不同淹没深度出流工况拦污栅断面流速分布

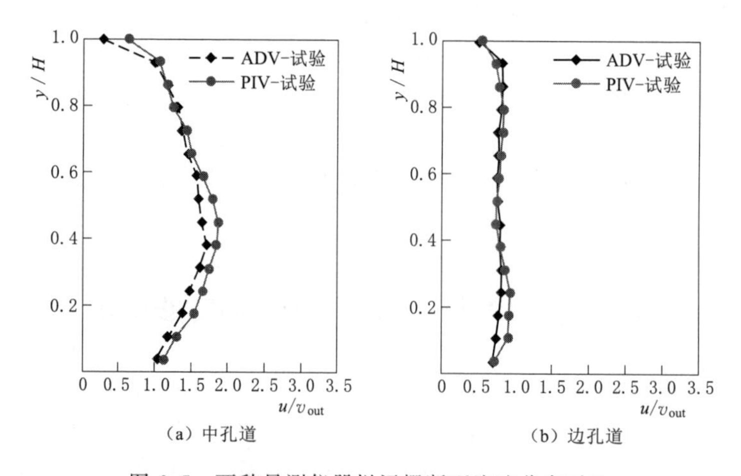

图 6.5 两种量测仪器拦污栅断面流速分布对比

6.3.2 进流工况拦污栅断面流速

图 6.6 为不同淹没深度下进流工况拦污栅断面流速分布，其中纵坐标为距底板距离 y 与孔口高度 H 的比值，横坐标为流速值与孔口平均流速的比值。从图中可以看出，淹没深度的变化对流速分布无影响；中、边孔道拦污栅断面流速分布规律基本相同，边孔道流速略大于中孔道流速。该侧式进/出水口的中孔道流速不均匀系数 1.24（最大流速/平均流速）；边孔道流速不均匀系数 1.26。

图 6.7 对比了 PIV 与 ADV 的实测结果，两种量测仪器的量测结果基本相同。

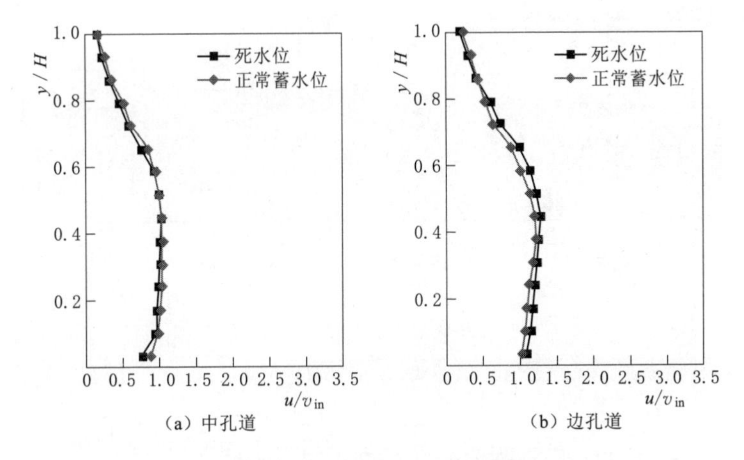

图 6.6 不同淹没深度进流工况拦污栅断面流速分布

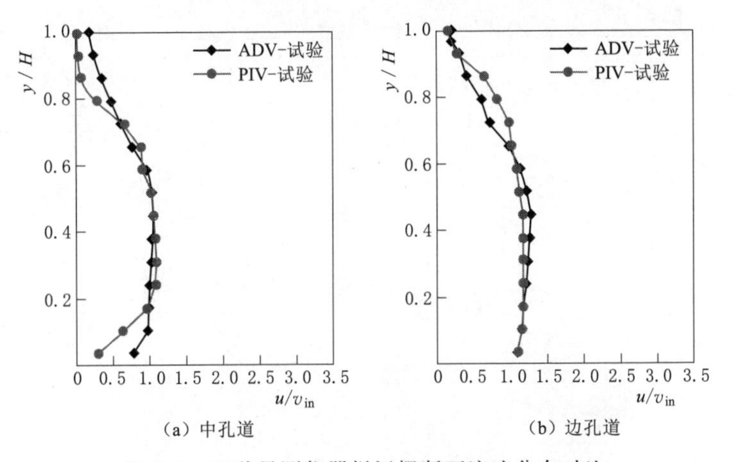

图 6.7 两种量测仪器拦污栅断面流速分布对比

6.4 进/出水口内部流动规律

6.4.1 出流工况流速场及沿程断面流速分布

图 6.8 (a) 给出了由 PIV 量测的进/出水口中孔道中心剖面流速云图。出流工况，中孔道扩散段内主流明显且位于孔道中部，水流沿程逐渐扩散，流速逐渐减小，部分扩散段顶部（图中标注的扩散段 1）及调整段顶部存在小范围低流速区。图 6.9 给出了中孔道扩散段 1 顶部和调整段顶部存在小范围低流速区的流速矢量图。图 6.8 (b) 给出了由 PIV 量测的进/出水口边孔道中心剖面流速云

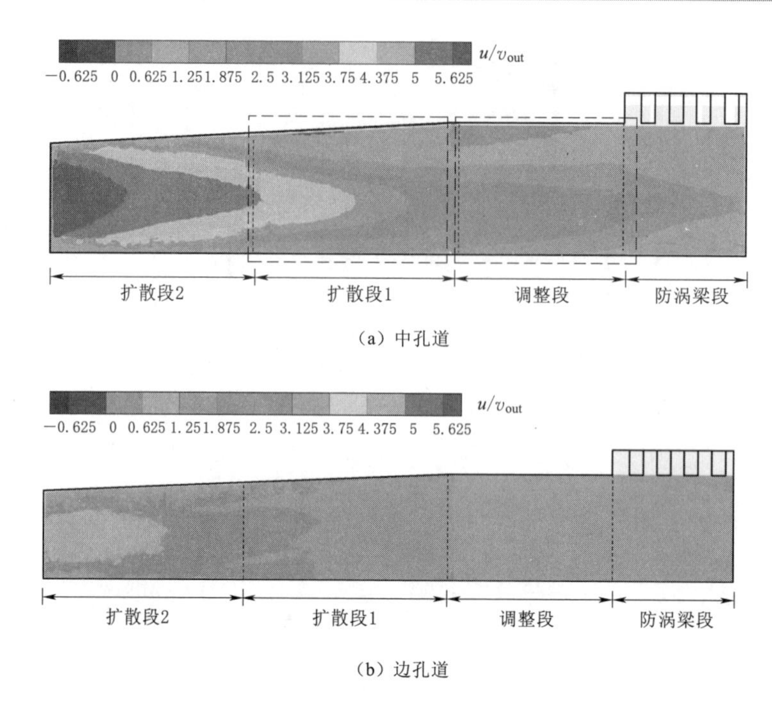

（a）中孔道

（b）边孔道

图6.8 出流工况进/出水口内部中心剖面流速云图

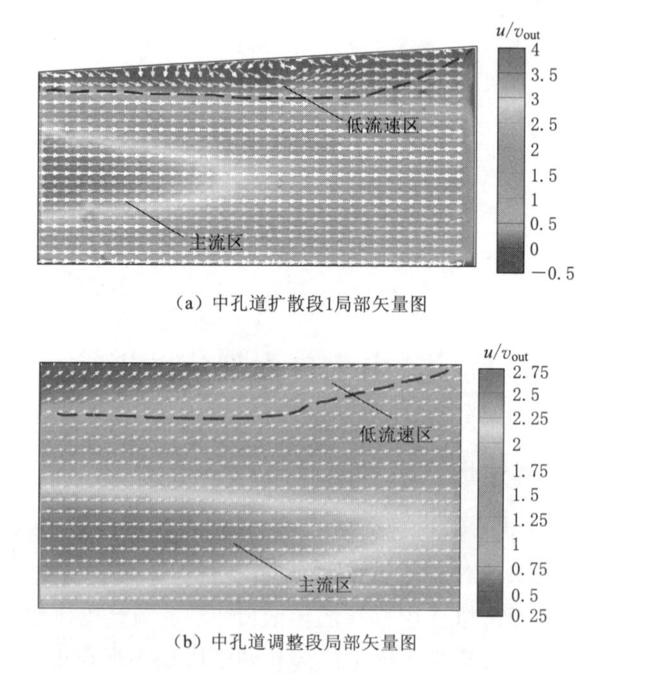

（a）中孔道扩散段1局部矢量图

（b）中孔道调整段局部矢量图

图6.9 出流工况中孔道内部局部流速矢量图

图。边孔道内主流不明显，顶板沿程未形成低流速区。从进/出水口内部流速变化过程来看，中孔道受逆压力梯度变化影响更明显，存在明显的流动分离再附着现象，但水流经过调整段整流后，流速分布趋于均匀。

为总结进/出水口内部沿程断面流速变化规律，选取中孔道和边孔道沿程各8个断面的流速分布进行分析。图6.10为出流工况进/出水口内部沿程断面流速分布。对于中孔道，水流进入扩散段后主流位于中部，随着水流逐渐扩散，扩散段1的中部断面靠近顶板处出现反向流速，水流进入调整段时顶板处流速较低，水流经调整段调整后，逆压梯度影响逐渐减弱，水流到达拦污栅断面时，测线流速分布趋于对称。对于边孔道，水流进入扩散段后沿程各断面均未出现反向流速，至调整段其断面流速分布已趋于均匀。因此，调整段对中孔道而言其调整作用更为明显。

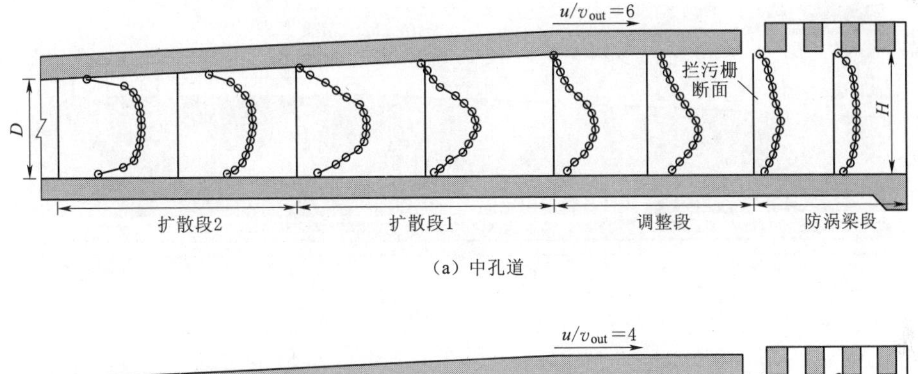

(a) 中孔道

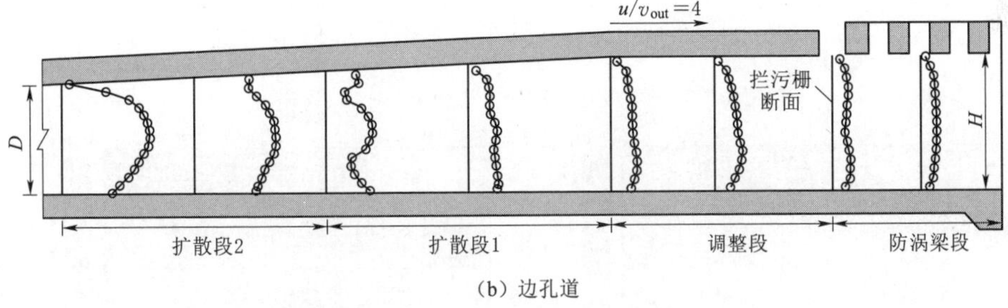

(b) 边孔道

图 6.10　出流工况进/出水口沿程断面流速分布

6.4.2　进流工况流速场及沿程断面流速分布

图6.11给出了由PIV量测的进/出水口中孔道和边孔道内部中心剖面流速云图。进流工况，水流从孔口前缘及防涡梁间隙流入进/出水口，在中孔道和边孔道的调整段及少部分扩散段（图中标注的扩散段1）的顶部形成了一定范围低流速区，水流沿孔道继续流动后流速增大、流速分布逐渐增大并趋于均匀。图6.12给出了中孔道和边孔道的调整段顶部低流速区的流速矢量图。从水流自库

区汇入进/出水口的过程来看，孔口前方来流及孔口前方上部防涡梁间隙来流同时流进孔道，从防涡梁间隙处进入孔道的水流需经过90°转折，故易在调整段顶板处形成低流速区。

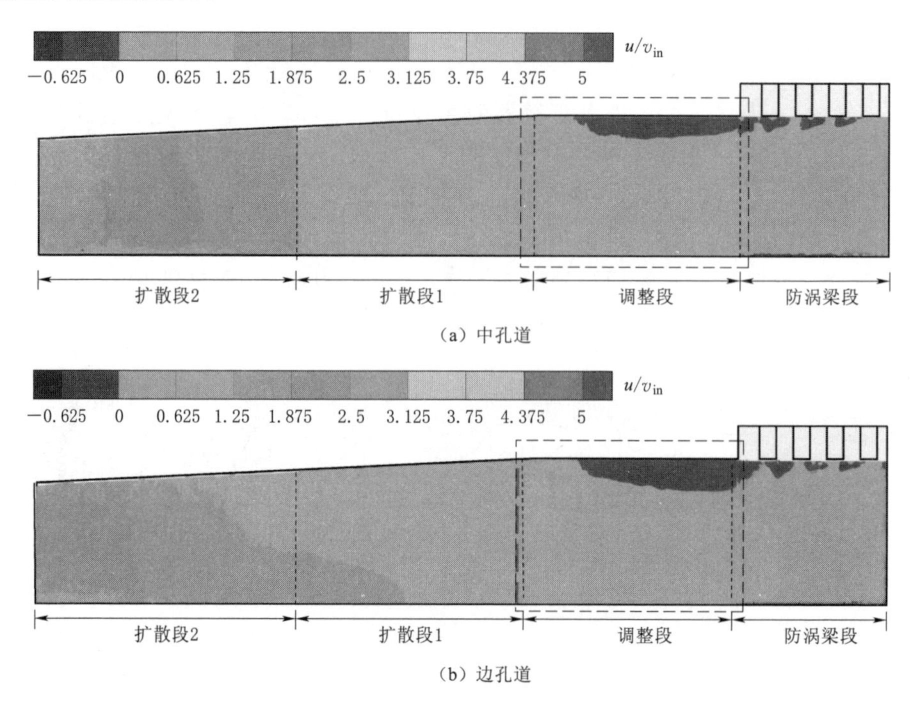

图6.11 进流工况进/出水口内部中心剖面流速云图

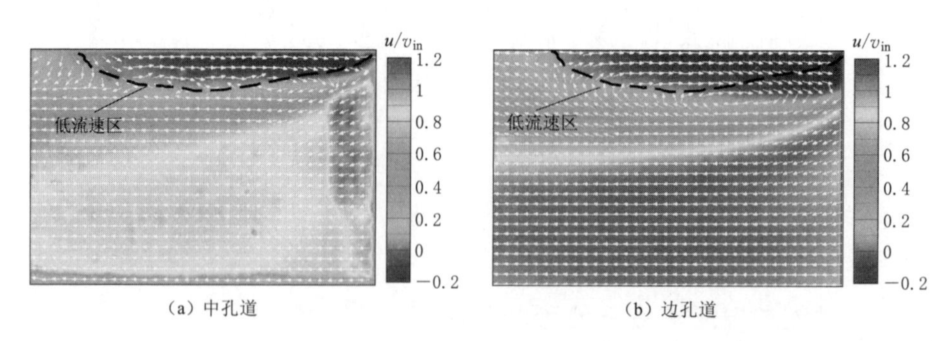

图6.12 进流工况中孔道和边孔道的调整段流速矢量图

为总结进/出水口内部沿程断面流速变化规律，选取中孔道和边孔道沿程各7个断面的流速分布进行分析。图6.13给出了进/出水口内部沿程断面流速分布。从图中可以看出，进流工况，中孔道和边孔道的沿程断面流速分布规律基本相同，边孔道流速略大于中孔道流速，水流自防涡梁段流进调整段时，中孔道和边孔道断面的顶部流速较小、底部流速较大。随着水流在扩散段内不断收缩，中孔道和边孔道的流速分布逐渐趋于均匀。

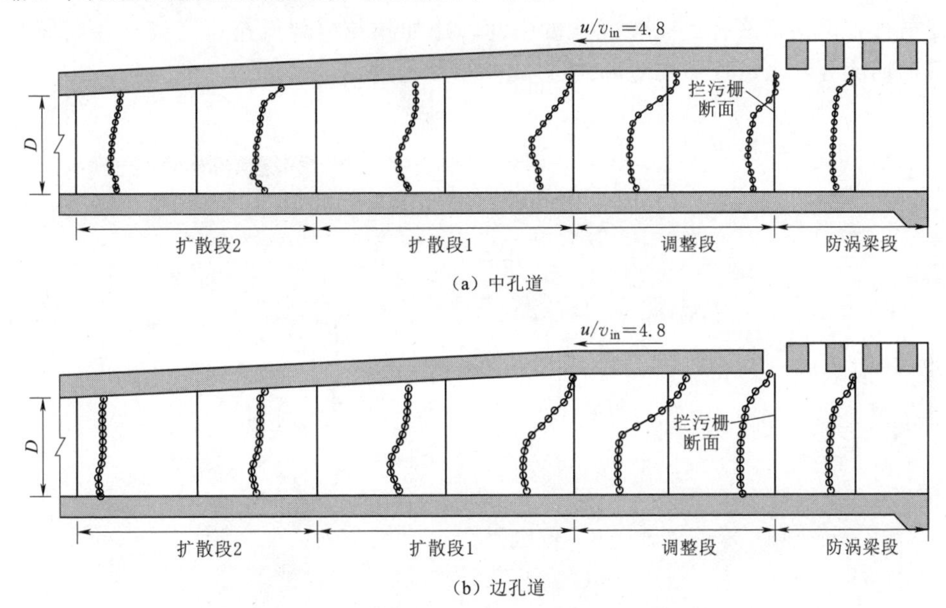

(a) 中孔道

(b) 边孔道

图 6.13 进流工况各孔道沿程断面流速分布

6.5 拦污栅断面流速及孔道内部流动结论与讨论

本章建立了典型侧式进/出水口试验装置，利用粒子图像测速仪（PIV）和声学多普勒流速仪（ADV），对侧式进/出水口拦污栅断面和内部双向流动进行了试验研究。

（1）基于拦污栅断面流速量测试验数据，揭示了该断面流速分布规律，孔口淹没深度的变化对拦污栅断面流速分布无影响。出流工况，中孔道拦污栅断面流速分布主流靠近断面中部，无反向流速，边孔道拦污栅断面流速分布沿垂向分布均匀；进流工况，中孔道和边孔道的拦污栅断面流速分布规律基本相同，断面流速沿垂向分布均匀。

（2）基于进/出水口内部流速场的试验数据，揭示了进/出水口内部流动规律。出流工况，中孔道扩散段内主流明显且位于孔道中部，扩散段及调整段顶部存在低流速区，边孔道扩散段内主流不明显；进流工况，中孔道及边孔道调整段顶部存在低流速区，水流流至扩散段后断面流速分布趋于均匀。

（3）本章是以某抽水蓄能电站侧式进/出水口为例进行的研究，该侧式进/

出水口体型是经过优化后的，其各项水力指标均满足《抽水蓄能电站设计规范》（NB/T 10072—2018）要求，所揭示的拦污栅断面流速分布及内部规律具有普适性，但是仍然有进一步优化的空间，比如减免内部低流速区或某些断面上部的回流等，当然这需要对侧式进/出水口体型进一步优化。

第7章　进/出水口各孔道流量分配研究

《抽水蓄能电站设计规范》（NB/T 10072—2018）和《水电站进水口设计规范》（NB/T 10858—2021）均对各孔道流量分配的均匀性提出了明确要求，指出分流隔墙的布置应使各孔道的过流量基本均匀，相邻中、边孔道的流量不均匀程度不宜超过10%。进/出水口相邻中、边孔道流量不均匀程度，是指相邻的中孔道与边孔道的流量相差的百分数，即中孔道与边孔道过流流量之差与两者中较大值相比所得的百分数。但是，根据我们的研究以及已发表的其他学者的研究成果，因为需要兼顾各孔道流量分配在进流和出流双向流动均应相对均匀，相邻中、边孔道的流量不均匀程度不宜超过10%的规范规定在实际工程的进/出水口难以实现。为此，本章利用数值模拟方法，对侧式进/出水口各孔道流量分配进行专门研究，对规范规定的“相邻中、边孔道的流量不均匀程度不宜超过10%”展开讨论。

7.1　研 究 对 象

以某抽水蓄能电站侧式进/出水口为基础，通过调整扩散段中边孔道宽度占比、中隔墙缩进距离等参数，研究不同参数对各孔道流量分配变化的影响规律，对该侧式进出水口进行优化，研究侧式进/出水口各孔道流量分配。

图7.1为该3隔墙4孔道侧式进/出水口体型图。沿进流方向依次为防涡梁段、调整段和扩散段。防涡梁段长10.15m，调整段长15m，扩散段长38m。扩散段平面为双向对称扩散，总水平扩散角28.36°，立面为单向扩散，顶板扩张角为3.01°。孔口宽5.5m、高9m；扩散段中分流隔墙缩进距离（距扩散段起始断面）3m；扩散段始端断面中孔道宽度1.673m、边孔道宽度1.827m，中边孔道宽度占比0.239：0.261。该侧式进/出水口扩散段始端接渐变段再接输水隧洞，渐变段长10m，输水隧洞水平，隧洞直径D为7m。

该抽水蓄能电站侧式进/出水口，死水位时孔口中心淹没水深12m，进流工况流量157.8m^3/s，出流工况流量140.0m^3/s。

这里主要研究扩散段始端中边孔道宽度占比、中分流隔墙缩进距离对侧式进/出水口各孔道流量分配的影响。扩散段始端中边孔道宽度占比是指中孔道宽度和边孔道宽度各占总宽度份额的比例，对于3隔墙4孔道侧式进/出水口，当中边孔道对称布置时，扩散段始端总宽度为 $d=2a+2b$，单一中边孔道宽度占比为 $(a/d):(b/d)$；中分流隔墙缩进距离是指中分流隔墙首端距扩散段始端断面的距离，如图7.2所示。

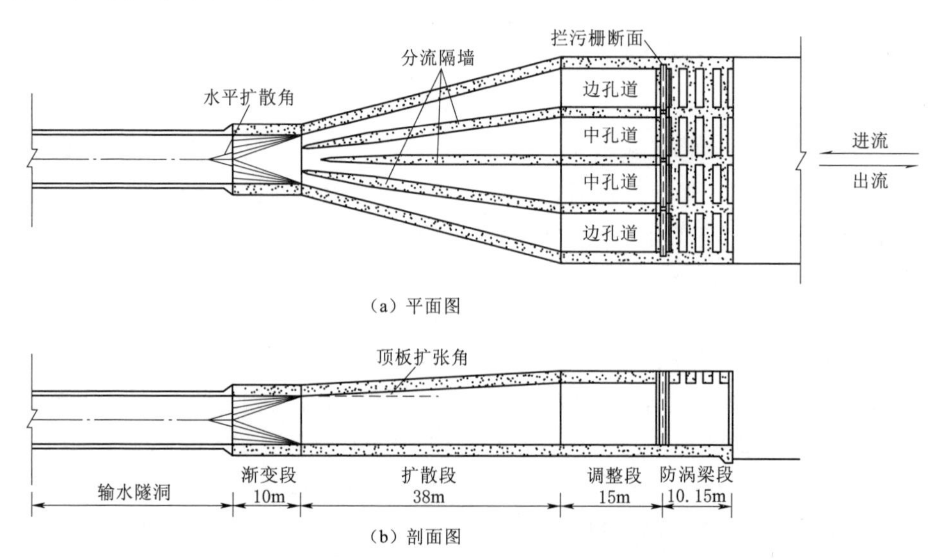

图7.1 某抽水蓄能电站侧式进/出水口体型图

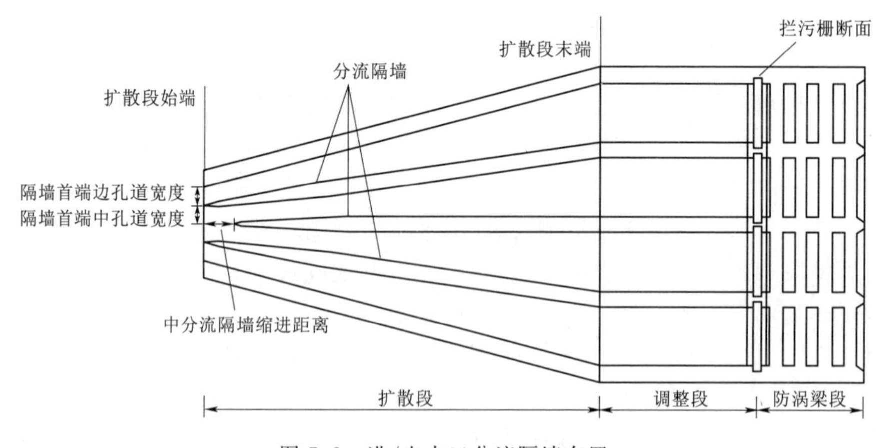

图7.2 进/出水口分流隔墙布置

《抽水蓄能电站设计规范》(NB/T 10072—2018) 和《水电站进水口设计规范》(NB/T 10858—2021) 均提出了“相邻中边孔道的流量不均匀程度不宜超过10%”的要求。这里定义相邻中边孔道的流量不均匀程度为中孔道与边孔道流量之差的绝对值除以两者的较大值，即

$$C_{MS}=\frac{|Q_M-Q_S|}{Q_{max}} \tag{7.1}$$

式中：C_{MS} 为相邻中边孔道的流量不均匀程度；Q_M 为中孔道流量；Q_S 为边孔道流量；Q_{max} 为中边孔道流量较大值。

但是，因进/出水口双向流动的特点，需要兼顾在进流和出流两种工况的各孔道流量分配都应相对均匀，已有研究成果表明，对于实际工程进/出水口，难以满足“相邻中、边孔道的流量不均匀程度不宜超过 10%”的规范规定。下面利用 2.1 节数值模拟方法对基于该侧式进/出水口体型改变不同参数的各孔道流量分配变化进行研究。为了论证规范规定的“相邻中边孔道的流量不均匀程度不宜超过 10%”在实际工程的进/出水口难以实现，下面的流量不均匀程度按式（7.1）计算。

计算条件：死水位时孔口中心淹没水深 12m，进流工况流量 157.8m^3/s，出流工况流量 140.0m^3/s。

7.2 中边孔道宽度占比对流量分配的影响

在图 7.1 所示进/出水口体型基础上，改变扩散段中边孔道宽度占比，分别为 0.225 ∶ 0.275、0.230 ∶ 0.270、0.235 ∶ 0.265、0.239 ∶ 0.261 和 0.245 ∶ 0.255；中分流隔墙缩进距离为 3.0m（0.43D），这里 D 为隧洞直径。

图 7.3 为相邻中边孔道的流量不均匀程度随中边孔道宽度占比的变化。结果表明，中边孔道宽度占比对孔道流量分配的影响有着直观规律。当中边孔道宽度占比为 0.225 ∶ 0.275 时，出流工况相邻中边孔道的流量不均匀程度最小，进流工况流量不均匀程度最大；且随着中边孔道宽度占比的增大，出流工况流量不均匀程度不断增大，进流工况流量不均匀程度不断减小。由图 7.3 可知，

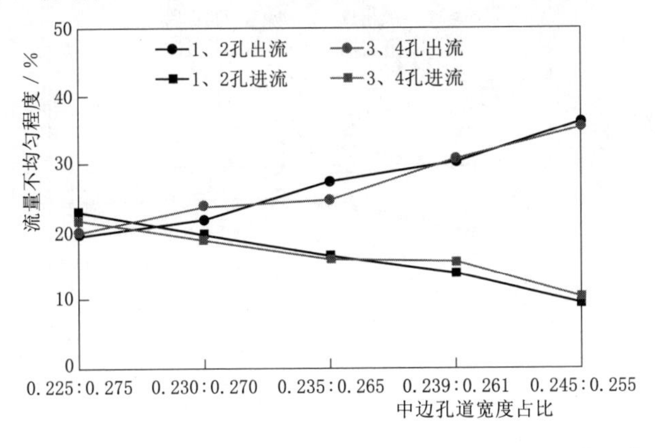

图 7.3 相邻中边孔道的流量不均匀程度随中边孔道宽度占比的变化

在0.225∶0.275至0.230∶0.270之间存在某一交点，此点的中边孔道宽度占比为0.227∶0.273，其出流工况和进流工况的相邻中边孔道流量不均匀程度均达到相对小值，即进流和出流两种工况的孔道流量分配相对均匀。对于该侧式进/出水口，当中分流隔墙缩进距离为3.0m（0.43D）、中边孔道宽度占比为0.227∶0.273时，进流和出流两种工况的孔道流量分配相对均匀。因此，对于具体的侧式进/出水口，当中分流隔墙缩进距离固定不变时，相邻中边孔道流量不均匀程度随着中边孔道宽度占比的改变有明显的变化规律，通过改变中边孔道宽度占比，可以达到进流和出流两种工况的孔道流量分配相对均匀的目的。

7.3 中隔墙缩进距离对流量分配的影响

为了研究固定中边孔道宽度占比、改变中隔墙后移距离对中边孔道流量不均匀程度的影响，基于上述研究结果，当中隔墙缩进距离为3.0m（0.43D）、中边孔道宽度占比0.225∶0.275和0.230∶0.270时，其出流工况和进流工况相邻中边孔道流量不均匀程度都相对较小，因此选定2个中边孔道宽度占比为0.225∶0.275和0.230∶0.270分别进行研究，中隔墙缩进距离分别为1.5m（0.21D）、2.5m（0.36D）、3.0m（0.43D）、3.5m（0.50D）和4.5m（0.64D）。

图7.4为不同中分流隔墙缩进距离的流量不均匀程度。结果表明，中分流隔墙缩进距离对流量不均匀程度的影响较明显，但对于不同的中边孔道宽度占比，中隔墙缩进距离对中边孔道流量不均匀程度的影响规律不同。

当中边孔道宽度占比为0.225∶0.275时，随着中分流隔墙缩进距离的增大，出流工况的相邻中边孔道流量不均匀程度先增大后减小，进流工况的相邻

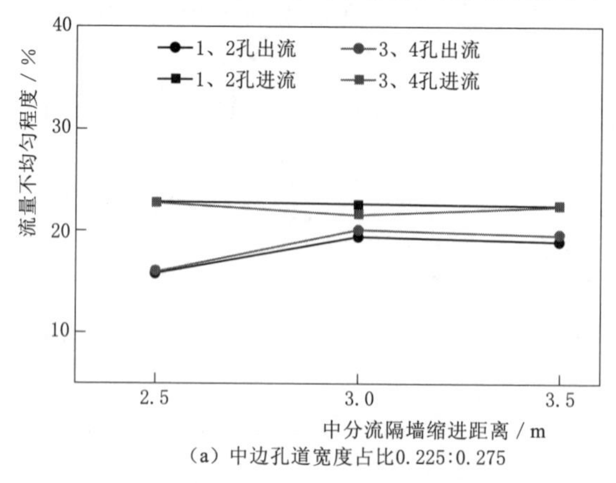

(a) 中边孔道宽度占比0.225:0.275

图7.4（一） 不同中分流隔墙缩进距离的流量不均匀程度

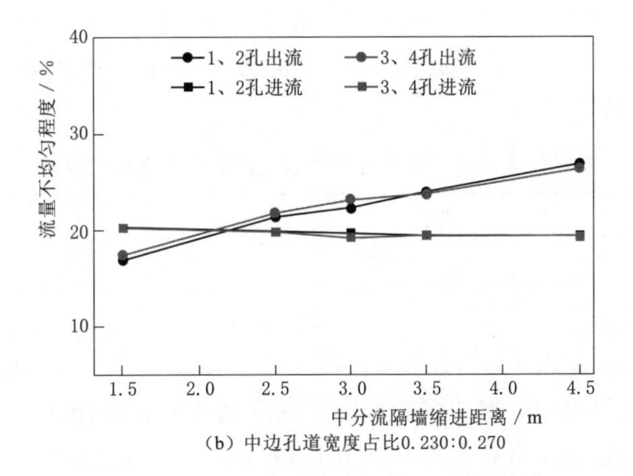

(b) 中边孔道宽度占比0.230∶0.270

图 7.4（二） 不同中分流隔墙缩进距离的流量不均匀程度

中边孔道流量不均匀程度先减小后增大，中分流隔墙缩进距离为3.0m（0.43*D*）时，出流工况和进流工况的相邻中边孔道流量不均匀程度都相对较小。

当中边孔道宽度占比为0.230∶0.270时，随着中分流隔墙缩进距离的增大，出流工况的相邻中边孔道流量不均匀程度增大，进流工况的相邻中边孔道流量不均匀程度减小，在中分流隔墙缩进距离为2.0m（0.29*D*）时，出流工况和进流工况的相邻中边孔道的流量不均匀程度都较小。

7.4 较优分流隔墙布置的流量分配

图7.3表明，中边孔道宽度占比在0.225∶0.275～0.230∶0.270之间存在某一点，其出流工况和进流工况的相邻中边孔道流量不均匀程度都较小，此时的中边孔道宽度占比为0.227∶0.273。图7.4表明，当中边孔道宽度占比为0.225∶0.275，中分流隔墙缩进距离约为3.0m（0.43*D*）时，出流工况和进流工况的相邻中边孔道流量不均匀程度都较小；当中边孔道宽度占比为0.230∶0.270，中分流隔墙缩进距离为2.0m（0.29*D*）时，出流工况和进流工况的相邻中边孔道的流量不均匀程度都较小；对于不同的中边孔道宽度占比，中隔墙缩进距离对相邻中边孔道流量不均匀程度的影响规律不同。综合考虑，认为该侧式进/出水口，在中边孔道宽度占比0.227∶0.273较优条件下，取中隔墙缩进距离为2m（0.29*D*）和3m（0.43*D*）的中间值，即2.6m（0.37*D*），相邻中边孔道流量不均匀程度都将较小。因此，取相对较优的分流隔墙布置形式，即中边孔道宽度占比0.227∶0.273、中隔墙缩进距离2.6m（0.37*D*）的侧式进/出水口进行计算。

表7.1列出了出流工况和进流工况的相邻中边孔道流量不均匀程度计算结

果。该分流隔墙布置的侧式进/出水口，出流工况的相邻中边孔道的流量不均匀程度为17.88%～17.89%；进流工况的相邻中边孔道的流量不均匀程度为16.18%～16.24%。

表7.1 较优分流隔墙布置的相邻中边孔道的流量不均匀程度

孔道编号	出流工况	进流工况	孔道编号	出流工况	进流工况
	流量不均匀程度/%	流量不均匀程度/%		流量不均匀程度/%	流量不均匀程度/%
1号	17.89	16.24	3号	17.88	16.18
2号			4号		

上述计算结果表明，对于优化后的本章3隔墙4孔道侧式进/出水口，综合考虑出流工况和进流工况，相邻中边孔道的流量不均匀程度小于20%，但与设计规范规定的不宜超过10%有差距。

7.5 流量分配不均匀程度的表述方法

《抽水蓄能电站设计规范》(NB/T 10072—2018) 和《水电站进水口设计规范》(NB/T 10858—2021) 均提出了"应使各孔道的过流量基本均匀，相邻中、边孔道的流量不均匀程度不宜超过10%"。上述研究表明，改变扩散段中边孔道宽度占比和中分流隔墙缩进距离，均可以有效改善各孔道的流量分配，经优化后，相邻中边孔道流量不均匀程度小于20%，但无法满足不宜超过10%的规范要求。

下面对流量分配不均匀程度的表述方法进行讨论和比较。

7.5.1 相邻中边孔道流量不均匀程度

利用相邻中边孔道的流量不均匀程度来表述孔道流量分配的均匀程度。这是《抽水蓄能电站设计规范》(NB/T 10072—2018) 和《水电站进水口设计规范》(NB/T 10858—2021) 提出的方法，要求"相邻中、边孔道的流量不均匀程度不宜超过10%"。相邻中边孔道的流量不均匀程度计算公式见式 (7.1)。

以本章的侧式进/出水口为例对其进行分析。调整分流隔墙中边孔道宽度占比，只能使出流工况或进流工况的其中一种工况的相邻中边孔道的流量不均匀程度小于10%，而此时另一种工况的流量不均匀程度会较大。对于3墩4孔进/出水口，当中边孔道宽度占比为0.214：0.286时，出流工况相邻中边孔道的流量不均匀程度小于10%，但此时进流工况流量不均匀程度较大，约为30%；当中边孔道宽度占比为0.245：0.255时，进流工况流量不均匀程度小于10%，此时出流工况流量不均匀程度较大，约为35%。出流工况和进流工况相邻中边孔道的流量不均匀程度小于10%所要求的中边孔道宽度占比不同，且出流工况小于进流工况；在两工况所要求的中边孔道宽度占比之间，出流工况相邻中边孔道的流量不均匀程度随着中边孔道宽度占比的增大而增大，进流工况相邻中边孔道的流量不均匀程度随着中边孔道宽度占比的增大而减小，因此两工况无法同时达到相邻中边孔道的流量不均匀程度小于10%所要求的中边孔道宽度占比，即出流工况和进流工况无法同时满足规范所要求的“相邻中边孔道的流量不均匀程度不宜超过10%”。

7.5.2 各孔道流量不均匀程度

利用各孔道的流量不均匀程度来表述孔道流量分配的均匀程度。各孔道的流量不均匀程度，按下述公式计算：

$$C_Q=\frac{Q_r-Q_m}{Q_m}\times 100\% \tag{7.2}$$

式中：C_Q 为孔道的流量不均匀程度；Q_r 为孔道流量（实际流量）；Q_m 为孔道理想流量（进/出水口总流量/孔道数）。

C_Q 为正值表示实际流量大于理想流量，负值表示实际流量小于理想流量。

7.5.3 各孔道流量比

利用各孔道流量比来表述孔道流量分配的均匀程度。各孔道流量比，按下述公式计算：

$$I_Q=\frac{Q_r}{Q_m} \tag{7.3}$$

式中：I_Q 为孔道流量比；Q_r 为孔道流量（实际流量）；Q_m 为孔道理想流量（进/出水口总流量/孔道数）。

I_Q 大于1表示孔道流量大于孔道理想流量，小于1表示孔道流量小于孔道理想流量。

7.5.4 流量分配不均匀程度的3种表述方法比较

以本章的侧式进/出水口为基础，通过调整分流隔墙中边孔道宽度占比、中分流隔墙缩进距离，提出了相对较优的侧式进/出水口。利用上述流量分配均匀程度的3种表述方法，计算了相邻中边孔道流量不均匀程度、各孔道流量不均匀程度、各孔道流量比。计算结果列于表7.2。

表 7.2 流量不均匀程度 3 种表述方法的结果对比

孔道编号	出流工况				进流工况			
	流量分配/%	相邻中边孔道流量不均匀程度/%	各孔道流量不均匀程度/%	各孔道流量比	流量分配/%	相邻中边孔道流量不均匀程度/%	各孔道流量不均匀程度/%	各孔道流量比
1号	22.54	17.89	−9.84	0.90	27.22	16.24	8.88	1.09
2号	27.45		9.80	1.10	22.80		−8.80	0.91
3号	27.45	17.88	9.80	1.10	22.81	16.18	−8.76	0.91
4号	22.54		−9.84	0.90	27.21		8.84	1.09

计算结果表明，对于该 3 墩 4 孔侧式进/出水口，当中边孔道宽度占比 0.227∶0.273，中分流隔墙缩进距离 2.6m（0.37D）时，其流量分配较优。出流工况，相邻中边孔道流量不均匀程度为 17.88%～17.89%，各孔道流量不均匀程度为−9.84%～9.80%，各孔道流量比为 0.90～1.10；进流工况，相邻中边孔道流量不均匀程度为 16.18%～16.24%，各孔道流量不均匀程度为−8.80%～8.88%，各孔道流量比为 0.91～1.09。

因此，对于侧式进/出水口流量分配，可以选用上述表征流量分配的 3 种表述方法中的任意一种，其效果是一样的。当选用相邻中边孔道流量不均匀程度时，其值不宜超过 20%；当选用各孔道流量不均匀程度时，其值应在−10%～10%之间；当选用各孔道流量比时，其值应在 0.90～1.10 之间。

7.6 流量分配结论与讨论

本章以某抽水蓄能电站侧式进/出水口为基础，利用三维数值模拟方法，研究了中边孔道宽度占比和中隔墙缩进距离对各孔道流量分配的影响规律，对较优进/出水口的流量分配进行了计算及分析，讨论了规范规定“相邻中、边孔道的流量不均匀程度不宜超过 10%”的合理性，提出了表征各孔流道流量分配的建议。

(1) 对于具体的侧式进/出水口，当中隔墙缩进距离固定不变时，随着中边孔道宽度占比的改变，相邻中边孔道流量不均匀程度有明显的变化规律，改变中边孔道宽度占比，可使进流工况和出流工况各孔道流量分配都相对均匀。

(2) 对于具体的侧式进/出水口，当中边孔道宽度占比不变时，中隔墙缩进距离对流量不均匀程度的影响较明显，但对于不同的中边孔道宽度占比，中隔墙缩进距离对中边孔道流量不均匀程度的影响规律不同。

(3) 对于具体的侧式进/出水口，改变扩散段中边孔道宽度占比和中隔墙缩进距离，都可以有效改善进/出水口的流量分配，可以得到较优的进/出水口流量分配，因为需要兼顾各孔道流量分配在进流和出流工况都应相对均匀，相邻中边孔道流量不均匀程度一般小于20%，但无法满足不宜超过10%的规范要求。如果仍采用现行设计规范的相邻中边孔道的流量不均匀程度来表征流量分配的均匀程度，建议将设计规范“相邻中边孔道的流量不均匀程度不宜超过10%”修订为“相邻中边孔道的流量不均匀程度不宜超过20%。

（4）对于侧式进/出水口流量分配的均匀程度，当选用相邻中边孔道流量不均匀程度时，其值不宜超过20%；当选用各孔道流量不均匀程度时，其值应在-10%～10%之间；当选用各孔道流量比时，其值应在0.90～1.10之间。这3种表述方法的效果是一样的。

（5）建议选用各孔道流量不均匀程度的表述方法，其值应在-10%～10%之间；或者选用各孔道流量比的表述方法，其值应在0.90～1.10之间。目前针对具体工程侧式进/出水口流量分配的表述一般参用这两种方法，因此也建议设计规范采纳这两种表述方法。

第8章 进/出水口顶板扩张角研究

抽水蓄能电站侧式进/出水口双向过流，其顶板扩张角的大小将直接影响拦污栅断面流速分布是否均匀，甚至出现反向流速。《抽水蓄能电站设计规范》（NB/T 10072—2018）将3°～5°作为侧式进/出水口顶板扩张角的推荐范围，其依据是矩形渐扩管阻力系数最小的扩张角度，但侧式进/出水口体型较之复杂很多，因此有必要进一步探讨。本章以某侧式进/出水口为基础，采用数值模拟方法，研究顶板扩张角变化对出流工况和进流工况进/出水口水力特性的影响。

8.1 研究对象

某抽水蓄能电站下水库侧式进/出水口，沿出流方向依次为扩散段、调整段和防涡梁段，全长为58.22m。扩散段长39m，调整段长9m，防涡梁段长10.22m。该侧式进/出水口为3分流隔墙4孔道。孔口（孔道拦污栅断面）尺寸为6.4m×10m（宽×高）。进/出水口总宽度32.8m（含边墩及分流隔墙）。扩散段，平面双向对称扩散，总水平扩散角31.5°，立面为单向扩散，顶板扩张角3.23°。防涡梁段在顶部设4道防涡梁。进/出水口通过渐变段1、闸门井段、渐变段2和隧洞相接。隧洞直径D为7.8m。该侧式进/出水口体型如图8.1所示。

在该抽水蓄能电站下水库侧式进/出水口的基础上，改变顶板扩张角，形成不同顶板扩张角的进/出水口。针对不同顶板扩张角的进/出水口，在出流工况和进流工况下，分别进行了其水力特性数值模拟研究。

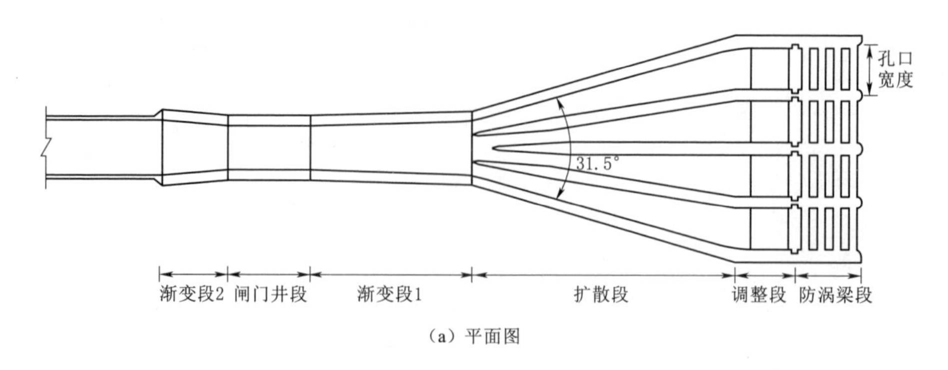

(a) 平面图

图8.1（一） 某抽水蓄能电站下水库侧式进/出水口

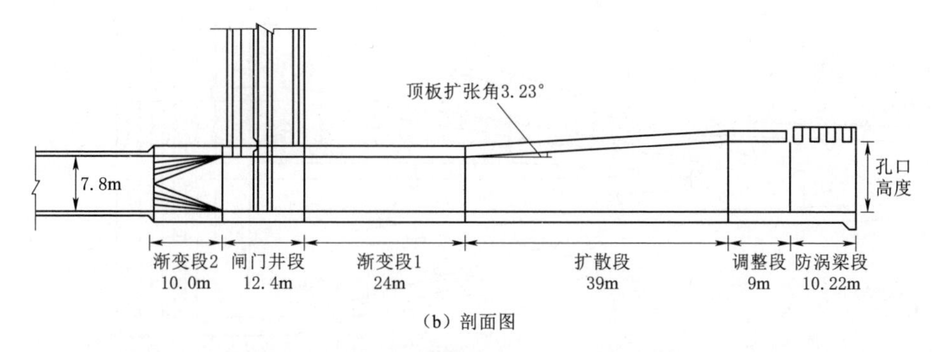

(b) 剖面图

图 8.1（二） 某抽水蓄能电站下水库侧式进/出水口

(1) 顶板扩张角变化范围。为研究顶板扩张角对进/出水口水力特性的影响，在进/出水口孔口面积、调整段长度和扩散段长度都不变的情况下，设置了11组顶板扩张角 β，最小值为 0°，最大值为《抽水蓄能电站设计规范》(NB/T 10072—2018) 推荐的最大值 5.0°，角度间隔为 0.5°。应当指出，因改变顶板扩张角，同时保持进/出水口孔口面积、调整段长度和扩散段长度都不变的情况下，此时孔口的宽度 B、高度 H、水平扩散角 α 均会随之改变。表 8.1 列出了顶板扩张角及对应的进/出水口体型参数。图 8.2 标注了进/出水口体型参数。

表 8.1 不同顶板扩张角及对应的进/出水口体型参数

顶板扩张角 β/(°)	孔口宽度 B/m	孔口高度 H/m	水平扩散角 α/(°)	扩散段长度 L_3/m
0.0	8.2	7.8	41.0	39
0.5	7.9	8.1	39.4	39
1.0	7.5	8.5	37.4	39
1.5	7.3	8.8	36.4	39
2.0	6.9	9.2	34.2	39
2.5	6.7	9.5	33.0	39
3.0	6.5	9.8	32.0	39
3.5	6.3	10.2	31.0	39
4.0	6.1	10.5	29.8	39
4.5	5.9	10.9	28.8	39
5.0	5.7	11.2	27.6	39

(2) 计算工况。死水位时孔口中心淹没水深 13m，出流工况流量 161.2m^3/s，进流工况流量 123.7m^3/s。

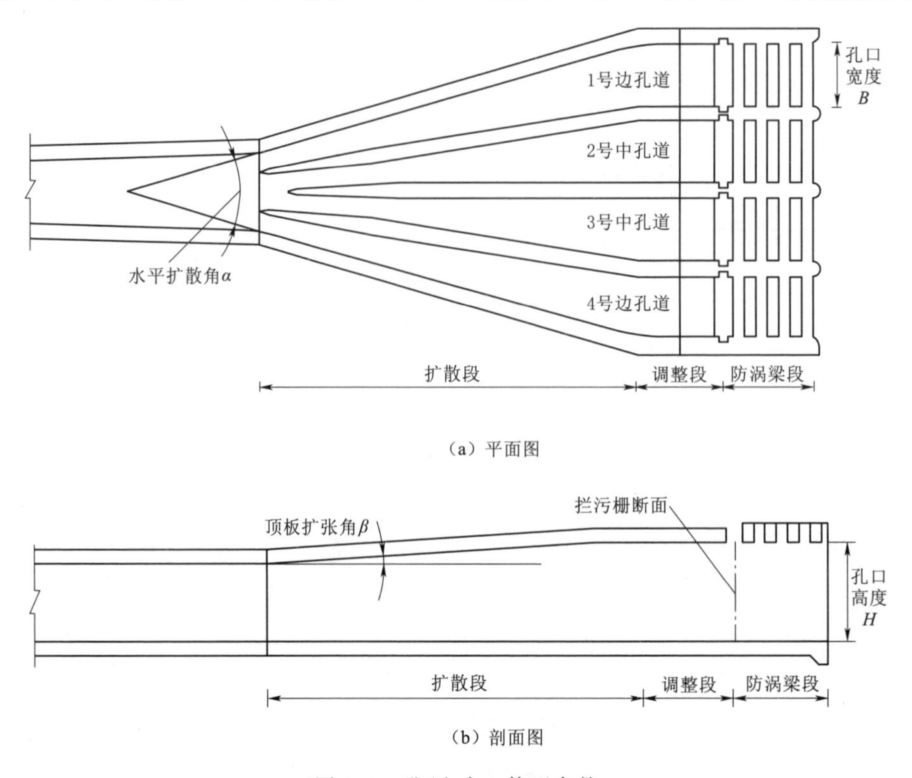

图 8.2 进/出水口体型参数

8.2 顶板扩张角对出流工况流速的影响

8.2.1 进/出水口拦污栅断面流速分布

由于体型对称，2 号和 3 号中孔道的结果基本相同，1 号和 4 号边孔道的结果基本相同，因此后文以 2 号中孔道、1 号边孔道为例给出计算结果。

图 8.3 给出了出流工况不同顶板扩张角进/出水口的中孔道和边孔道拦污栅断面中垂线流速分布。为使研究成果具有普适性，距底板距离按无量纲相对高度给出，即距底板距离 y 与孔口高度 H 的比值。

由图可知，对于中孔道而言，主流位置明显，随着顶板扩张角 β 的增大，拦污栅断面的主流位置由居中部逐渐向底部降低，断面流速分布由上下基本对称趋于底部大顶部小的上下不对称。随着顶板扩张角 β 的增大，拦污栅断面最大流速值增大，最大流速位置逐渐降低。当顶板扩张角 $\beta \leqslant 2.0°$时，拦污栅断面未出现反向流速；当顶板扩张角 β 较大时，拦污栅断面顶部出现反向流速，随着顶板扩张角 β 的增大，反向流速的范围和大小均逐渐增大。

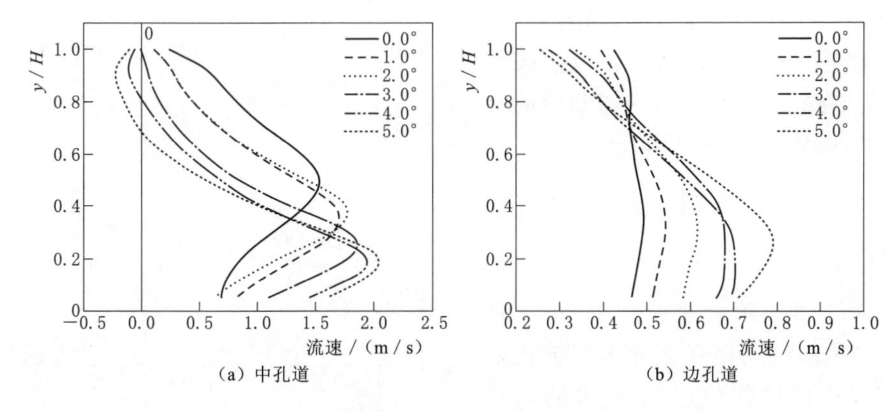

图 8.3 拦污栅断面中垂线流速分布(出流工况)

对于边孔道而言,其主流位置不明显。随着顶板扩张角 β 增大,拦污栅断面流速分布由基本均匀逐渐变为底部大顶部小的不均匀分布;当顶板扩张角 β 较大时,拦污栅断面主流位置明显趋于底部。与中孔道不同的是,顶板扩张角 β 在 0°~5.0°范围内,当顶板扩张角 β 较大时,边孔道拦污栅断面也未出现反向流速。

为分析不同顶板扩张角 β 对拦污栅断面流速分布均匀性的影响,下面对拦污栅断面流速不均匀系数进行计算。流速不均匀系数是指拦污栅断面最大流速与平均流速的比值。《抽水蓄能电站设计规范》(NB/T 10072—2018)规定拦污栅断面流速不均匀系数不应大于 2.0。

表 8.2 给出了不同顶板扩张角进/出水口的中孔道和边孔道拦污栅断面的流速不均匀系数计算结果,图 8.4 绘制了其变化趋势。

表 8.2 不同顶板扩张角时拦污栅断面流速不均匀系数(出流工况)

顶板扩张角 β/(°)	0.0	0.5	1.0	1.5	2.0	2.5	3.0	3.5	4.0	4.5	5.0
中孔道流速不均匀系数	1.64	1.69	1.77	1.79	1.81	1.91	2.17	2.44	2.63	2.79	2.96
边孔道流速不均匀系数	1.57	1.62	1.62	1.66	1.71	1.73	1.86	1.91	1.86	1.95	1.95

对于中孔道而言,拦污栅断面流速不均匀系数随着顶板扩张角 β 的增大而显著增大,当顶板扩张角 0°时其流速不均匀系数为 1.64,3.0°时流速不均匀系数为 2.17,5°时流速不均匀系数为 2.96;顶板扩张角从 0°升至 5°时,其流速不均匀系数由 1.64 增至 2.96,增长了 80.5%;当顶板扩张角为 3.0°时,流速不均匀系数为 2.17,超出 2.0。

对于边孔道而言,拦污栅断面流速不均匀系数随着顶板扩张角 β 的增大而逐渐增大,但增大幅度较小。当顶板扩张角 0°时其流速不均匀系数为 1.57,5°时流速不均匀系数为 1.95;顶板扩张角从 0°增至 5°时,其流速不均匀系数由

1.57增至1.95，增长了24.2%。

对于出流工况，增大顶板扩张角β会使侧式进/出水口拦污栅断面的流速分布由均匀趋向不均匀。

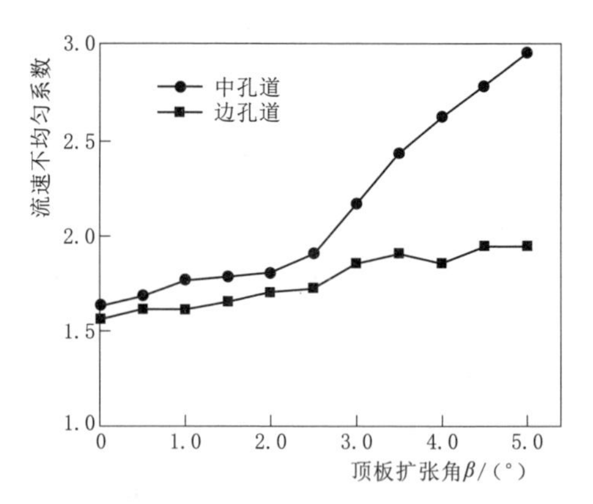

图8.4 不同顶板扩张角时拦污栅断面流速不均匀系数（出流工况）

8.2.2 进/出水口内部沿程流速变化

对于不同顶板扩张角的进/出水口，其内部流动存在差异。本节将结合不同顶板扩张角进/出水口的内部流动状态，分析其对拦污栅断面流速分布的影响。图8.5和图8.6给出了出流工况下不同顶板扩张角进/出水口中孔道和边孔道内部沿中线剖面流速云图，黑色带箭头线表示流线，白线标注的位置为拦污栅断面。

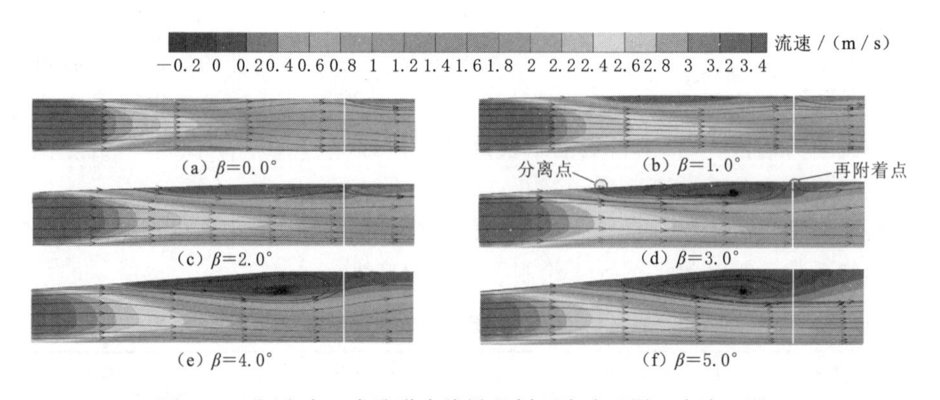

图8.5 进/出水口中孔道中线沿程剖面流速云图（出流工况）

对于中孔道，当顶板扩张角≤2.0°时，水流未发生流动分离，拦污栅断面无反向流速；当顶板扩张角为3.0°左右时，中孔道内水流受逆压梯度影响自扩散段中部开始出现流动分离，扩散段顶部出现一定范围的回流区；当顶板扩张角为4.0°～5.0°时，中孔道流动分离程度进一步扩大，回流区蔓延至拦污栅断面之外，分离再附现象消失，扩散段内主流受回流区影响偏向拦污栅断面底部，拦污栅断面顶部存在范围较大的反向流速区，同时孔道中底部流速偏大，这就导致拦污栅断面流速分布不均匀。

对于边孔道，主流现象不明显，水流沿程均匀扩散，从扩散段到拦污栅断面均未出现流动分离现象。随着顶板扩张角β的增大，边孔道拦污栅断面的流

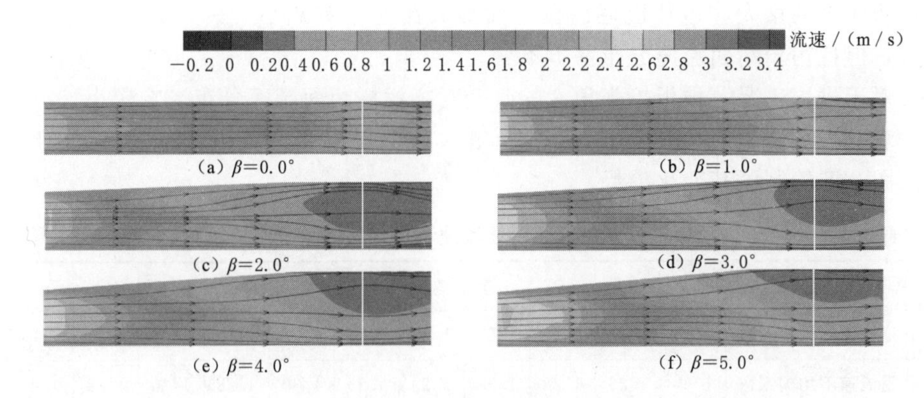

图 8.6　进/出水口边孔道中线沿程剖面流速云图（出流工况）

速分布同样趋向不均匀。

8.3　顶板扩张角对进流工况流速的影响

8.3.1　进/出水口拦污栅断面流速分布

图 8.7 给出了进流工况不同顶板扩张角进/出水口中孔道和边孔道拦污栅断面中垂线流速分布。

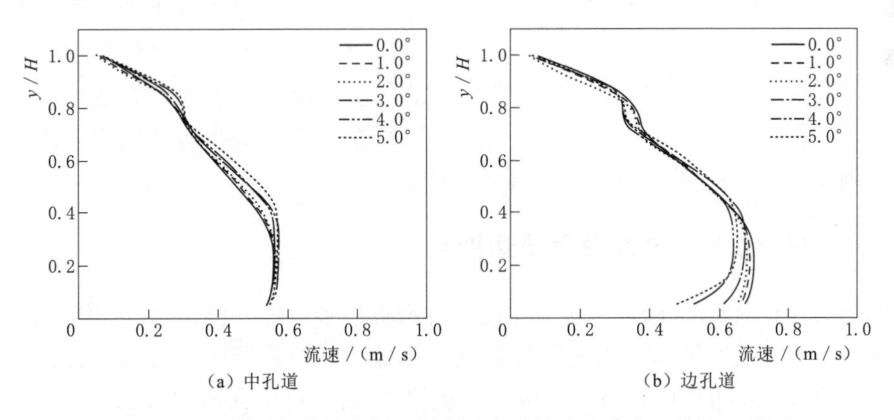

图 8.7　不同顶板扩张角拦污栅断面中垂线流速分布（进流工况）

对于中孔道，主流靠近拦污栅断面底部，其范围占断面高度的 40%，该范围内流速较均匀；拦污栅断面上部流速逐渐减小。随着顶板扩张角 β 的增大，拦污栅断面流速分布基本不变。

对于边孔道，主流靠近拦污栅断面底部，其范围占断面高度的 40%，该范围内流速较均匀；拦污栅断面上部流速逐渐减小，与中孔道规律一致。随着顶

板扩张角 β 的增大，边孔道拦污栅断面最大流速略有减小，最大流速位置稍有抬升，但拦污栅断面流速分布基本不变。

对于进流工况，顶板扩张角 β 的改变对拦污栅断面流速分布影响较小。

表 8.3 给出了不同顶板扩张角进/出水口中孔道和边孔道的流速不均匀系数，图 8.8 绘制了其变化趋势。

表 8.3　不同顶板扩张角拦污栅断面流速不均匀系数（进流工况）

顶板扩张角 β/(°)	0.0	0.5	1.0	1.5	2.0	2.5	3.0	3.5	4.0	4.5	5.0
中孔道流速不均匀系数	1.30	1.28	1.27	1.27	1.26	1.28	1.28	1.26	1.22	1.25	1.24
边孔道流速不均匀系数	1.30	1.29	1.28	1.28	1.29	1.29	1.30	1.28	1.26	1.28	1.28

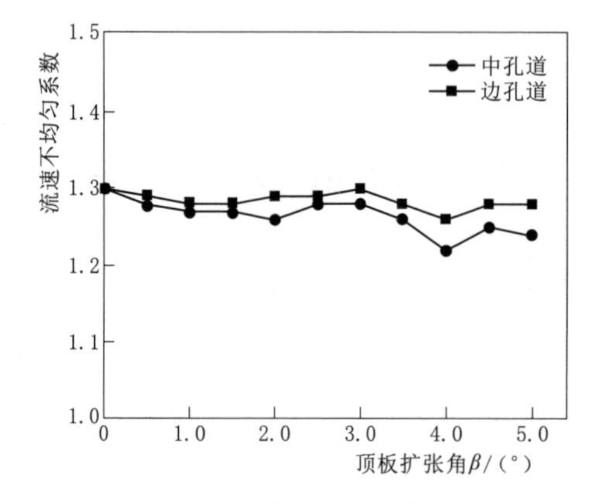

图 8.8　不同顶板扩张角拦污栅断面流速不均匀系数（进流工况）

对于中孔道，在不同顶板扩张角 β 的情况下，其拦污栅断面流速不均匀系数变化范围为 1.22～1.30，变化了 6.6%；对于边孔道，其拦污栅断面流速不均匀系数变化范围为 1.26～1.30，仅变化了 3.2%。

对于进流工况，顶板扩张角 β 的改变，对拦污栅断面流速分布及流速不均匀系数均无明显影响。分析其原因，进流时水流先经过拦污栅断面后进入扩散段内，水流逐渐收缩，因而顶板扩张角 β 并不直接能影响进流工况下侧式进/出水口拦污栅断面的流速分布。

8.3.2　进/出水口内部沿程流速变化

图 8.9 和图 8.10 给出了进流工况下各顶板扩张角进/出水口中孔道和边孔道中线沿程剖面流速云图，黑色带箭头线表示流线，拦污栅断面为白线标注的位置。由图可知，进流时，不同顶板扩张角的进/出水口中孔道和边孔道的流动规律基本相同，由库区经孔口前缘流入进/出水口的水流较为均匀，不会产生流动分离现象。而由防涡梁间隙流入的水流经 90°偏折后进入进/出水口，在调整段顶部形成了小范围的回流区。对于拦污栅断面，防涡梁间隙流入的水流流速较小，且该部分水流是在流过拦污栅断面后才发生偏折，同时孔口前缘进入的水流流速较大且均匀，因此进流工况拦污栅断面流速分布表现为底部流速大、顶部流速小。

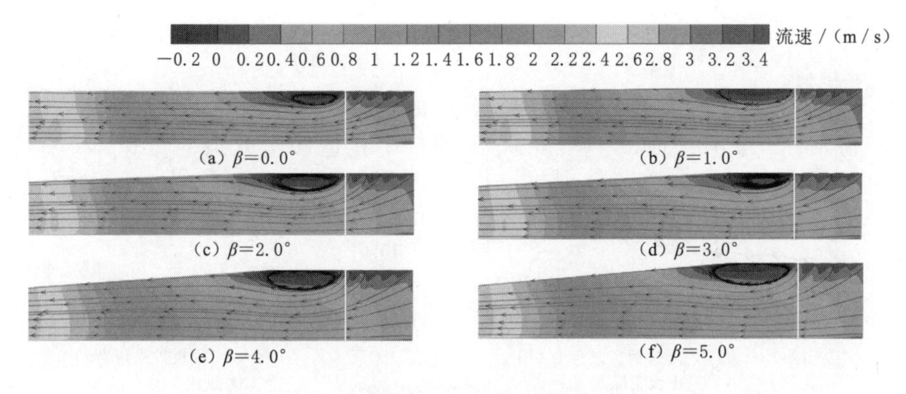

图 8.9　进/出水口中孔道中线沿程剖面流速云图（进流工况）

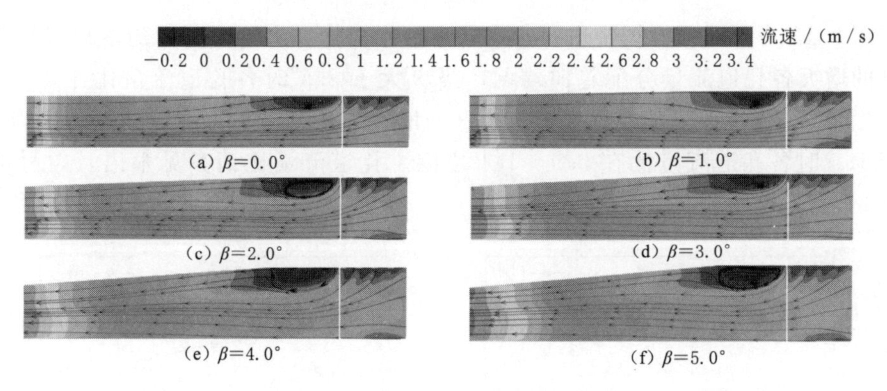

图 8.10　进/出水口边孔道中线沿程剖面流速云图（进流工况）

8.4　顶板扩张角对水头损失及流量分配的影响

8.4.1　顶板扩张角对水头损失系数的影响

图 8.11 为不同顶板扩张角的进/出水口水头损失系数变化。出流工况，随着顶板扩张角 β 的增大，进/出水口水头损失系数略有增大，顶板扩张角从 0°升至 5°时，其水头损失系数从 0.32 增至 0.34，增加了 6%；进流工况，随着顶板扩张角 β 的增大，进/出水口水头损失系数几乎不变。综合考虑出流工况和进流工况，顶板扩张角 β 的改变对进/出水口水头损失影响不明显。

8.4.2　顶板扩张角对孔道流量分配的影响

这里以孔道流量比（孔道实际流量与孔道理想流量之比）表征流量分配是否均匀，最理想的流量比等于 1，实际工程一般在 0.9～1.1 之间即满足设计要

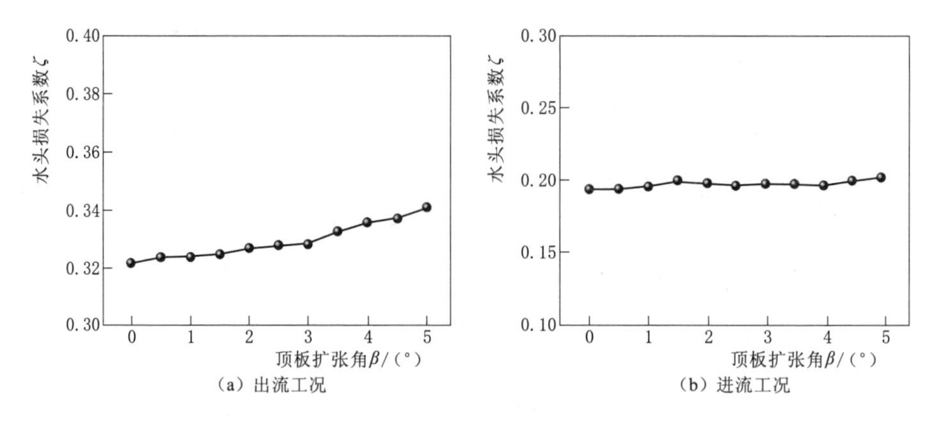

(a) 出流工况　　(b) 进流工况

图 8.11　进/出水口水头损失系数变化

求。图 8.12 为不同顶板扩张角的各孔道流量比变化。出流工况，随着顶板扩张角 β 的增大各孔道流量分配趋向均匀，当 β 大于 3.5°时各孔道流量比在 0.9～1.1 之间；进流工况，随着顶板扩张角 β 的增大各孔道流量分配趋向均匀，当 β 大于 1.5°时各孔道流量比在 0.9～1.1 之间。孔道流量比请参见术语及符号或 7.5.3 节各孔道流量比。

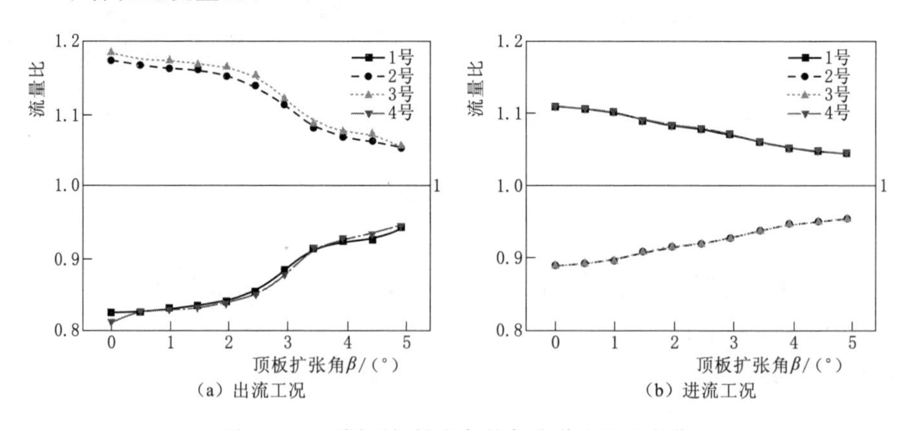

(a) 出流工况　　(b) 进流工况

图 8.12　不同顶板扩张角的各孔道流量比变化

8.5　设计规范顶板扩张角推荐范围分析

图 8.13 为矩形渐扩管剖面图。由《实用流体阻力手册》(华绍曾和杨学宁，1985) 可知，在雷诺数 $Re>4\times10^5$、$\xi=0.28\sim0.18$、$A_1/A_0=4$、$L/a_0=5.7\sim9.4$ 时，矩形渐扩管阻力系数最小的扩张角度范围为 $\theta=6°\sim10°$，其中 ξ 表示水头损失系数，A_0 表示扩散前断面总面积，A_1 表示扩散后断面总面积，L

表示扩散段长度，a_0 和 a_1 分别表示扩散前断面和扩散后断面的垂向边长。

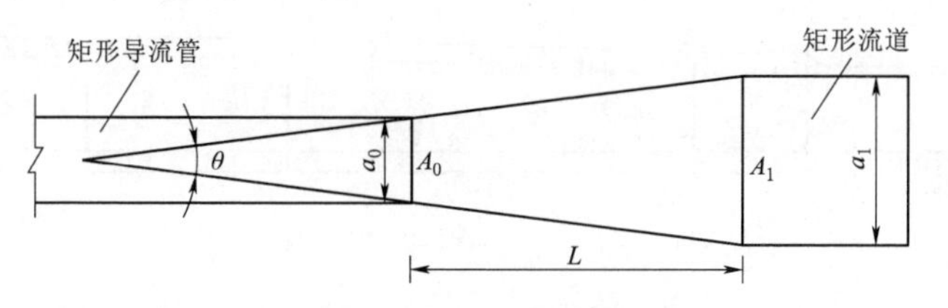

图 8.13 矩形渐扩管剖面图

图 8.14 是侧式进/出水口体型图。由于侧式进/出水口扩散段水流流动和矩形渐扩管内水流流动相类似，且侧式进/出水口为单侧扩张，β 相当于 $\theta/2$，因此《抽水蓄能电站设计规范》(NB/T 10072—2018) 将 3°～5°作为侧式进/出水口顶板扩张角的推荐范围。然而，不同于上述实用流体阻力手册的规定，侧式进/出水口扩散段扩散后与扩散前的断面面积之比 A_1/A_0 一般在 4.2～6.9 之间，很少等于 4，扩散段长度与隧洞直径的比值 L/D 也经常在 5.7～9.4 的范围之外。

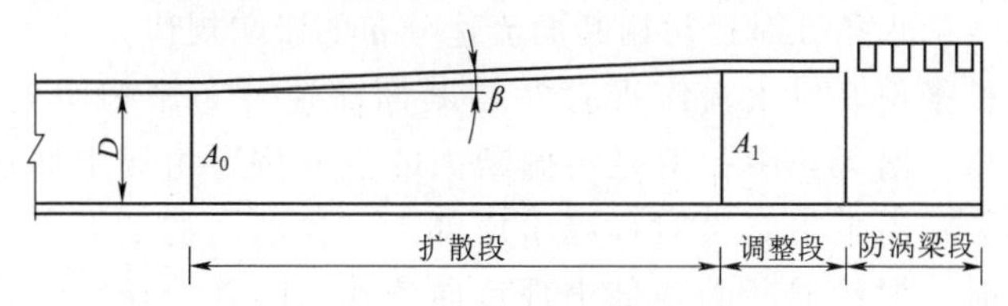

图 8.14 侧式进/出水口体型

综上可知，矩形渐扩管阻力系数最小的扩张角度范围有许多限制条件，因此直接将矩形渐扩管阻力系数最小的扩张角度应用在体型更为复杂的侧式进/出水口中必然有局限性。因此，侧式进/出水口顶板扩张角的选取并非要严格参照 3°～5°的范围，应根据实际工程情况决定。例如，QY 抽水蓄能电站下水库进/出水口的顶板扩张角为 2.39°，WD 抽水蓄能电站上水库进/出水口的顶板扩张角为 5.1°，具体体型如图 8.15 所示，研究结果表明这两个进/出水口的水力指标均符合《抽水蓄能电站设计规范》(NB/T 10072—2018) 的要求。

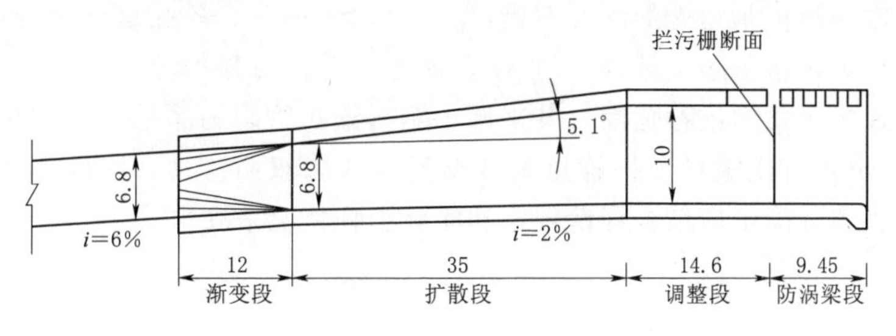

(a) QY抽水蓄能电站下水库进/出水口（单位：m）

图 8.15（一） 进/出水口体型

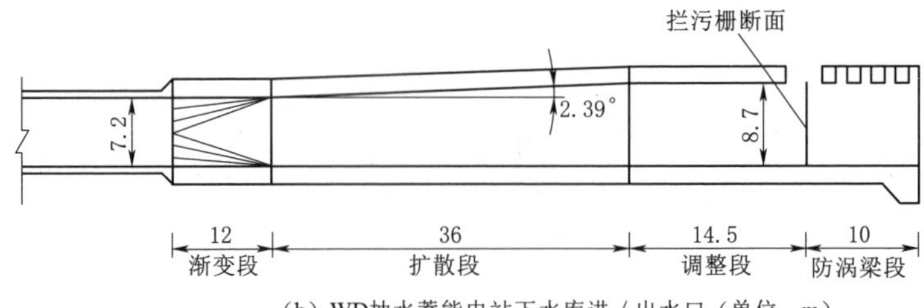

（b）WD抽水蓄能电站下水库进 / 出水口（单位：m）

图 8.15（二） 进/出水口体型

8.6 顶板扩张角结论与讨论

本章以某抽水蓄能电站下水库 3 隔墙 4 孔道侧式进/出水口为基础，采用数值模拟的方法，设定 11 组不同顶板扩张角 $\beta=0°\sim5°$，在出流工况和进流工况下，研究了顶板扩张角 β 对拦污栅断面流速分布的影响规律。

（1）顶板扩张角 β 对出流工况拦污栅断面流速分布影响明显。出流工况，随着顶板扩张角 β 增大，中孔道拦污栅断面的主流位置由居中部逐渐向底部降低，断面流速分布由上下基本对称趋于底部大、顶部小的上下不对称；当顶板扩张角 β 较大时，拦污栅断面顶部出现反向流速。随着顶板扩张角 β 增大，边孔道拦污栅断面流速分布由基本均匀逐渐变为底部大、顶部小的不均匀分布；当顶板扩张角 β 较大时，拦污栅断面主流位置明显趋于底部。进流工况，不同的顶板扩张角 β 对中、边孔道拦污栅断面流速分布影响较小。

（2）顶板扩张角 β 对出流工况和进流工况拦污栅断面流速不均匀系数影响不同。出流工况，随着顶板扩张角 β 增大，拦污栅断面流速分布由均匀趋向不均匀。进流工况，随着顶板扩张角 β 增大，拦污栅断面流速不均匀系数基本不变。

（3）较小的顶板扩张角 β 能有效改善出流工况的拦污栅断面流速分布，但应同时考虑顶板扩张角 β 的改变对进/出水口水头损失、各孔道流量分配等的影响，并非顶板扩张角越小越好。《抽水蓄能电站设计规范》将 3°～5°作为侧式进/出水口顶板扩张角的推荐范围，其来源于矩形渐扩管阻力系数最小的扩张角度，但侧式进/出水口比矩形渐扩管更为复杂且需考虑双向流动，因此侧式进/出水口顶板扩张角的确定应结合规范规定和实际工程情况来决定。

第9章 反坡明渠对进/出水口水力特性影响研究

对于抽水蓄能电站侧式进/出水口，因进/出水口底高程低于水库库底高程，一般设反坡明渠连接进/出水口与库区。《抽水蓄能电站设计规范》（NB/T 10072—2018）尚未给出反坡坡比的建议值。本章以某抽水蓄能电站下水库侧式进/出水口为研究对象，针对出流工况和进流工况，研究不同坡比的反坡明渠对进/出水口水头损失系数、拦污栅断面流速分布及明渠段内流态的影响。

9.1 研究对象

某抽水蓄能电站下水库侧式进/出水口，沿进流方向进/出水口依次为防涡梁段、调整段和扩散段，进/出水口总长72.5m。防涡梁段长10.0m，设4道防涡梁，其断面尺寸1.2×2.0m。调整段长14.5m，设3分流隔墙分成4孔道，孔口宽6.3m、高8.7m。扩散段长36.0m，垂向上单向扩散，顶板扩张角β为2.4°，平面上双向对称扩散，水平扩散角α为34.3°。渐变段长12.0m。隧洞洞径7.2m。反坡明渠包含连接段和反坡段，连接段长15m，反坡段水平长度53.7m，坡比1∶3。图9.1为该侧式进/出水口体型图。

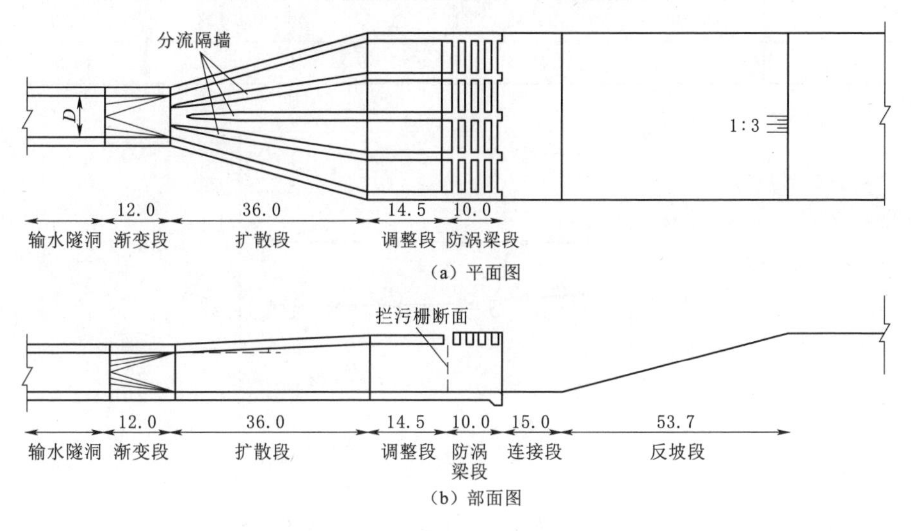

图9.1 某侧式进/出水口体型（单位：m）

为研究反坡明渠坡比对进/出水口水头损失、拦污栅断面流速分布及明渠流态的影响，保持进/出水口体型不变，设定了6组坡比1∶1、1∶2、1∶3、1∶4、1∶5和1∶6（或写为i=1、0.5、0.33、0.25、0.2和0.17）。坡比i数值大则坡度陡，坡比i数值小则坡度缓。

计算工况：死水位孔口中心淹没深度13.15m，正常蓄水位孔口中心淹没深度30.15m，出流工况流量161.6m^3/s，进流工况流量121.56m^3/s。

9.2 坡比对进/出水口水头损失的影响

对于出流工况和进流工况，分别计算了不同坡比的进/出水口水头损失系数。

表9.1给出了不同坡比的进/出水口水头损失系数计算结果。图9.2绘制了进/出水口水头损失系数随不同坡比的变化。从图中看出，出流工况，坡比对进/出水口水头损失系数基本无影响；进流工况，坡比为1∶1时进/出水口水头损失系数为0.249，随着坡比变缓其水头损失系数也减小，当坡比变缓至1∶3时水头损失系数为0.234，当坡比变缓至1∶4时水头损失系数为0.232，坡比再继续变缓其水头损失系数基本不变。

表9.1 不同坡比的进/出水口水头损失系数

反坡坡比	进/出水口水头损失系数		反坡坡比	进/出水口水头损失系数	
	出流工况	进流工况		出流工况	进流工况
1∶1	0.324	0.249	1∶4	0.325	0.232
1∶2	0.325	0.242	1∶5	0.325	0.231
1∶3	0.325	0.234	1∶6	0.325	0.230

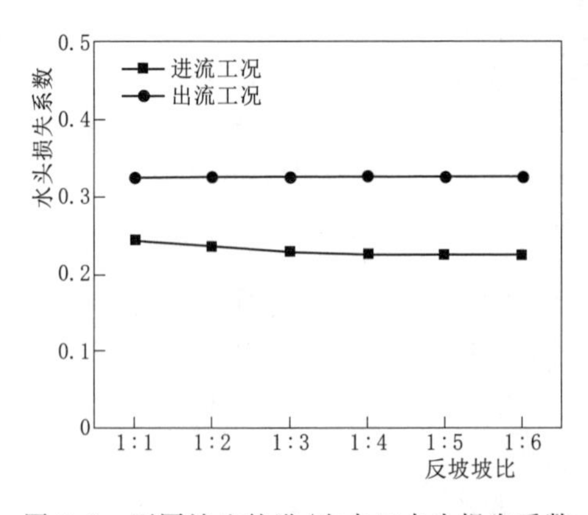

图9.2 不同坡比的进/出水口水头损失系数

上述结果表明，对于出流工况，坡比对进/出水口水头损失基本没影响；对于进流工况，在坡比 1∶3～1∶1 范围内，随着坡比变缓水头损失系数也逐渐减小，当坡比小于 1∶3 后则水头损失系数基本不变。

9.3　坡比对进/出水口拦污栅断面流速的影响

图 9.3 为出流工况不同坡比的进/出水口拦污栅断面中垂线流速分布。出流工况，各坡比的中边孔道拦污栅断面流速分布规律基本一致。中孔道主流明显，主流位置高度距底板约 3.3m（孔口高度 8.7m），主流流速最大值约为 1.5m/s。边孔道主流不明显，流速分布较为均匀。因此，对于出流工况，不同坡比对于拦污栅断面流速分布基本无影响。

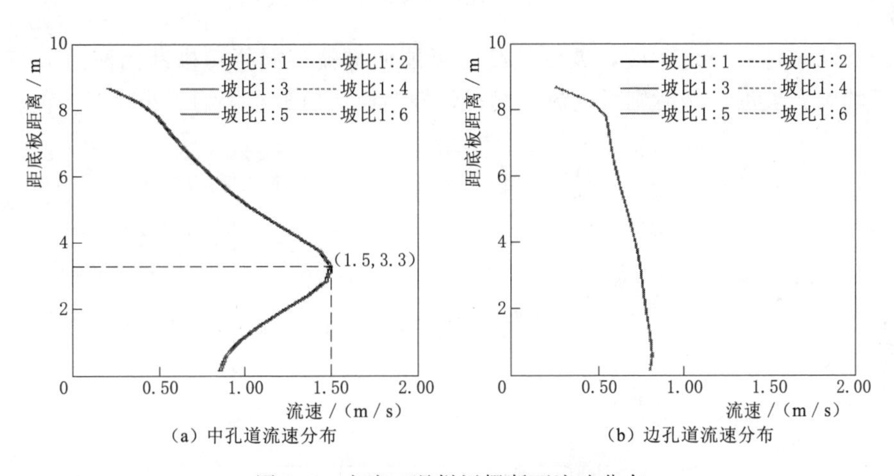

图 9.3　出流工况拦污栅断面流速分布

图 9.4 为进流工况不同坡比的拦污栅断面中垂线流速分布。进流工况，各坡比的中边孔道拦污栅断面流速分布在距底板 6.9m 以上范围基本无差异（孔口高度 8.7m），但在距底板 6.9m 以下范围内存在一定的差异。中孔道拦污栅断面在 3～6.9m、边孔道在 2.9～6.9m 高度范围内，流速值随着坡比的减小而减小，而在距底板 3m 高度范围以下，中边孔道流速值随着坡比的减小而增大。

对于进流工况，为描述坡比对拦污栅断面流速分布均匀性影响存在的差异，图 9.5 给出了各坡比的中边孔道拦污栅断面流速不均匀系数。流速不均匀系数是指孔道最大流速与平均流速的比值。设计规范要求进流工况孔道拦污栅断面流速不均匀系数应小于 1.5。图中表明，坡比 1∶1 时，中边孔道拦污栅断面流速不均匀系数分别为 1.52、1.53，均大于 1.5，其余坡比的均小于 1.5，且随着坡比减小，流速不均匀系数也逐渐减小。不同坡比对于进流工况拦污栅断面流

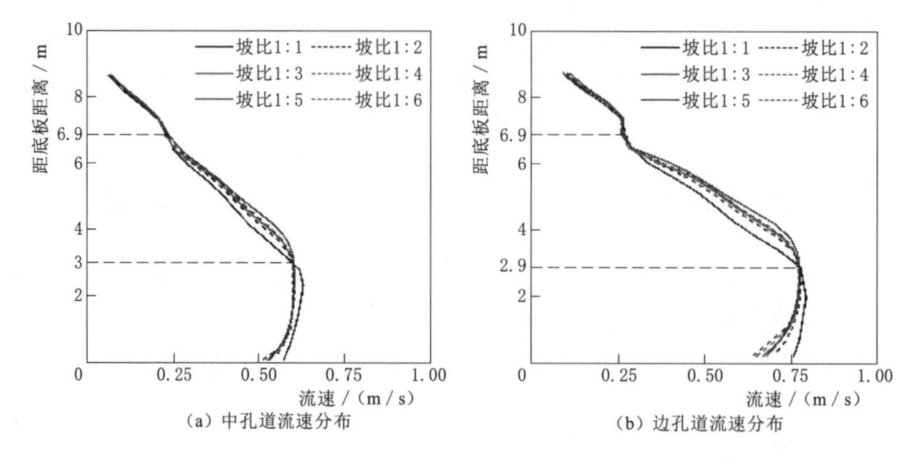

图 9.4　进流工况拦污栅断面流速分布

速分布均匀性有一定影响，坡度较陡时可能使进流工况拦污栅断面流速分布变得不均匀，坡度较缓时则对进流工况拦污栅断面流速分布影响较小。

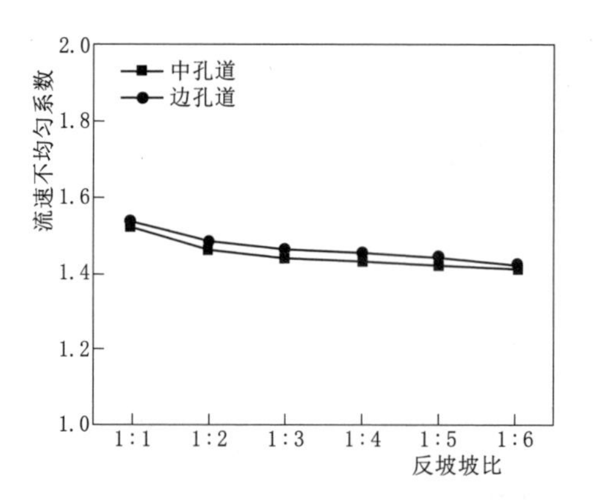

图 9.5　进流工况拦污栅断面流速不均匀系数

上述结果表明，对于出流工况，不同坡比对进/出水口拦污栅断面流速分布基本没有影响；对于进流工况，不同坡比对进/出水口拦污栅断面流速分布有一定的影响，坡度较陡时可能使进流工况拦污栅断面流速分布变得不均匀。

9.4　反坡明渠流态分析

下面分别分析进流工况和出流工况不同坡比对进/出水口及明渠段流态的影响。

9.4.1　进流工况反坡明渠流态

图 9.6 和图 9.7 为进流工况的中边孔道及反坡明渠纵剖面流速云图。从图中

看出，坡比 1∶1、1∶2 时，在中边孔道的反坡段前形成较为明显的回流现象，坡比减缓到 1∶3 时回流现象消失，随着坡比的继续减缓，在 1∶4、1∶5、1∶6 时反坡处均没有出现回流现象，水流较平稳均匀进入进/出水口。由此可见，坡比为 1∶3 及继续减缓时，对进/出水口水力特性影响较小，明渠流态较好。

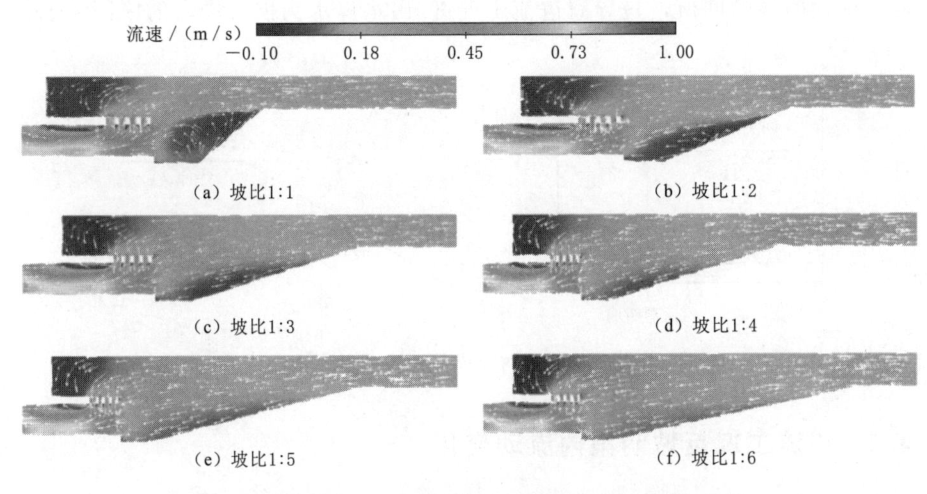

(a) 坡比1:1　(b) 坡比1:2

(c) 坡比1:3　(d) 坡比1:4

(e) 坡比1:5　(f) 坡比1:6

图 9.6　中孔道及反坡明渠纵剖面流速云图（进流工况）

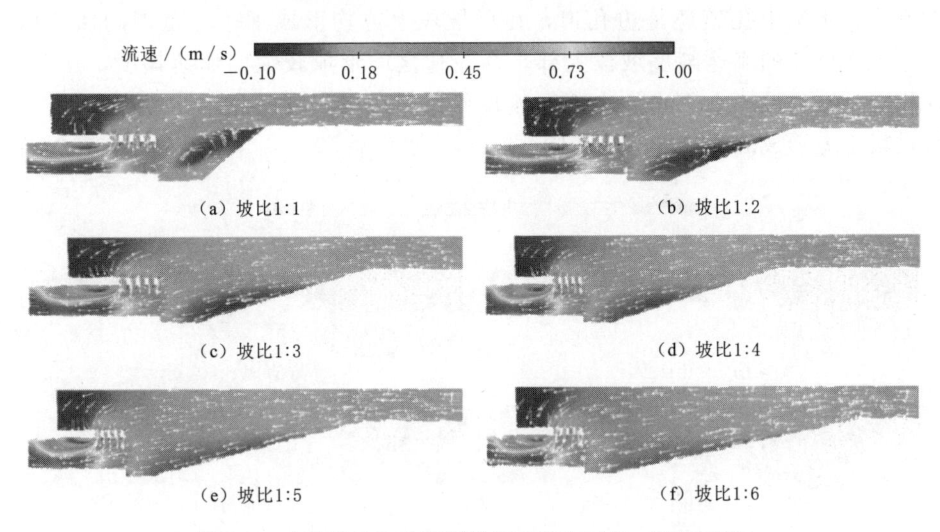

(a) 坡比1:1　(b) 坡比1:2

(c) 坡比1:3　(d) 坡比1:4

(e) 坡比1:5　(f) 坡比1:6

图 9.7　边孔道及反坡明渠纵剖面流速云图（进流工况）

分析上述结果，进流工况，各坡比的进/出水口和反坡明渠纵剖面流态可归纳为图 9.8。由图可知，进流工况，因反坡的存在，流向孔道的上部水流的流向与拦污栅断面形成一定夹角 θ，坡比越大形成的夹角越小，沿水平 x 方向的流速 $v\sin\theta$ 就越小，沿垂向 y 方向的流速 $v\cos\theta$ 就越大，主流越集中偏向拦污栅底部，因此进流工况孔道最大流速位于孔道中下部，故导致坡比较大时流速不均匀系数较大。同时，在进/出水口调整段顶板下部和明渠反坡段前出现的较为明显的回流现象，随着坡比的减小，回流区范围逐渐减小。因此，当坡比较陡时，例如坡比1：1和1：2，拦污栅断面流速不均匀系数增大、调整段顶板下部和明渠反坡段前较明显的回流，是导致进流工况进/出水口水头损失增大的原因。

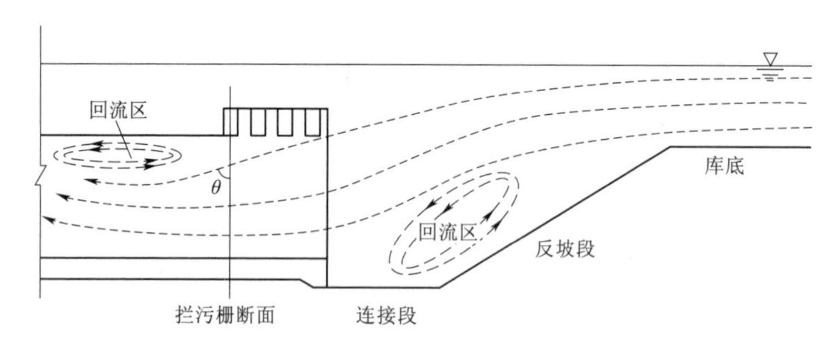

图9.8 进/出水口及反坡明渠纵剖面流态示意图（进流工况）

9.4.2 出流工况反坡明渠内流动变化

图9.9和图9.10为出流工况的中、边孔道及反坡明渠纵剖面流速云图。由图看出，不论中孔道还是边孔道，在反坡段上方均形成了一定范围的回流区。由于孔道出流的流速与反坡段上部水体流速之间形成较大的流速梯度，在剪切作用下导致反坡段上部水体出现回流现象。但在不同坡比时，中边孔道对应的反坡段上方形成的回流区范围不同。

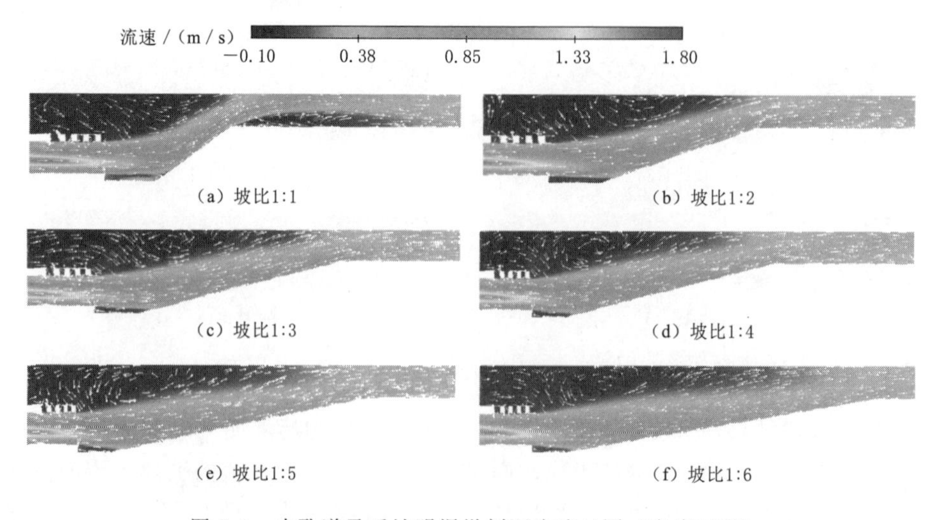

(a) 坡比1:1　(b) 坡比1:2

(c) 坡比1:3　(d) 坡比1:4

(e) 坡比1:5　(f) 坡比1:6

图9.9 中孔道及反坡明渠纵剖面流速云图（出流工况）

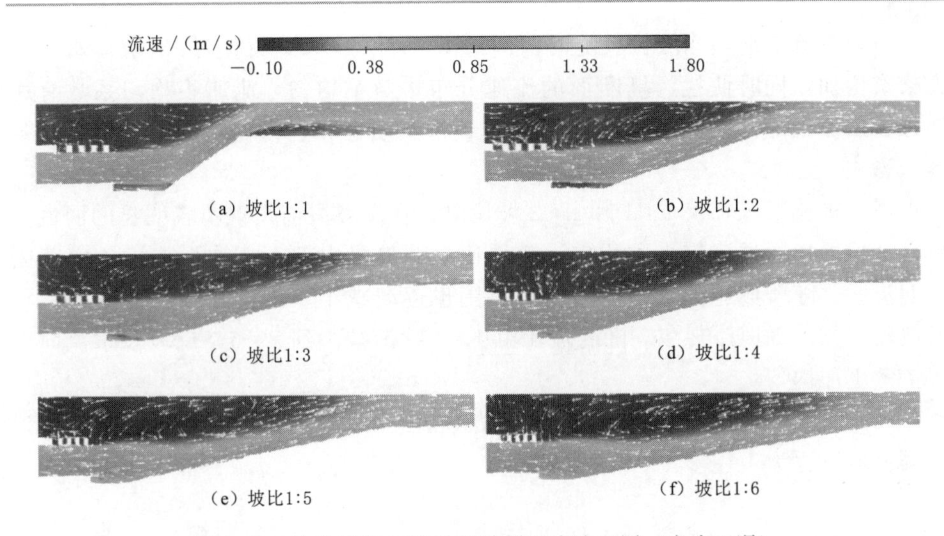

图 9.10 边孔道及反坡明渠纵剖面流速云图（出流工况）

由图 9.9 和图 9.10 可知，坡比 1∶1 时，中孔道对应的反坡段上部未出现回流区，随着坡比的减小，中边孔道对应的反坡段上部回流区范围变大，坡比越小，其回流区范围越长。坡比 1∶1 时，由于坡度过陡，在和反坡连接的库底也形成了一定范围的回流区。坡比减小为 1∶2 时，和反坡连接的库底的回流区消失，其他坡比时和反坡连接的库底同样不存在反向流速区。分析上述结果，出流工况，各坡比明渠纵剖面流态可归纳为图 9.11。

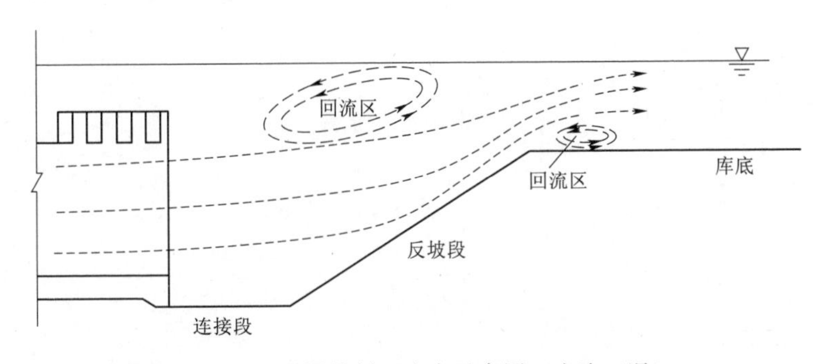

图 9.11 明渠纵剖面流态示意图（出流工况）

9.5 坡比对进/出水口影响结论与讨论

本章以某抽水蓄能电站侧式进/出水口为对象，设定 6 组不同坡比 1∶6～1∶1，针对进流和出流工况，利用数值模拟方法研究了坡比对进/出水口水力特性的影响。

(1) 进流工况，当坡比较陡时，例如1∶1和1∶2，将使进/出水口水头损失略有增加，同时使拦污栅断面的流速分布略微不均匀，流速不均匀系数有所增加；出流工况，坡比的变化对进/出水口水头损失和拦污栅断面的流速分布基本无影响。

(2) 进流工况，仅1∶1和1∶2坡比时，在反坡段前出现了较明显的回流现象，其他坡比的进流较平顺均匀；各坡比在调整段内部上方均形成了一定范围的回流区，随着坡比的减小，回流区范围也逐渐减小。出流工况，各坡比均在反坡段上方出现回流现象。随着坡比由1∶1逐渐减小到1∶6，反坡段水流向库区扩散更加均匀。

(3) 当反坡坡比为1∶3和1∶4时，进/出水口及明渠流态较好，因此建议明渠反坡坡比为1∶3、1∶4或更缓。

第 10 章　进/出水口漩涡研究

《抽水蓄能电站设计规范》（NB/T 10072—2018）指出，侧式进/出水口水力设计还应符合下列规定：应避免发生吸气漩涡，在调整段或扩散段末端外部上方宜设防涡设施；应保证进/出水口的淹没深度满足现行行业标准《水电站进水口设计规范》（NB/T 10858—2021）要求。考虑到进/出水口双向流动的特点，对于进流工况，即进水口，应关注其是否发生漩涡，特别是有害的吸气漩涡。因此本章对进水口漩涡进行专门研究。

10.1　漩　涡　分　类

试验研究表明，进水口来流条件和淹没深度不同，依据漩涡发展程度，进水口的自由表面漩涡可分为 6 种类型（Durgin and Anderson，1972；Rindels and Gulliver，1983）。图 10.1 给出了这 6 种进水口的自由表面漩涡类型。

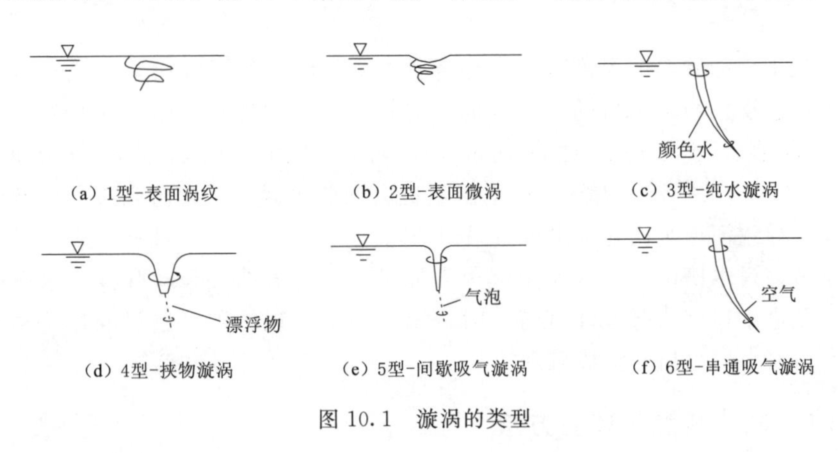

（a）1型-表面涡纹　（b）2型-表面微涡　（c）3型-纯水漩涡

（d）4型-挟物漩涡　（e）5型-间歇吸气漩涡　（f）6型-串通吸气漩涡

图 10.1　漩涡的类型

1 型-表面涡纹（surface swirl），表面不凹陷，表面以上流体旋转不明显，或十分微弱。

2 型-表面微涡（surface dimple），表面微凹，表面以上有浅层的缓慢旋转流体，但未向上延伸。

3 型-纯水漩涡（dye core），表面上陷，将颜色水注入其中时，可见颜色水体形成明显的漏斗状旋转水柱，进入进/出水口。

4型-挟物漩涡（vortex pulling trash），表面上陷明显，漂浮物落入漩涡后，会随漩涡旋转上沉，吸入进水口内，但没有空气吸入。

5型-间歇吸气漩涡（vortex pulling air bubbles），表面上陷较深，漩涡间断地挟带气泡进入进/出水口。

6型-串通吸气漩涡（full air core to inlet），漩涡中心为传统的漏斗形气柱，空气连续地进入进/出水口。

上述各类漩涡所产生的影响是不同的，1型和2型近于无漩涡，不会引起危害，是允许存在的；3型和4型可称为弱漩涡，它对机组与建筑物会产生一定作用，但一般危害不严重，实际中应努力防止出现；5型和6型属于强漩涡，电站进水口通常是不允许出现的，否则将产生较严重的后果。

10.2 进水口随机性漩涡试验研究

室内模型试验（Denny，1956）和原型观测（Hecker，1981）都表明在进水口上方水面上都可能会发生具有准稳定性的漩涡和随机出现的漩涡。

准稳定性的漩涡是指在进水口上方发生的与进水口尺寸量级相近的大尺度水面漩涡。漩涡可以长时间存在，但水位和流量变化时，漩涡的形态将发生变化，可分为不同的漩涡形态。当漩涡为吸气性漩涡形态时，对工程有较大的危害。

随机出现的漩涡的尺度远比准稳定性漩涡小，持续时间短，但其“集群效应”不可忽视。当进水口随机出现的漩涡转变为贯通性吸气漩涡时将对工程结构产生危害。与准稳定性漩涡相比，对随机出现的漩涡的研究很少，Jackson（1976）研究了天然河道水面随机出现的漩涡，认为河底边界层紊流猝发现象是导致河道水面随机出现漩涡的诱因。

本节通过水槽试验，考虑来流边界的时均流速分布、紊动强度、水面波动强度以及进水口周边脉动压强等，对进水口随机出现的吸气漩涡的特征和影响因素进行研究，分析其形成机理。

10.2.1 试验装置和试验方法

试验在底板水平的矩形槽中进行，水槽长6.6m、宽2.0m、深1.0m，如图10.2所示。进水口为方形（0.2m×0.2m），设置在垂直胸墙近底部。槽宽和进水口宽的比例是根据流速场数值计算结果保证槽壁对进水口不产生影响而确定的。进水口所在迎水面和两侧边壁均用整块透明有机玻璃制作成观测段。可升降的平水栅用来控制水位，采用精密木制格栅（尺度为2cm×2cm、通透率为50%）控制来流断面的时均流速分布的对称性和紊动强度的局部均匀性。来流边界选在进水口上游 2.7m 断面。

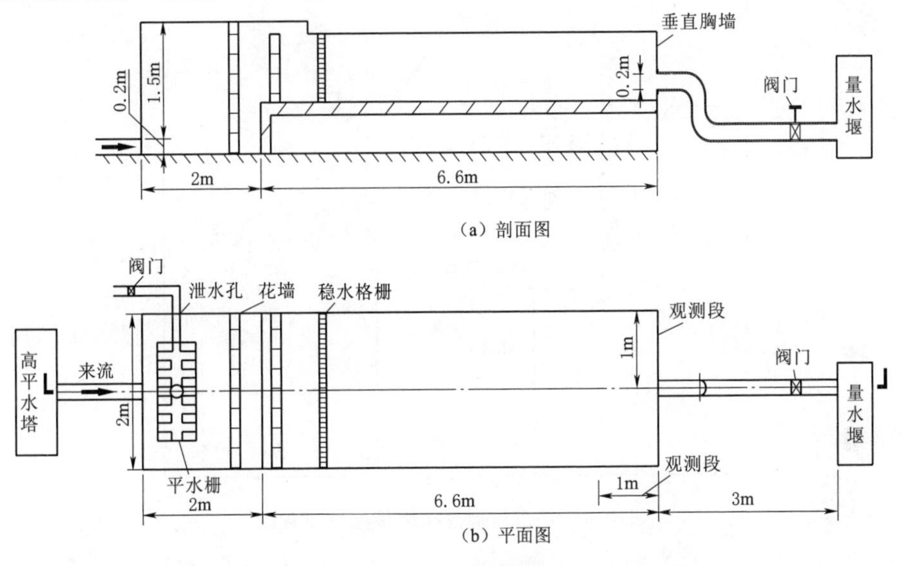

图 10.2　试验装置

流速采用声学多普勒流速仪（ADV）测量，该流速仪能记录 3 个方向流速的历时过程。进水口周围压强和来流断面水位波动分别采用压力传感器和波高传感器通过 DJ800 水工数据采集仪及计算机实时记录。图 10.3 为来流断面的流速和波高传感器测点布置俯视图，各测点以来流断面和水槽中心线交点为零点，分别以向左、右两侧至水槽中心线的距离 Y 表示；同时各测点沿垂线再设 4 个点，其具体位置是距槽底 1cm、5cm、25cm 和 35cm 处。图 10.4 为进水口周围压力传感器布置图，各测点位置以 1 号、2 号、3 号、4 号、5 号、6 号、7 号、8 号表示。

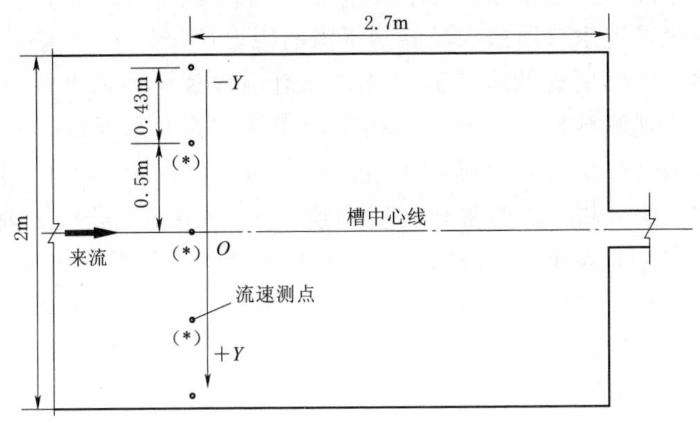

图 10.3　来流断面的流速和波高传感器测点布置俯视图

（*）表示该处也是波高测点

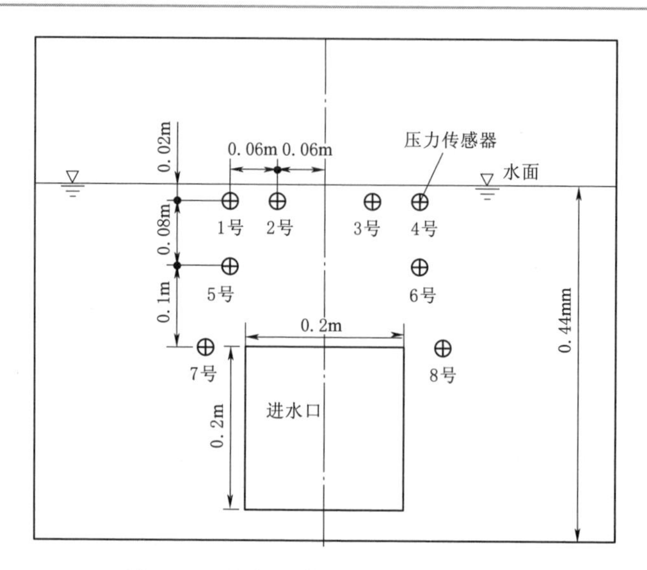

图 10.4 进水口周围压力传感器布置图

试验按下述方法进行，首先确定试验工况，对每一试验工况量测流速分布、水面波动和脉动压强，试验过程中统计进水口随机出现的吸气漩涡。

(1) 试验工况的确定。组合水深、流量、来流边界紊动强度和水面波动，确定进水口水面随机出现的吸气漩涡的工况进行试验。在一定水深和进水口泄量条件下，调节供水装置和格栅等条件来控制来流边界处的水流时均流速分布、紊动强度和水面波动强度等边值条件，以模拟实际工程中各种水工设施所制约的水流来流边界条件。

(2) 流速分布、水面波动和脉动压强测量。对试验工况，利用 ADV 流速仪量测来流断面的流速分布，记录来流断面各测点 3 个方向的瞬时流速随时间的变化过程。利用波高传感器记录来流断面各测点水面波动的历时过程；利用脉动压力传感器记录进水口周边水流脉动压强的历史过程。

(3) 进水口随机出现的吸气漩涡统计。运用数理统计的方法分析了随机出现的吸气漩涡的观测数据。试验中采用定时采样和定总数采样两种方法对随机出现的吸气漩涡进行统计，对随机出现的吸气漩涡在时间历程中出现频率进行分析。经多次试验分析，定时采样时间连续观测 400min，随机出现的吸气漩涡出现率呈现周期性的规律；定总数采样，随机出现的吸气漩涡出现总数超过 100 个，随机出现的吸气漩涡的出现频率趋于一个稳定值。本试验采用定总数采样记录随机出现的吸气漩涡。

10.2.2 试验工况及试验条件

针对多种试验工况，对进水口随机出现的吸气漩涡进行了研究，统计分析了进水口随机出现的吸气漩涡，同步量测了来流边界的各测点的三维瞬时流速随时间的变化、水面波动历时过程以及进水口周边水流脉动压强。表 10.1 给出了 6 组典型工况的试验条件。

表 10.1　试　验　条　件

工况	进水口相对淹没水深 s/d	进水口雷诺数 $Re=vd/\nu$ (10^5)	相对紊动强度 $\sqrt{\overline{u'^2}}/U$	弗劳德数 $Fr=U/\sqrt{gR}$
1	1.5	2.56	0.178	0.029
2	1.5	2.56	0.204	0.029
3	1.5	2.56	0.224	0.029
4	2	3.26	0.195	0.035
5	2	3.26	0.212	0.035
6	2	3.26	0.239	0.035

注　s 为进水口中心淹没水深，进水口直径 $d=20\text{cm}$，v 为进水口平均流速，$\sqrt{\overline{u'^2}}$ 为断面平均紊动强度，U 为水槽的断面平均流速，R 为来流断面处的水力半径，运动黏滞系数 $\nu=0.919\times10^{-6}\text{m}^2/\text{s}$。

1. 来流断面的时均流速分布

在不同试验工况下测量来流断面的流速分布。流速测点布置如图 10.3 所示。图 10.5 给出工况 1～工况 3 的来流断面的时均流速平面分布，横纵坐标分别用水槽宽度 B 和水槽的断面平均流速 U 无量纲化。图 10.5 表明，试验中各工况来流是对称的。

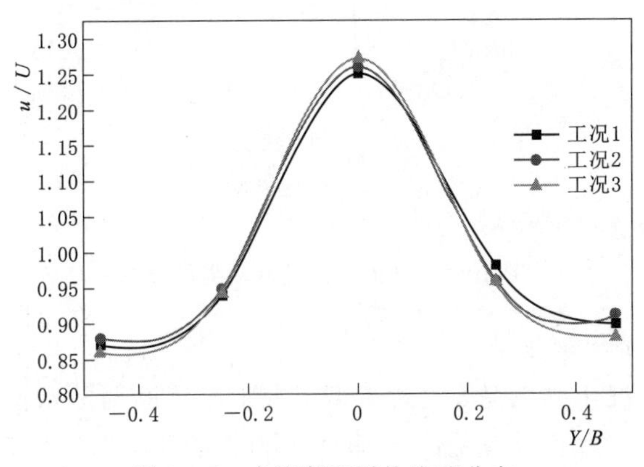

图 10.5　来流断面时均流速分布

2. 来流断面的紊动强度分布

测点的瞬时流速减去平均流速，得到瞬时的脉动流速 u_i'，其均方根$\sqrt{\overline{u_i'^2}}$为水流的紊动强度，紊动强度与断面平均流速的比值为紊流的相对紊动强度，即

$\sqrt{\overline{u_i'^2}}/U$；测点位置以 z/H 表示，z 为垂线上测点自槽底算起的高度，分别为 1cm、5cm、25cm、35cm，H 为水深（43.75cm）。图 10.6 是 3 种典型工况下在 $Y/B=0$ 垂线的相对紊动强度沿垂线分布。从图 10.6 看到，从工况 1 到工况 3，3 个方向相对紊动强度都逐渐增大，其中纵向相对紊动强度最大，从水面沿垂线向下增大，最大值出现在距槽底 5cm 处；横向相对紊动强度沿垂线分布与纵向的相似但数值略小；垂向相对紊动强度最小，其强度随水深增加而减小，最大值出现在近水面处。

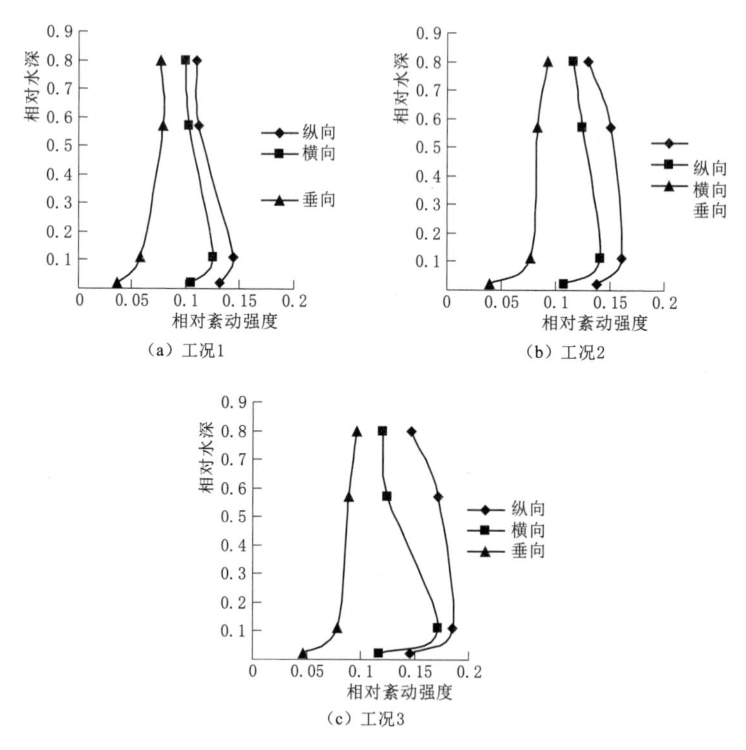

图 10.6　来流断面的紊动强度分布

3. 来流断面的水面波动

图 10.7 是工况 1 到工况 3 三种典型工况下来流断面的水面波动过程线。从图 10.7 可以看出，水面波动有“平静期”和“活跃期”，具有拟序特性。从三种工况的比较来看，随着紊动强度增大，平静期时间缩短，活跃期时间增长，水面波动剧烈。

4. 进水口周边的壁面脉动压力

进水口周边的壁面脉动压力变化可以间接地反映出进水口周边水流边界层的发生和发展情况。围绕进水口周边的 4 个壁面，其紊流猝发现象取决于泄流

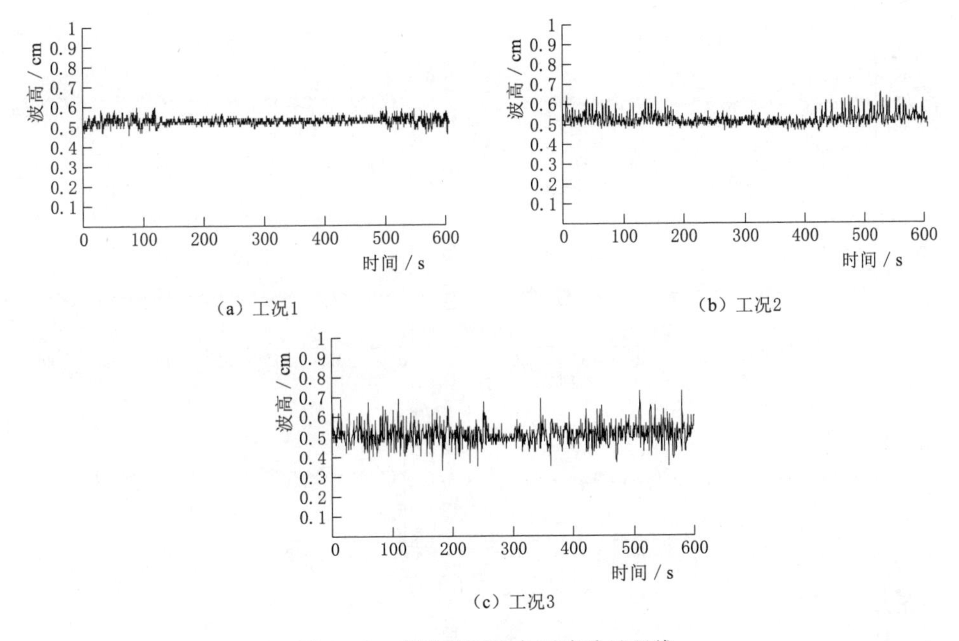

图 10.7 来流断面的水面波动过程线

对各个边界形成的附面层内的运动状况，可以通过量测各壁面上相应点的脉动压力变化来反映。图 10.8 是工况 3 与统计随机出现的吸气漩涡的历程同步记录的壁面脉动压力过程。从图 10.8 可以看出，各壁面上相应点的脉动压力变化平稳，其压力变化过程没有“活跃期”和“平静期”。

10.2.3 随机出现的吸气漩涡试验结果及分析

1. 随机出现的吸气漩涡的统计特征

图 10.9 是从工况 1 到工况 3 随机出现的吸气漩涡数量的历时变化过程。例如工况 1，在观测的 100min 时间内，前 29min 吸气漩涡个数为 25，第 30～42min 发生 1 个吸气漩涡，第 43～69min 出现 24 个吸气漩涡，第 70～78min 有 1 个吸气漩涡，第 79～100min 发生 20 个吸气漩涡，可以看出，进水口附近吸气漩涡随时间历程出现的数量变化，具有“活跃期”和“平静期”相间隔的拟序特性，类似于紊流的拟序（相干）结构，这一规律和 Jackson（1976）对天然河道水面随机出现漩涡所观察到的规律是相同的。

2. 随机出现的吸气漩涡的影响因素

（1）来流边界水流的紊动强度。分析 3 种典型工况下来流断面的紊动强度分布（图 10.6）和随机出现的吸气漩涡个数历时变化过程（图 10.9），随着来流紊动强度的增大，随机出现的吸气漩涡的数目增多，出现的频率增高。

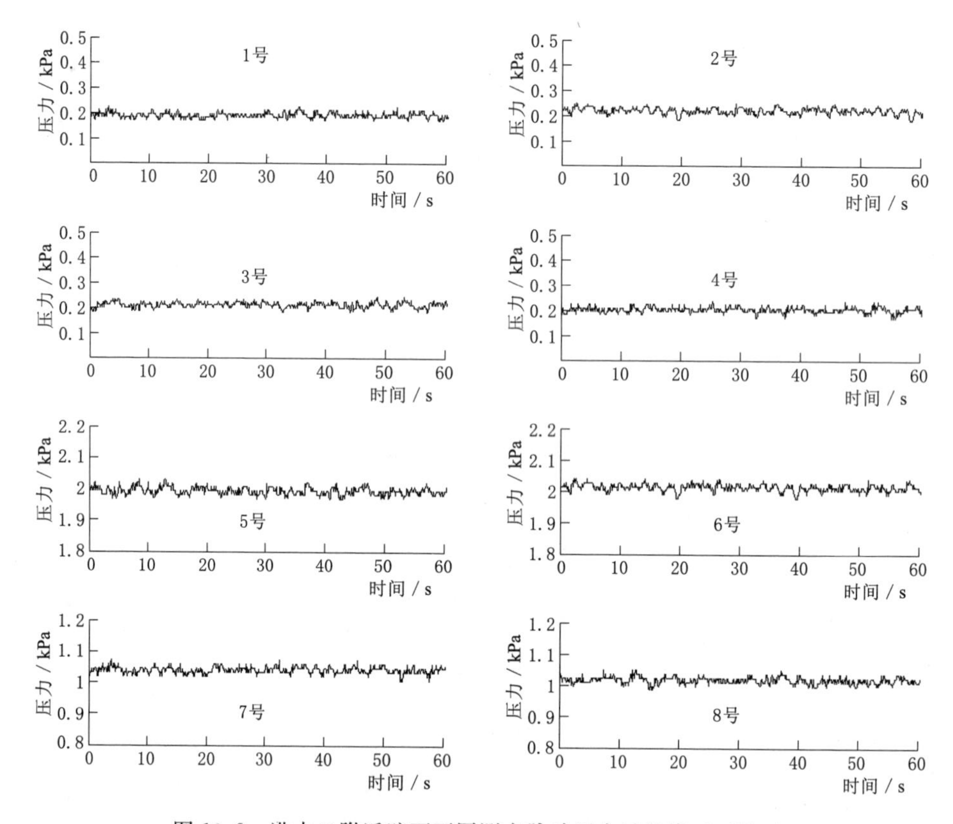

图 10.8 进水口附近壁面不同测点脉动压力过程线（工况 3）

(2) 来流边界水面波动。对比分析水面波动“平静期”和“活跃期”的拟序特性（图 10.7）与进水口附近随机出现的吸气漩涡的“活跃期”和“平静期”相间隔的拟序特性（图 10.9），二者是一致的，进水口随机出现的吸气漩涡发生的“平静期”，水面波动变化不大，进水口随机出现的吸气漩涡发生的“活跃期”，水面波动变化剧烈。同时，比较水流紊动强度和水面波动表明，随着紊动强度增大，水面“平静期”时间缩短，“活跃期”时间增长，水面波动剧烈，说明紊动强度是以水面波动的形式显现的。

(3) 进水口周边水流脉动压力。进水口周边各壁面上相应点的脉动压力变化平稳（图 10.8），没有显现出与进水口可吸气的随机出现的漩涡相一致的“活跃期”和“平静期”（图 10.9），说明进水口周边水流边界层还未充分发展至完全紊流运动就已进入进水口主流运动。

3. 进水口随机出现的吸气漩涡形成机理初探

进水口随机出现的吸气漩涡具有拟序特性，必定起源于同样具有拟序结构特性的水流“扰动”过程。上述分析表明，随机出现的吸气漩涡所具有的拟序

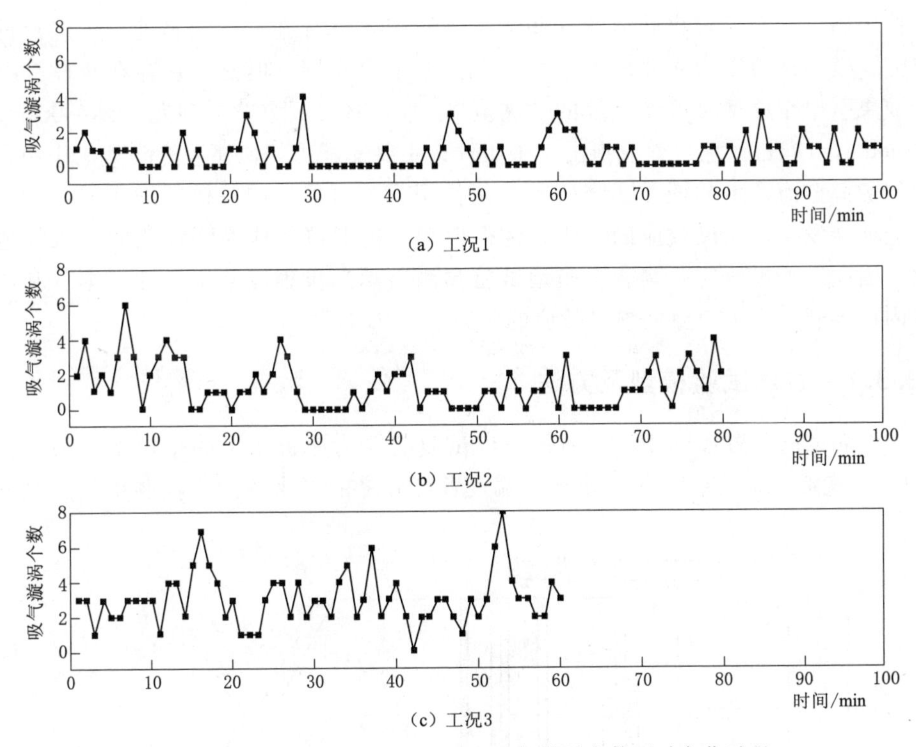

图 10.9 不同工况下随机出现的吸气漩涡个数历时变化过程

特性与来流边界水面波动的拟序特性一致；与来流紊动强度密切相关。因此，来流边界的水流紊动显现的水面微波是进水口附近随机出现的吸气漩涡的诱因。

进水口随机出现的吸气漩涡形成过程分析如下：来流边界处的水流脉动以水面微波的方式显现，水面微波以动能的传播方式传至进水口胸墙，经胸墙反射形成反向微波，并与后续正向微波相遇形成剪切流，在进水口胸墙附近首先形成具有拟序特性的水面小环流，在进水口上方，在一定的淹没水深和泄量产生的不均匀流场的作用下，形成具有紊流拟序结构特性的随机出现的吸气漩涡。

试验发现，进水口附近水面随机出现的吸气漩涡数量的历时过程具有和紊流相似的拟序结构特性。来流的紊动特性、水面波动和进水口周边脉动压力等同步观测分析表明，来流的水流紊动显现的水面微波是进水口附近随机出现的漩涡的诱因。

10.3 进水口漩涡缩尺效应

水电站进水口漩涡现象很普遍。这种漩涡危害很多，如减少进流量、降低流量系数，引起机组或结构物的振动，降低机组效率，卷吸漂浮物、堵塞或损坏拦污栅等。为了防止和消除这些危害，科研人员对进水口漩涡进行了广泛的研究。模型试验作为主要研究手段，发挥了重要作用。但是，它存在从模型试验成果引申至原型时可能出现的“失真”，即“缩尺效应”的问题（Novak and Cabelka，1981）。缩尺效应指由于采用仅按主要支配力相似律而忽略其他作用力相似的模型而产生的误差。当所有控制作用力不可能按同一倍数缩小时，缩尺效应就会发生。缩尺效应的发生，使得原型的情况可能比模型预测的结果要恶化。因此，缩尺效应影响着由模型试验预测漩涡严重程度的可靠性。本节利用室内试验开展进水口漩涡缩尺效应的研究。

10.3.1 漩涡试验模型及方法

漩涡试验装置如图10.10所示。该试验装置为底板水平的矩形槽，水槽长6.6m、宽2.0m、深1.0m；水槽首端设置可升降的平水栅用来控制水位。水槽

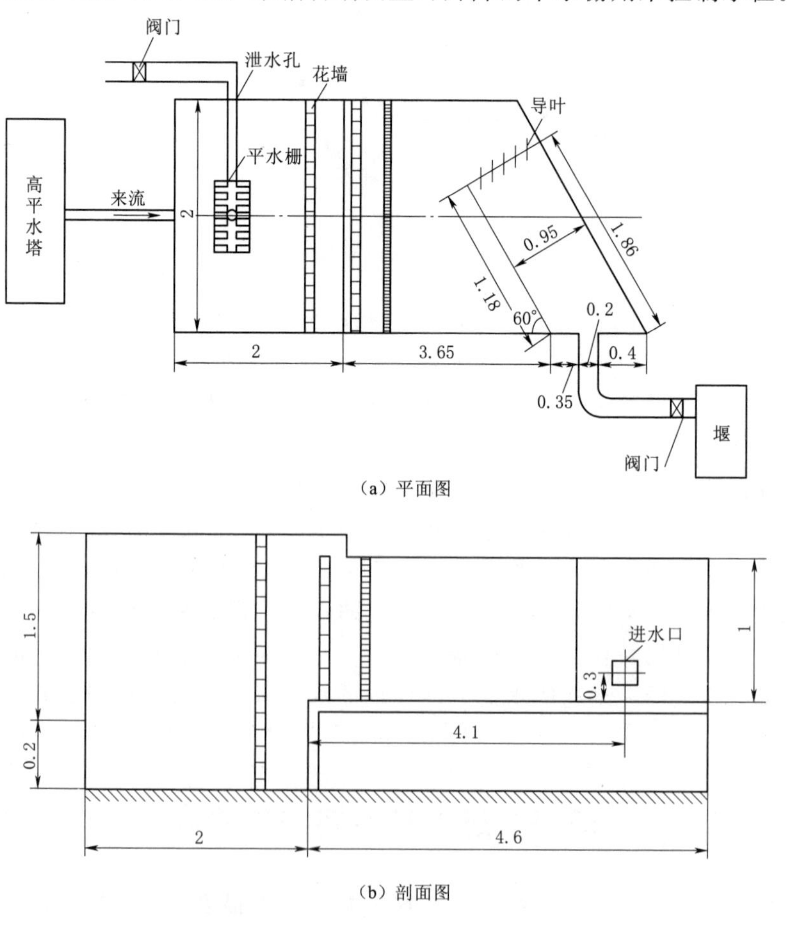

(a) 平面图

(b) 剖面图

图10.10 漩涡试验装置（单位：m）

末端的侧壁垂直胸墙近底部设置进水口，进水口为方形；在进水口前方安装了一组调整来流方向的可变化的导叶，每片矩形导叶的宽度为 0.17m，共有 5 片，每片导叶的转轴均在导叶中轴线上，以保持每片导叶可以绕轴自由旋转，以模拟各种不同方向的来流。

模型中同时满足重力、黏滞力、表面张力等作用力相似是非常困难的，应按主要作用力选取合适的相似准则，尽量使模型和原型相似。自由表面漩涡，重力占主导因素，按弗劳德相似准则设计模型。本节设计了不同模型比尺 1∶1、1∶2 和 1∶4 的进水口模型（或写为模型缩尺 $\lambda_L=1$、$\lambda_L=2$、$\lambda_L=4$）。这里将 1∶1 模型作为原型，此时方形进水口边长为 20cm；1∶2 模型的方形进水口边长为 10cm，1∶4 模型的方形进水口边长为 5cm。

运用数理统计的方法分析了不同缩尺的漩涡观测数据。基于试验结果，比较各缩尺模型发生吸气漩涡条件的差异，分析进水口漩涡的缩尺效应。具体试验条件列于表 10.2。

表 10.2　不同缩尺系列模型试验条件

模型缩尺	进水口高 D/cm	进水口流量 /(L/s)	Fr $v/\sqrt{gs}$	Re $Q/\nu s(10^4)$	We $\rho v^2 d/\sigma$
1∶1	20	20.0～45.0	0.29～0.73	72.5～20.3	669～3387
1∶2	10	3.5～7.9	0.29～0.73	2.65～7.13	163～835
1∶4	5	1.4～6.0	0.29～0.73	0.95～2.52	41～209

注　水温 24℃，进水口平均流速 v，孔口中心的淹没深度 s，运动黏滞系数 $\nu=0.919\times10^{-6}\mathrm{m^2/s}$，表面张力系数 $\sigma=0.0745\mathrm{N/m}$，水的密度 $\rho=997.01\mathrm{kg/m^3}$。

图 10.11 是 1∶1 模型（原型）$Fr=0.73$、$Re=13.1\times10^4$ 时贯通吸气漩涡的照片，漩涡直径 3cm，持续时间 4s，图 10.11（a）是侧视图，图 10.11（b）是俯视图。

（a）侧视图

（b）俯视图

图 10.11　$Re=13.1\times10^4$ 时贯通吸气漩涡照片

10.3.2　不同缩尺漩涡类型与 *Fr* 及 *Re* 关系

取 Fr 为横坐标，漩涡的平均强度为纵坐标，纵坐标数字表示漩涡平均强度，1 表示漩涡较弱，2 表示漩涡较强，3 表示漩涡最强，具体意义如下：1 表示表面旋转或凹陷；2 表示间歇吸气；3 表示贯通吸气，不同缩尺的 Fr 和漩涡平均强度的关系如图 10.12 所示。图 10.12 的试验结果表明：当 $Fr>0.45$ 时，模型 1∶2 没有明显缩尺效应；当 $Fr<0.45$ 时，模型 1∶2 有缩尺效应。模型 1∶4 在 $0.29<Fr<0.73$ 下，都存在缩尺效应。

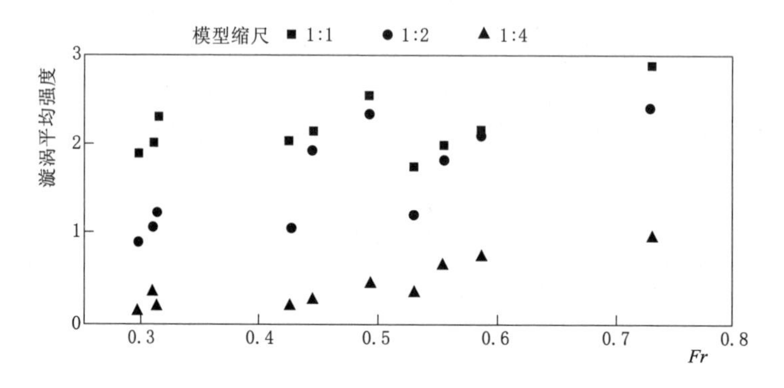

图 10.12　不同模型缩尺的漩涡平均强度

取 Re 为横坐标，漩涡的平均强度为纵坐标，不同缩尺的进水口处雷诺数 Re 和漩涡平均强度的关系如图 10.13 所示。从图 10.13 可以看出：对于 1∶2 模型，当进水口处雷诺数 $Re\geqslant 3.4\times10^4$，1∶2 模型没有缩尺效应，当进水口处雷诺数 $Re<3.4\times10^4$，1∶2 模型存在缩尺效应；对于 1∶4 模型，都存在缩尺效应，此时 $1.03\times10^4<Re<2.65\times10^4$。所以，当进水口处 $Re<3.4\times10^4$ 时，1∶2 模型和 1∶4 模型都存在缩尺效应。

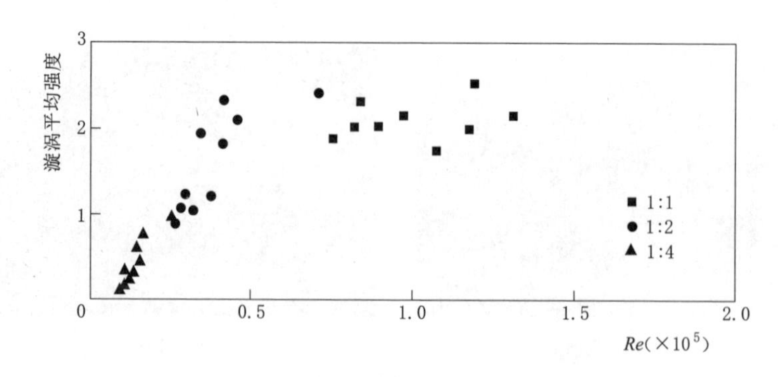

图 10.13　不同雷诺数 *Re* 下的漩涡平均强度

为了进一步分析引起缩尺效应的原因，计算出不同缩尺模型的 Re 和 We，列于表 10.3。对于 1：4 模型，其进水口最大雷诺数 $Re=2.52\times10^4$，有的韦伯数 We 也大于 120，但漩涡都存在缩尺效应，说明虽然表面张力的作用体现够了但黏滞力的作用体现不够；对于 1：2 模型，当进水口雷诺数 $Re<3.4\times10^4$ 时，韦伯数 We 均大于 120，1：2 模型存在缩尺效应，也说明虽然表面张力的作用体现够了但黏滞力的作用体现不够。因此，只有当进水口 $Re\geqslant3.4\times10^4$ 时，同时 We 也大于 120，模型漩涡没有缩尺效应，说明引起缩尺效应的原因首先是黏滞力，其次是表面张力。

表 10.3　　不同缩尺模型的雷诺数 *Re* 和韦伯数 *We*

Fr	1：1		1：2		1：4	
	$Re(10^4)$	*We*	$Re(10^4)$	*We*	$Re(10^4)$	*We*
0.73	20.32	3387	7.13	835	2.52	209
0.58	13.09	3387	4.60	835	1.63	209
0.55	11.77	3387	4.13	835	1.46	209
0.53	10.71	3387	3.76	835	1.33	209
0.47	10.58	2049	3.75	514	1.32	127
0.45	9.72	2049	3.44	514	1.21	127
0.42	8.94	2049	3.17	514	1.11	127
0.32	8.44	669	2.95	163	1.05	41
0.31	8.21	669	2.87	163	1.01	41
0.29	7.58	669	2.65	163	0.95	41

当模型的雷诺数 Re 大于一定的临界值时才有可能实现漩涡运动的相似。本试验得出的进水口雷诺数 $Re\geqslant3.4\times10^4$ 的临界值，和 Anwar，Well and Amphlett（1978）提出的进水口雷诺数 $Re\geqslant3.0\times10^4$ 的临界值接近。这里，$Re=Q/\nu s$，其中 Q 为流量，ν 为运动黏滞系数，s 为进水口中心淹没深度。

10.3.3　增大流量消除缩尺效应

1：1 模型在流量分别为 45L/s、35L/s 和 20L/s，相对淹没水深 s/D（D 为进水口高）分别为 1.24、1.63 和 1.86 时有吸气漩涡，缩尺为 1：2 和 1：4 的模型，在上述 3 个典型流量和相对淹没水深按弗劳德准则缩后的流量和相对淹没水深下没有吸气漩涡，存在缩尺效应。为了克服缩尺效应，模型泄放的流量应大于按弗劳德准则所要求的流量。对于 1：2 模型，当 $2.65\times10^4<Re<3.4\times10^4$ 时，模型有缩尺效应，增大 2～2.67 倍流量后，模型漩涡和原型漩涡情况相似；对于 1：4 模型，$1.03\times10^4<Re<2.65\times10^4$ 时，模型存在缩尺效应，增大

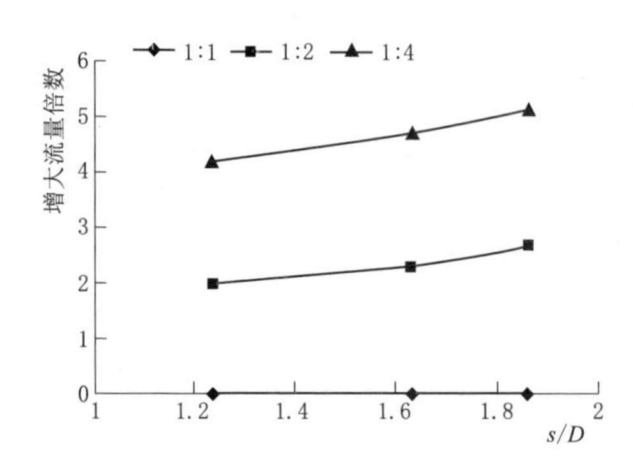

图10.14　不同缩尺模型相对淹没水深下克服缩尺效应需要增大的流量

4.2～5.12倍流量后，模型漩涡与原型漩涡情况一致。依据试验结果，得到了为消除缩尺效应而增大的流量倍数与相对淹没深度和模型缩尺的关系，如图10.14所示。从图10.14看出，模型缩尺越大，克服缩尺效应所需要增大的流量就越大；对于同一缩尺的模型，相对淹没深度越大，克服缩尺效应增大的流量倍数越大。

这里应当指出的是，采取增大流量的方法，实际上是放弃了弗劳德准则，加大了模型的雷诺数 Re。作者在进行某电站进水口模型试验时发现，为消除缩尺对漩涡的影响，不是增加的流量越大越好，随着流量的增加，进水口处的环流也加强，某些漩涡反而随环流的增强而减弱或消失。

10.4　进水口漩涡的经验判别及试验方法

对于具体工程进水口设计，一般通过经验公式确定不产生漩涡的临界淹没深度。对于具有复杂库区地形的进水口，一般应进行试验观测进水口是否产生有害漩涡。

10.4.1　进水口漩涡经验判别

(1) 淹没深度判别公式。漩涡的形成与进水口前地形边界、来流条件、进水口流速、进水口尺寸和淹没深度等有关。根据29个水电站进水口的原型观测资料，戈登（Gordon，1970）定义了侧式进水口淹没深度（图10.15），提出了不出现吸气漩涡的临界淹没深度公式：

$$s=kvd^{1/2} \tag{10.1}$$

式中：s 为进水口顶以上的淹没深度，单位ft；d 为进水口高度，单位ft；v 为进水口闸门处的流速，单位ft/sec；k 为系数，对称来流取0.3，不对称来流取0.4。

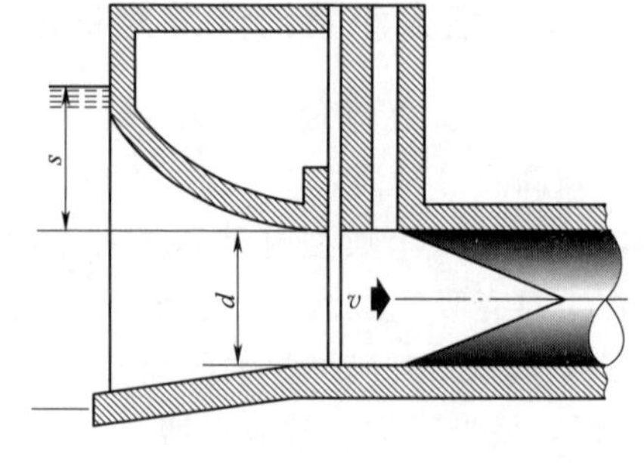

图10.15　进水口型式

应当指出，s 是从进水口顶算起的淹没深度，d 是进水口闸门处的高度，系数 k 是有量纲，采用英制单位对应的系数是

0.3 和 0.4。

我国设计规范推荐的是戈登临界淹没深度公式（10.1），但采用的是公制单位，即 m-kg-s 制，根据单位换算 1ft=0.3048m，因此系数 C，对称来流取 0.55，不对称来流取 0.73，得

$$s=Cvd^{1/2} \tag{10.2}$$

式中：s 为从进水口顶部计算的淹没深度；d 为进水口高度；v 为闸门断面平均流速。

图 10.16 为计规范标注的进水口型式和淹没深度。

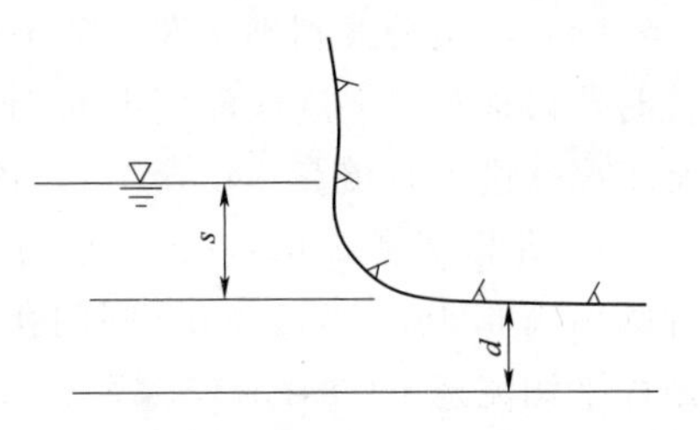

图 10.16 规范标注的进水口型式和淹没深度

应当指出，目前对于抽水蓄能电站侧式进/出水口，设计规范建议采用式（10.2），侧式进/出水口与规范的进水口形式有很大不同，但目前戈登公式中的 d 和 v 仍按闸门井断面高度和平均流速取值。例如图 10.17 所示的侧式进/出水口，为 2 隔墙 3 孔道，孔口高度 9.6m、宽度 5.6m，闸门井断面高 6.8m、宽 5.4m，进/出水口总长度 57.6m，扩散段长 34m，收缩断面即闸门井断面距孔口的流程较长，因此戈登公式对侧式进/出水口的适用性有待进一步研究。

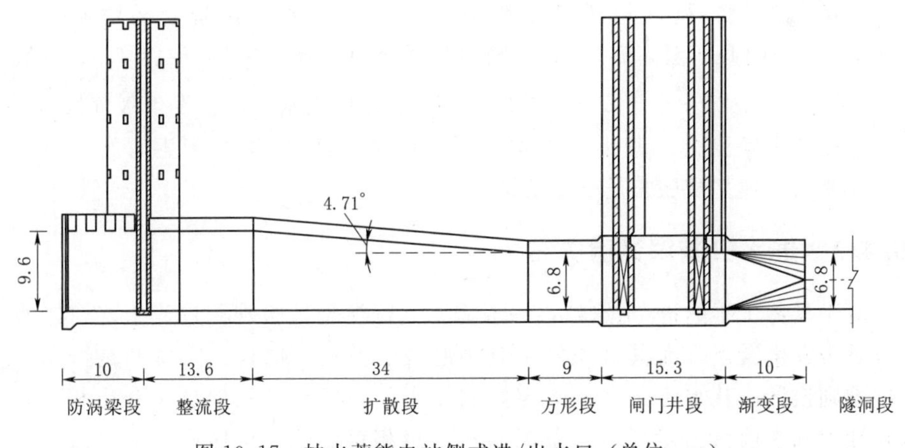

图 10.17 抽水蓄能电站侧式进/出水口（单位：m）

（2）弗劳德数判别公式。Pennino and Hecker（1980）认为，由于进水口前几何形状和地形的影响，提出一个适合所有抽水蓄能电站进水口的公式是困难的。基于 13 个侧式和井式进水口的模型试验成果，他们提出了一个尽量降低挟气漩涡发生的弗劳德数临界值，即进水口的弗劳德数应满足：

$$Fr=\frac{v}{\sqrt{gs}}<0.23 \tag{10.3}$$

式中：s 为进水口中心以上的淹没深度；v 为进水口平均流速；g 为重力加速度。

应当指出，Pennino and Hecker（1980）提出的弗劳德数 $Fr<0.23$ 的淹没深度 s 是从孔口中心算起的；而戈登公式（Gordon，1970）的淹没深度 s 是从孔口顶算起的。

（3）经验公式判别实例。第4章的某抽水蓄能电站下水库进/出水口，死水位时孔口顶部以上淹没深度为8.4m，死水位时孔口中心淹没深度为13.2m，抽水工况（进流）流量84.5m^3/s。该侧式进/出水口为2隔墙3孔道，孔口高度9.6m，孔口宽度5.6m，孔口平均流速 $v=84.5/(3\times5.6\times9.6)=0.52$m。闸门井断面高6.8m、宽5.4m，闸门孔口尺寸均为5.4m×6.8m（宽×高），闸门井断面平均流速 $v=84.5/(5.4\times6.8)=2.30$m/s。

下面利用上述2个经验公式对是否发生有害漩涡进行判别：

①按淹没深度判别。按上述戈登公式计算该侧式进/出水口的临界淹没深度 $s=Cvd^{1/2}=0.55\times2.30\times9.6^{1/2}=3.92$m。该进/出水口孔口顶部以上淹没深度为8.4m，大于上述戈登公式计算出的临界淹没深度3.92m。初步判别，该进/出水口不会发生吸气漩涡。

②按弗劳德数判别。按上述弗劳德数判别公式，对该进/出水口是否产生有害漩涡进行判别，死水位时进流流量84.5m^3/s，闸门井断面平均流速 $v=2.30$m/s，闸门井断面高度8.7m，闸门井断面中心淹没深度 $s=13.2$m，计算得 $Fr=v/\sqrt{gs}=0.20$，小于0.23。初步判别，该进/出水口不会发生吸气漩涡。

上述2个经验公式判别方法均表明，该进/出水口不会产生有害漩涡。当然，还要通过模型试验来进一步验证。

10.4.2 进水口漩涡试验方法

对于具体工程的进/出水口，一般需要进行模型试验观测进流工况时进水口上方是否发生漩涡，尤其避免发生有害的吸气漩涡。但是，因模型是按弗劳德相似准则设计，其水力条件按一定比例缩小，而模型与原型流体介质相同，所以黏性力和表面张力对环流与漩涡的作用将相对增强，从而产生缩尺效应。因此，所设计的模型应足够大，进/出水口雷诺数 Re 和韦伯数 We 应超过一定的临界值，使黏性力和表面力的影响处于次要位置，尽量避免缩尺的影响。

进水口模型雷诺数：

$$Re=\frac{Q}{\nu s} \tag{10.4}$$

式中：Q 为流量；ν 为运动黏滞系数；s 为孔口中心淹没深度。

Anwar，Well and Amphlett（1978）认为，当进出口雷诺数 $Re \geqslant 3\times10^4$ 时，可以不考虑模型缩尺效应。

作者专门进行了进水口漩涡缩尺试验研究（详见 10.3 节），试验结果表明，当进水口雷诺数 $Re \geqslant 3.4\times10^4$ 时，可以不考虑模型缩尺效应。

进水口模型韦伯数：

$$We=\frac{\rho v^2 H}{\sigma} \tag{10.5}$$

式中：v 为孔口平均流速；ρ 为液体密度；H 为孔口高度；σ 为表面张力系数。

Jain，Ranga and Garde（1978）认为，当进水口 $We \geqslant 120$ 时，可以不考虑模型缩尺效应。

目前模型试验观测漩涡的通用做法，当 Re 和 We 不满足上述相应临界值的要求时，为尽量减免模型缩尺的影响，试验时一般采用加大流量的办法对漩涡运动进行补充观察。加大流量的倍数通过计算 Re 及 We 满足相应临界值得到。具体试验方法描述如下：

第一，按照弗劳德相似准则（重力相似准则）设计模型，采用正态模型，保证水流流态和几何边界条件的相似。模型设计过程请见 2.2.1 节。

第二，计算模型进水口的雷诺数和韦伯数是否满足临界值的要求，确定增大流量倍数。应使进水口模型雷诺数 $Re \geqslant 3\times10^4$ 或 $Re \geqslant 3.4\times10^4$。应使进水口模型韦伯数 $We \geqslant 120$。具体计算详见 4.3.1 节的表 4.1。

第三，进行进水口漩涡试验观测。在试验过程中，观测进水口漩涡，记录漩涡形成过程、范围、深度等。首先，观测正常运行工况即按设计流量运行时，进水口是否发生漩涡；其次，当正常运行工况即按设计流量运行时不发生漩涡时，依次增加流量对进水口是否发生漩涡运动进行观测。具体试验观测方法及观测结果的漩涡描述，请参见第 4 章具体工程进/出水口水力模型试验的 4.4.5 节进/出水口漩涡观测。

第四，分析试验观测结果，得出进水口是否发生有害漩涡的结论。建议同时结合进水口漩涡经验判别公式（详见 10.4.1 节）进行综合判断。

10.5 进水口漩涡结论与讨论

（1）关于各类漩涡的危害，1 型和 2 型近于无漩涡，不会引起危害，是允许存在的；3 型和 4 型的弱漩涡，危害不严重，尽量防止出现；5 型和 6 型的强漩涡，是不允许出现的，否则将产生较严重的后果。

（2）关于进水口附近随机出现的吸气漩涡，试验结果表明，其出现数量的历时过程具有“活跃期”和“平静期”相间隔的拟序特性，类似于紊流的拟序（相干）结构。进水口随机出现的吸气漩涡所具有的拟序特性是与来流边界水面波动的拟序特性相一致的，与来流紊动强度密切相关。来流边界的水流紊动显现的水面微波是进水口附近随机出现的吸气漩涡的诱因，水面微波传至进水口胸墙形成反向微波与后续正向微波相遇形成水面小环流，在进水口泄流不均匀流场作用下形成具有拟序特性的随机出现的吸气漩涡。当进水口随机出现的漩涡转变为贯通性吸气漩涡时将对工程结构产生危害，应引起重视。

（3）关于进水口漩涡缩尺效应，试验结果表明，当模型进水口处的雷诺数 $Re \geqslant 3.4\times10^4$ 时，黏滞力影响可以忽略，表面张力对漩涡无明显影响，按弗劳德准则设计的模型可不考虑缩尺效应。当雷诺数不满足上述要求时，增大流量可消除缩尺效应，模型缩尺越大，克服缩尺效应需要增大的流量越大。对于同一缩尺的模型，相对淹没深度越大，克服缩尺效应需要增大的流量越大。

（4）关于进水口漩涡的经验判别方法，《抽水蓄能电站设计规范》（NB/T 10072—2018）和《水电站进水口设计规范》（NB/T 10858—2021）均建议的是戈登临界淹没深度公式。但是，抽水蓄能电站进/出水口因分流隔墙将进/出水口分成了并列的数个孔道，同时设置了防涡梁，进/出水口的边界与常规进水口的边界有了很大不同，而且侧式进/出水口的收缩断面即闸门井断面距孔口的流程较长。因此，戈登临界淹没深度公式对于抽水蓄能电站进/出水口的适应性还有待进一步研究，建议针对抽水蓄能电站进/出水口漩涡进行专门研究。

（5）关于模型试验漩涡观测，如果模型做得足够大，当进水口模型雷诺数 $Re \geqslant 3.4\times10^4$ 时，设计流量条件下观测的漩涡状态即能反映原型漩涡状态，没必要再加大流量对漩涡进行补充观测。如果模型 Re 和 We 不满足相应临界值，则应加大流量对漩涡进行补充观测，试验时加大几倍的流量，应视模型大小等决定，大模型的加大流量倍数小些，小模型的加大流量倍数则大些，加大倍数流量后的模型 Re 和 We 满足相应临界值的要求即可，并非加大的流量越大越好。例如，作者曾进行的某进水口水力模型试验，加大模型流量至 1.5 倍设计流量，模型 Re 及 We 满足相应临界值的要求，而另一进水口水力模型试验，加大模型流量至 2.6 倍设计流量，模型 Re 及 We 才满足相应临界值的要求。

第 11 章　隧洞对拦污栅断面流速分布及流量分配影响研究

《抽水蓄能电站设计规范》（NB/T 10072—2018）指出，侧式进/出水口水力设计还应符合下列规定：应减少压力隧洞弯道水流对进/出水口出流带来的不利影响，靠近进/出水口的压力隧洞宜避免弯道，或将弯道布置在离进/出水口较远处。但由于地质、地形条件等的限制，连接进/出水口的隧洞，有时不可避免的需要一定的坡度、立面转弯、平面转弯等。显然，若隧洞布置不恰当，将直接影响出流工况的进/出水口拦污栅断面流速分布及流量分配。为此，本章分别研究隧洞坡度、立面转弯和平面转弯等对出流工况进/出水口拦污栅断面流速分布及流量分配的影响。

11.1　隧洞坡度对拦污栅断面流速分布的影响

为减少隧洞水流对进/出水口出流带来的不利影响，靠近进/出水口的隧洞洞线应以与进/出水口在同一平面为宜，但由于地质、地形条件的限制，隧洞轴线与进/出水口所在平面有一定坡角，即隧洞有一定的坡度。统计已建成的抽水蓄能电站，如十三陵、西龙池、天荒坪、广州一期和张河湾等，靠近进/出水口的隧洞均有坡度。隧洞坡度主要影响出流工况进/出水口拦污栅断面流速的垂向分布，本节以某侧式进/出水口为对象，利用数值模拟方法，研究不同隧洞坡度对出流工况进/出水口拦污栅断面流速分布的影响。

11.1.1　研究对象

图 11.1 为某抽水蓄能电站下水库侧式进/出水口。该进/出水口沿出流方向依次为扩散段、调整段、防涡梁段。与进/出水口相连的输水隧洞直径为 7.2m，隧洞坡角为 0°。扩散段长度为 36m，3 分流隔墙 4 孔道，立面为单向扩散，顶板扩张角为 2.4°，平面为双向扩散，水平扩散角为 34.3°，扩散段始端中边孔道宽度占比为 0.229∶0.271。调整段长度为 14.5m，防涡梁段长度为 10.0m。孔口高度 8.7m、宽度 6.3m。

在此基础上，为研究隧洞坡角 γ 对进/出水口拦污栅断面流速分布的影响，设定隧洞坡角 γ 变化范围 0.0°～8.0°，分别为 0.0°、2.0°、2.4°、3.0°、4.0°、

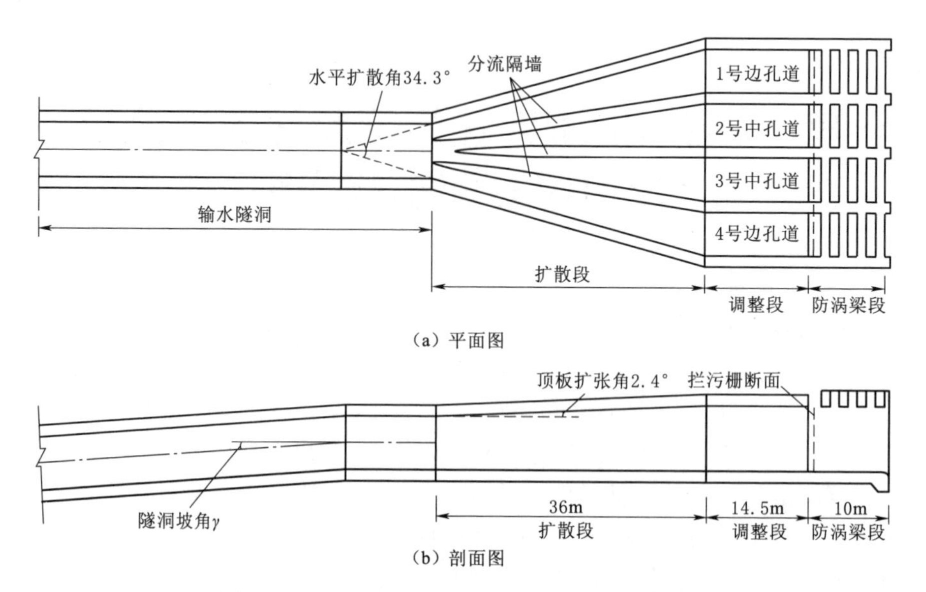

(a) 平面图

(b) 剖面图

图 11.1 某抽水蓄能电站下水库侧式进/出水口

6.0°和 8.0°。若用隧洞坡度来表示，则对应隧洞坡度变化范围 0～14.05%，分别为 0、3.49%、5.24%、6.99%、10.51%和 14.05%。

计算条件：死水位孔口中心淹没水深 13.15m，双机出流流量 $2\times80.8m^3/s$，隧洞平均流速 3.97m/s。

11.1.2 出流工况拦污栅断面流速

图 11.2 为出流工况隧洞坡角 0.0°～8.0°的中孔道和边孔道拦污栅断面中

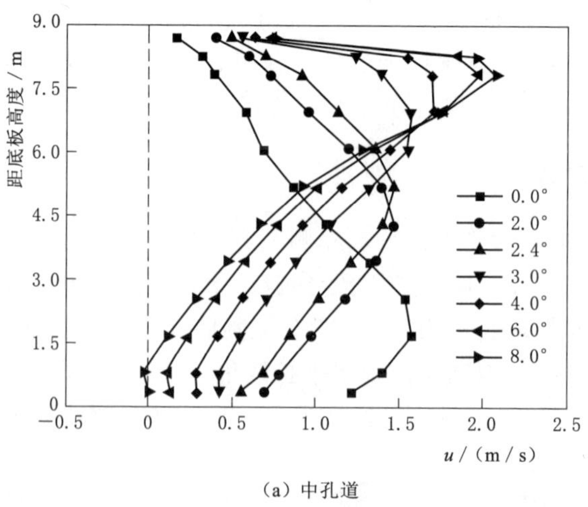

(a) 中孔道

图 11.2（一） 出流工况拦污栅断面中垂线流速分布

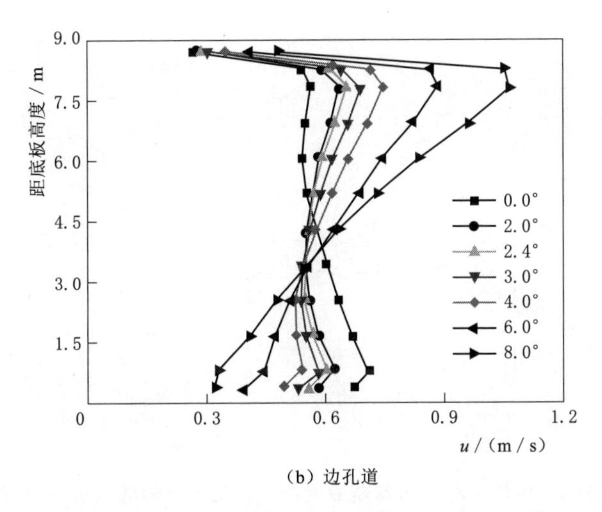

(b) 边孔道

图 11.2（二） 出流工况拦污栅断面中垂线流速分布

垂线流速分布。结果表明，对于中孔道，隧洞坡角 0.0°的拦污栅断面流速分布主流在断面底部；隧洞坡角 2.0°～2.4°的拦污栅断面流速分布主流在断面中部；隧洞坡角 3.0°～8.0°的拦污栅断面流速分布主流在断面上部。对于边孔道，隧洞坡角 0.0°的拦污栅断面流速分布基本平均，断面底部流速略大些；隧洞坡角 2.0°～4.0°的拦污栅断面流速分布基本均匀，断面上部流速略大些；隧洞坡角 6.0°～8.0°的拦污栅断面流速分布主流明显靠近断面上部，流速分布不均匀。

表 11.1 给出了出流工况进/出水口中孔道和边孔道拦污栅断面流速不均匀系数。图 11.3 给出了进/出水口中孔道和边孔道拦污栅断面流速不均匀系数随隧洞坡角 γ 的变化。结果表明，随着隧洞坡角的增大，中孔道和边孔道拦污栅断面流速不均匀系数先减小后增大，中孔道拦污栅断面流速不均匀系数由 1.81 逐渐减小，当在隧洞坡角 γ 等于顶板扩张角 $\beta=2.4°$时，中孔道拦污栅断面流速不均匀系数达到最小值（1.71），随后逐渐增大到 3.01；边孔道拦污栅断面流速不均匀系数由 1.50 逐渐减小，当隧洞坡角 γ 等于顶板扩张角 $\beta=2.4°$时，边孔道拦污栅断面流速不均匀系数达到最小值（1.42），随后逐渐增大到 2.44。

表 11.1　　出流工况拦污栅断面流速不均匀系数

隧洞坡角 γ/(°)	0.0°	2.0°	2.4°	3.0°	4.0°	6.0°	8.0°
中孔道流速不均匀系数	1.81	1.75	1.71	1.82	1.93	2.43	3.01
边孔道流速不均匀系数	1.50	1.47	1.42	1.53	1.7	1.98	2.44

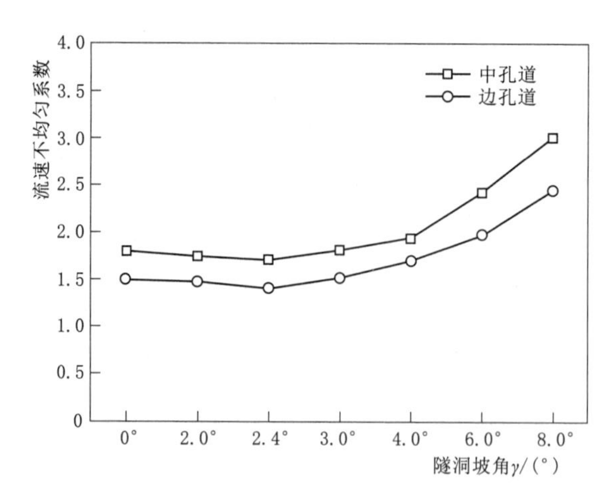

图 11.3 出流工况拦污栅断面流速不均匀系数随隧洞坡角的变化

11.2 隧洞立面转弯对拦污栅断面流速分布的影响

隧洞立面转弯且距进/出水口较近是实际工程中常遇到的隧洞布置方式，这是因为受地形、地质等条件的限制，隧洞立面转弯不可避免。对于出流工况，水流受隧洞立面转弯的影响，至进/出水口扩散段始端时，隧洞内的流速分布若未调整均匀，容易导致拦污栅断面出现反向流速。

对于出流工况，保证各孔道拦污栅断面流速分布均匀、无反向流速，是靠近侧式进/出水口的隧洞立面转弯设计的关键。靠近侧式进/出水口的隧洞立面转弯主要影响拦污栅断面流速的垂向分布。为此本节以隧洞立面转弯的某侧式进/出水口为对象，利用数值模拟方法，针对隧洞立面转弯的转弯半径、转弯角度和弯道后直隧洞长度这 3 个主要参数，探究隧洞立面转弯对出流工况进出/水口拦污栅断面流速分布的影响规律。

11.2.1 研究对象

图 11.4 为接立面转弯隧洞的侧式进/出水口，沿出流方向依次为扩散段、调整段和防涡梁段。扩散段长 39.0m，顶板扩张角 3.2°，水平扩散角 35°；调整段长 9.0m；防涡梁段长 10.22m；进/出水口为 3 分流隔墙 4 孔道布置，孔口宽度 6.4m、高度 10m。该侧式进/出水口接立面转弯隧洞，隧洞洞径 $D=7.8$m。该隧洞立面转弯参数：转弯半径 $R=4D$、转弯角度 $\theta=50°$、弯道后直隧洞长度 $L=8D$，如图 11.4（b）所示。该侧式进/出水口，死水位时孔口淹没水深

20.5m，出流工况的流量 161.2m³/s。

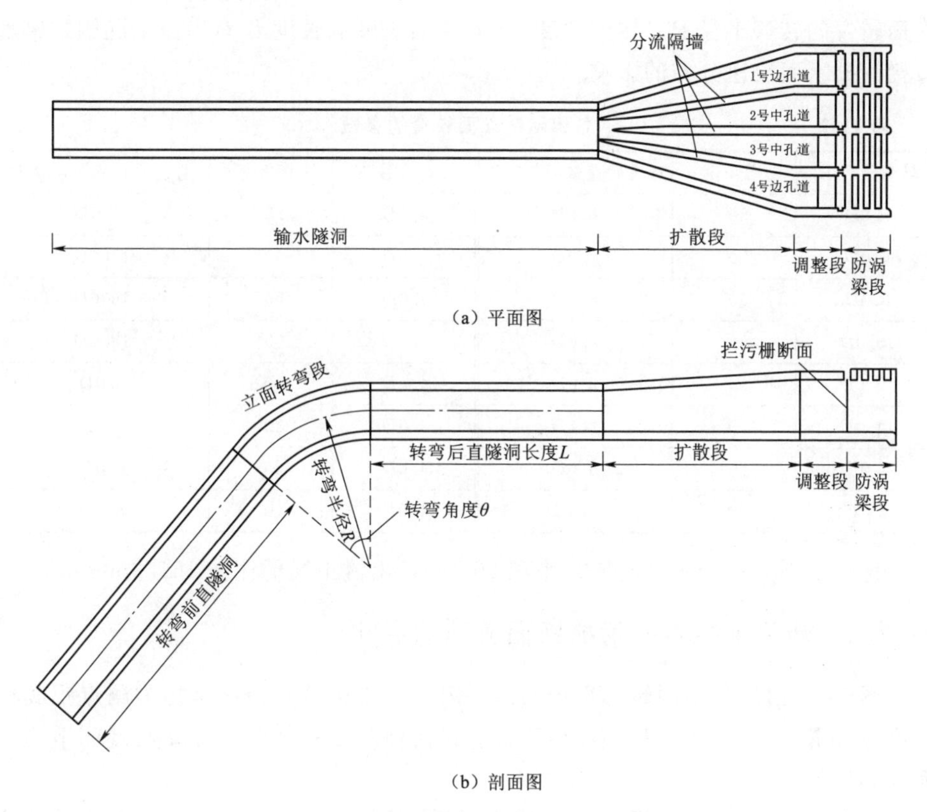

图 11.4　接立面转弯隧洞的侧式出水口

对该侧式进/出水口，我们首先进行了接水平直隧洞的侧式进/出水口数值模拟，目的是检验该侧式进/出水口体型本身是否合理，确定一个较优的侧式进/出水口体型，更好地体现隧洞立面转弯各参数对出流工况拦污栅断面流速分布的影响。计算结果表明，各孔道流量分配较均匀，拦污栅断面处流速分布均匀，无反向流速区，表明该进/出水口体型合理，各水力指标均符合设计规范要求。

为了研究隧洞立面转弯对出流工况拦污栅断面流速分布的影响规律，在该接立面转弯隧洞侧式进/出水口基础上，变化隧洞立面转弯参数转弯半径 R、转弯角度 θ 和弯道后直隧洞长度 L。参照已有实际工程中隧洞立面转弯的常用参数，拟定了 16 组隧洞立面转弯型式，各参数的变化范围：转弯半径 $R=4D\sim14D$，转弯角度 $\theta=10°\sim50°$，弯道后直隧洞长度 $L=8D\sim18D$。各组隧洞立面转弯参数列于表 11.2。

由于隧洞立面转弯仅对侧式出水口出流工况产生影响，这里仅研究隧洞立面转弯对出流工况侧式出水口拦污栅断面流速分布的影响。下面分别介绍隧洞立面转弯的转弯半径 R、转弯角度 θ、弯道后直隧洞长度 L 对出流工况侧式出水口拦污栅断面流速分布的影响。

表 11.2　　各组隧洞立面转弯的参数

转弯半径 R	转弯角度 θ	弯道后直隧洞长度 L	转弯半径 R	转弯角度 θ	弯道后直隧洞长度 L
5.0D	50°	8.0D	4.0D	50°	12.0D
6.0D	50°	8.0D	4.0D	50°	14.0D
8.0D	50°	8.0D	4.0D	50°	16.0D
10.0D	50°	8.0D	4.0D	50°	18.0D
12.0D	50°	8.0D	4.0D	40°	8.0D
14.0D	50°	8.0D	4.0D	30°	8.0D
4.0D	50°	8.0D	4.0D	20°	8.0D
4.0D	50°	10.0D	4.0D	10°	8.0D

计算条件为：死水位时淹没水深 20.5m，出流工况的流量 161.2m^3/s。

11.2.2　转弯半径对拦污栅断面流速的影响

图 11.5 给出了不同转弯半径的拦污栅断面流速分布。纵坐标为测点距底板高度 y 与孔口高度 H 的比值，横坐标为拦污栅断面的测点流速 u 与隧洞平均流速 v 的比值。

由图 11.5 可知，出流工况时不同转弯半径的中、边孔道拦污栅断面流速分布规律基本相似，主流位于断面上部，流速由上到下逐渐减小，反向流速均出现在中孔道底部。转弯半径 $R=5D\sim10D$ 范围内，拦污栅断面最大正向流速为 $0.39v\sim0.45v$；最大反向流速为 $-0.04v\sim-0.01v$，拦污栅断面的反向流速区范围也由占据断面实际高度的 32%降低为 20%。随着转弯半径 R 增大至 12D 以上时，主流流速分布趋于均匀，中、边孔道拦污栅断面均无反向流速出现。

图 11.6 给出了拦污栅断面流速不均匀系数随转弯半径的变化。由图可知，中孔道和边孔道拦污栅断面流速不均匀系数均随着转弯半径的增大而单调递减，并且降幅逐渐变缓。转弯半径 $R=5D\sim12D$ 范围内，中孔道流速不均匀系数由 2.38 降低到 1.88，降幅达 21.00%；边孔道流速不均匀系数由 1.69 降低到 1.49，降幅达 11.83%。转弯半径 R 增大至 12D 和 14D 时，中孔道流速不均匀系数分别为 1.88、1.85，边孔道流速不均匀系数分别为 1.49、1.47。按照设计规范要求，对于出流工况，侧式进/出水口的孔道流速不均匀系数应小于 2.0，此时中边孔道流速不均匀系数均符合规范要求。分析上述结果，随着转弯半径增大，拦污栅断面流速分布逐渐变得更加均匀，并且中孔道拦污栅断面流速不

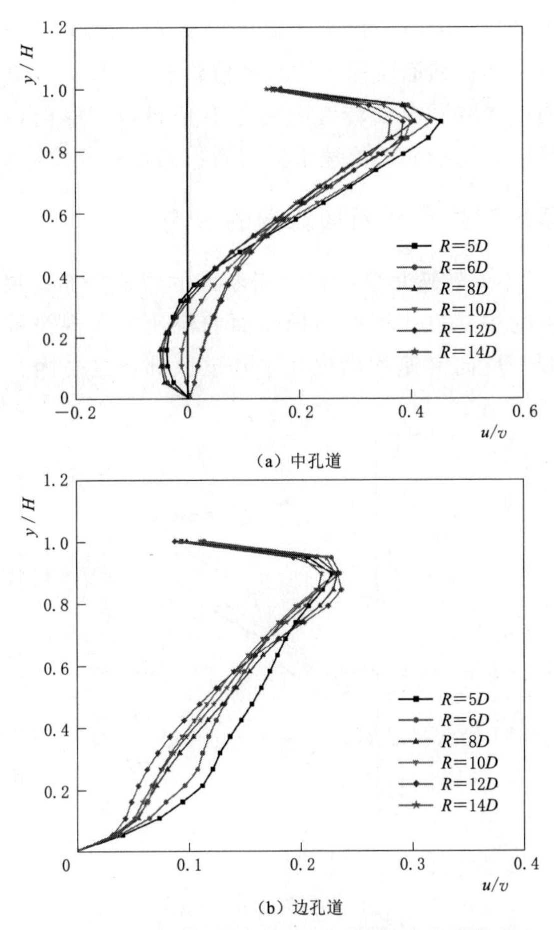

(a) 中孔道

(b) 边孔道

图 11.5 不同转弯半径的拦污栅断面流速分布

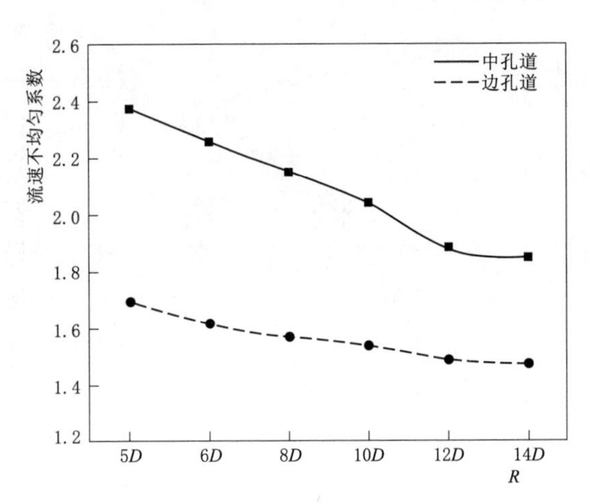

图 11.6 拦污栅断面流速不均匀系数随转弯半径的变化

均匀系数对转弯半径变化的响应比边孔道更为敏感；在转弯半径 R 增大至 $12D$ 以上后，中边孔道拦污栅断面流速不均匀系数趋于稳定。

上述结果表明，当隧洞立面转弯的转弯半径 $R \geqslant 12D$ 时，侧式出水口拦污栅断面无反向流速区，该断面的流速不均匀系数满足规范设计要求。

11.2.3 转弯角度对拦污栅断面流速的影响

图 11.7 给出了不同转弯角度的拦污栅断面的流速分布。由图可知，出流工况，不同转弯角度的中、边孔道拦污栅断面的流速分布规律基本相似，流速主流在断面上部区域，反向流速均出现在中孔道底部，这是因为隧洞立面转弯后

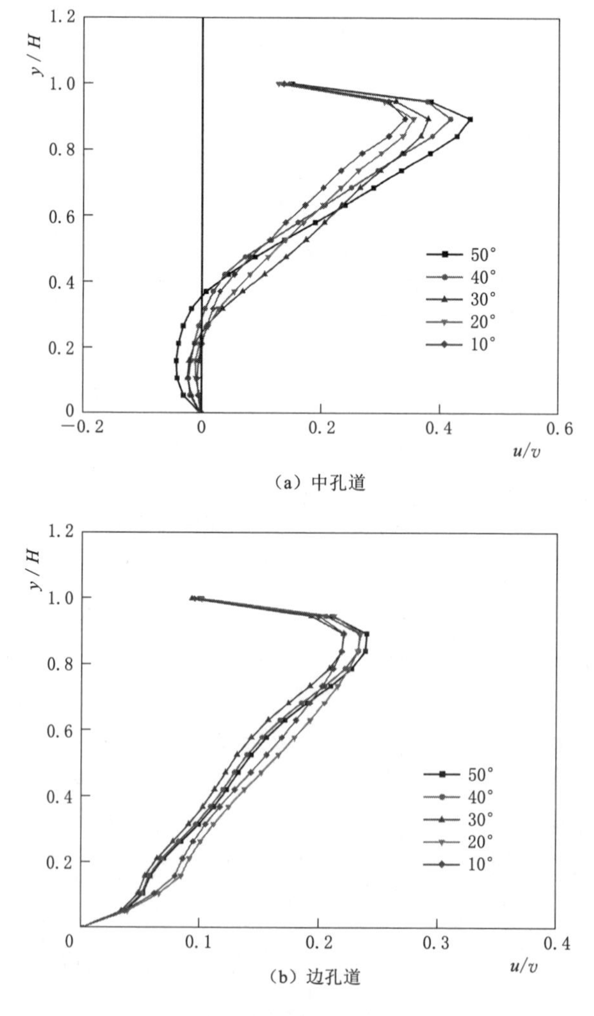

(a) 中孔道

(b) 边孔道

图 11.7 不同转弯角度的拦污栅断面的流速分布

隧洞内主流偏向隧洞上部的结果，隧洞转角越大，主流偏流越明显。在转弯角度 10°～50°范围内，拦污栅断面最大正向流速为 $0.34v$～$0.45v$；最大反向流速为 $-0.04v$～$-0.006v$，拦污栅断面的反向流速区范围由占据孔道实际高度的 37%降低为 18%。

图 11.8 给出了拦污栅断面流速不均匀系数随转弯角度变化趋势。由图可知，随着转弯角度的减小，中边孔流速不均匀系数均单调减小，并且降幅逐渐减小。但当转弯角度减小到 10°时，拦污栅断面中边孔流速不均匀系数分别为 2.05、1.55，中孔道的流速不均匀系数仍然不满足要求。

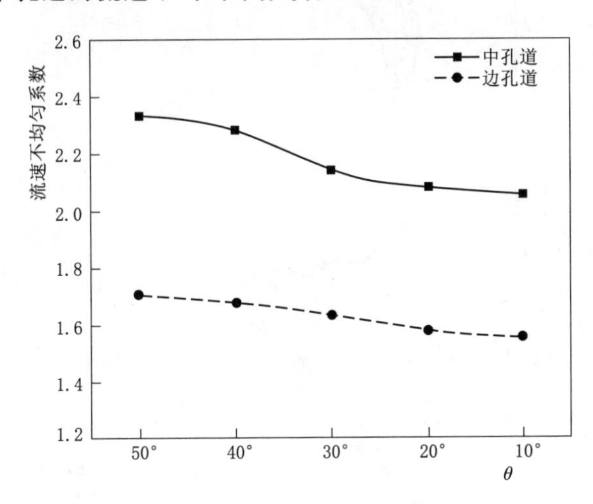

图 11.8 拦污栅断面流速不均匀系数随转弯角度的变化

可以看出，转弯角度 θ 对侧式进/出水口拦污栅断面流速分布的改善效果较小，θ 逐渐减小虽使得流速分布的均匀性得到一定的提高，但拦污栅断面依然会存在着小范围的反向流速。因此实际工程中，在隧洞立面转弯的转弯角度的可选范围内，尽量选较小值为宜。

11.2.4 转弯后直隧洞长度对拦污栅断面流速的影响

图 11.9 为弯道后直隧洞长度不同时的拦污栅断面流速分布。由图可知，出流工况，不同直隧洞长度的中边孔拦污栅断面的流速分布规律基本相似，拦污栅断面主流在断面上部，负流速均出现在中孔底部。直隧洞长度 $L=8D$～$10D$ 范围内，拦污栅断面最大正向流速为 $0.37v$～$0.45v$；最大反向流速为 $-0.04v$～$-0.003v$，拦污栅断面的反向流速区范围也由占据断面实际高度的 33%降低为 7%，降幅明显。当直隧洞长度 L 增大至 $16D$ 以上时，中边孔道拦污栅断面均无反向流速。

图 11.10 为拦污栅断面流速不均匀系数随直隧洞长度变化趋势。由图可知，

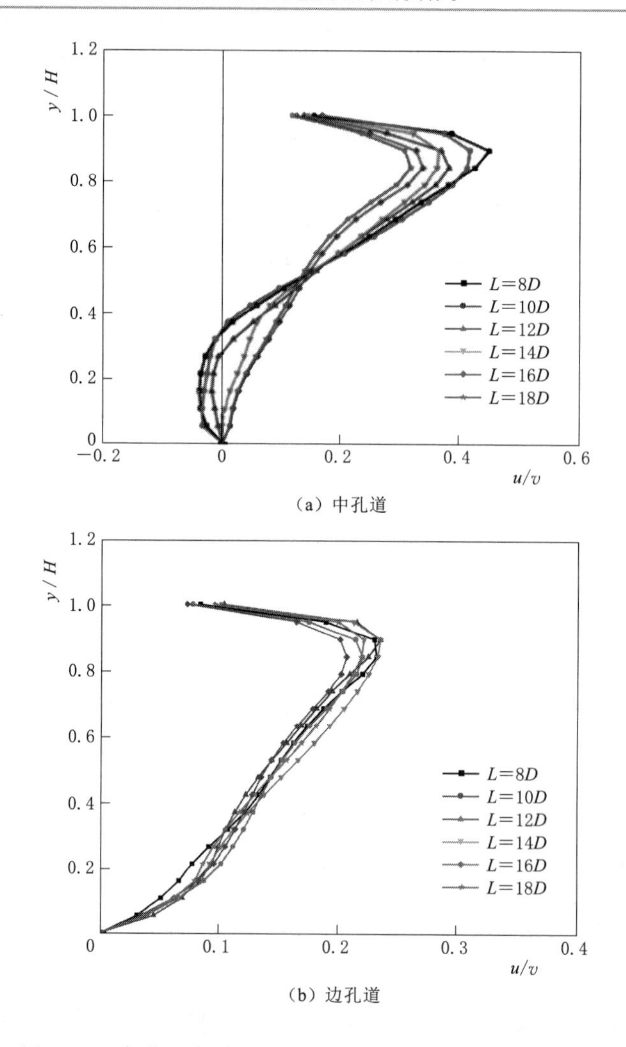

（a）中孔道

（b）边孔道

图 11.9 弯道后直隧洞长度不同时的拦污栅断面流速分布

随着直隧洞长度的增加，中边孔道流速不均匀系数均单调减小，并且降幅逐渐减小。直隧洞长度 $L=8D\sim16D$ 范围内，中孔道流速不均匀系数由 2.37 降低到 1.83，降幅达 22.78%；边孔道流速不均匀系数由 1.63 降低到 1.48，降幅达 9.20%。直隧洞长度 L 增大至 $16D$ 和 $18D$ 时，中孔道流速不均匀系数分别为 1.86、1.83，边孔道流速不均匀系数分别为 1.48、1.47，中边孔道流速不均匀系数趋于稳定，均满足设计规范要求。

可以看出，直隧洞长度增加到足够长后，隧洞内水流的均匀性得到了明显调整，立面转弯对拦污栅断面流速分布不构成影响。因此，当弯道后直隧洞长度 $L\geqslant16D$ 时，隧洞立面转弯将不影响侧式出水口拦污栅断面流速。

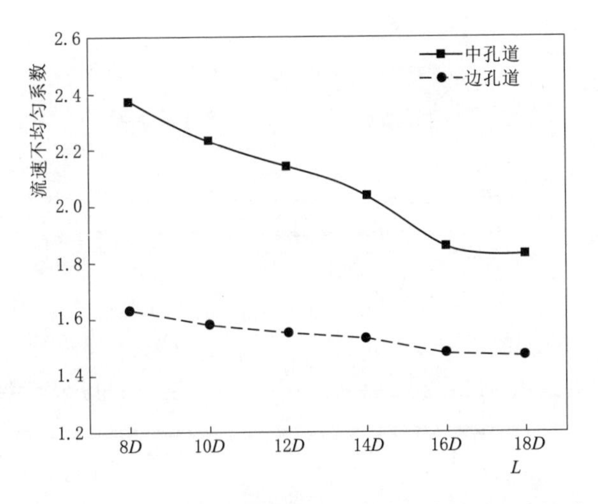

图 11.10 拦污栅断面流速不均匀系数随直隧洞长度变化

11.3 隧洞平面转弯对流量分配的影响

《抽水蓄能电站设计规范》(NB/T 10072—2018) 指出，靠近进/出水口的压力隧洞宜避免弯道，或将弯道布置在离进/出水口较远处，减少压力隧洞弯道水流对进/出水口出流带来的不利影响。然而，受地形地质等条件的限制，实际工程中输水隧洞平面上转弯布置情况不可避免。当隧洞平面转弯距进/出水口较近时，将会直接影响出流工况进/出水口的流量分配。隧洞平面转弯，可以用转弯角度、转弯半径和转弯后直隧洞长度这 3 个参数来表征，目前缺乏隧洞平面转弯各参数的设计建议值。为此，本节以某抽水蓄能电站侧式进/出水口为对象，利用数值模拟方法，研究隧洞平面转弯对出流工况进/出水口流量分配影响规律。

11.3.1 研究对象

某抽水蓄能电站上水库侧式进/出水口，沿着出流方向依次为扩散段、调整段、防涡梁段。扩散段长 38.0m，在立面上为单向扩散，顶板扩张角 $\beta=3.01°$，平面上为双向对称扩散，水平扩散角 $\alpha=28.36°$；调整段长 15.0m，设置 3 分流隔墙将其分为 4 个孔道，孔口宽 5.5m、高 9.0m；防涡梁段长 10.15m，各孔设置防涡梁，断面尺寸为 1.2m×1.5m。该侧式进/出水口接平面转弯隧洞，隧洞洞径 $D=7.0$m，平面转弯段的转弯角度 $\theta=20°$，转弯半径 $R=215.0$m ($30.7D$)，转弯后直隧洞长度 $L=105.0$m ($15D$)。该侧式进/出水口体型及布置如图 11.11 所示。

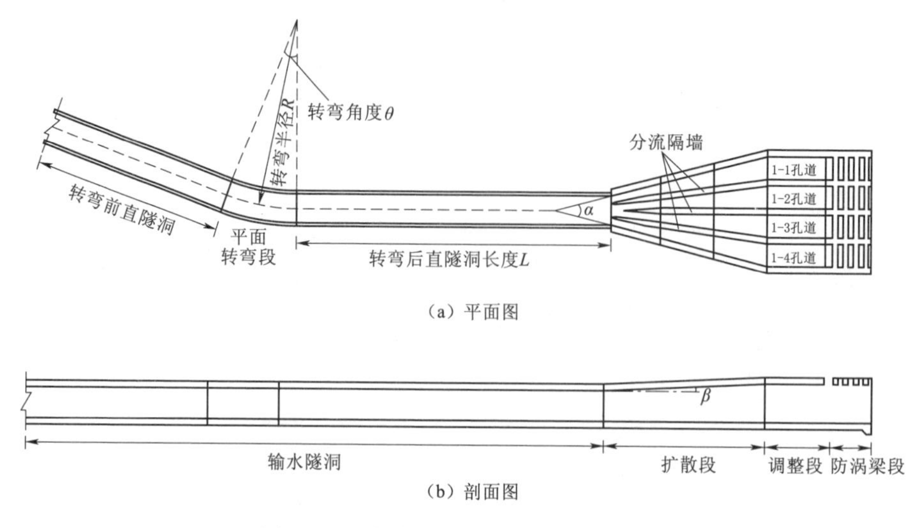

图 11.11 某侧式进/出水口体型及布置

死水位时对应孔口中心淹没深度 14.5m，抽水工况（出流）双机运行流量 $2\times67.1m^3/s$，发电工况（进流）双机运行流量 $2\times78.9m^3/s$。

为使研究结果具有普适性，在上述侧式进/出水口体型及布置的基础上，保持侧式进/出水口体型不变，改变隧洞平面转弯，即变化转弯角度、转弯半径和转弯后直隧洞长度这 3 个参数，研究隧洞平面转弯对出流工况进/出水口流量分配的影响规律。

为了选择隧洞平面转弯各参数合理的变化范围，参考了近年来国内抽水蓄能电站侧式进/出水口衔接平面转弯输水隧洞的参数取值（表 11.3），该表的转弯角度变化范围 14.27°～73°，转弯半径变化范围 5.6D～30.7D，转弯后直隧洞长度变化范围 10.0D～43.0D；同时参考《水工隧洞设计规范》（NB/T 10391—2020）关于隧洞平面转弯半径的规定，即低流速无压隧洞转弯半径不宜小于 5 倍洞径，低流速有压隧洞可适当降低要求但转弯半径不宜小于 3 倍洞径，这里选定最小转弯半径 $R=5D$，从而确定了平面转弯各参数的变化范围。

表 11.3　国内侧式进/出水口衔接平面转弯隧洞的各参数取值

侧式进/出水口	隧洞洞径 D/m	转弯角度 θ/(°)	转弯半径 R/m	转弯后直隧洞长度 L/m
HZ2	8.5	14.27	11.8D（100m）	43.0D（365.5m）
XA1	9.0	30	22.2D（200m）	34.8D（312.88m）
XA2	9.0	73	22.2D（200m）	37.5D（337.15m）
FN1	7.0	20	30.7D（215m）	15.0D（105.0m）

本节共设计24组平面转弯型式。其中，转弯角度θ变化8组，变化范围10°～80°，变化间隔10°，此时保持转弯半径$R=5D$和转弯后直隧洞长度$L=15D$不变；转弯半径R变化8组，变化范围$3.0D\sim34.5D$，变化间隔$4.5D$，此时保持转弯角度$\theta=20°$和转弯后直隧洞长度$L=15D$不变；转弯后直隧洞长度L变化8组，变化范围$10D\sim45D$，变化间隔$5D$，此时保持转弯角度$\theta=20°$和转弯半径$R=5D$不变。

计算条件：死水位孔口中心淹没深度14.5m，双机运行出流流量$2\times67.1m^3/s$。

11.3.2 转弯角度对流量分配的影响

隧洞平面转弯的转弯半径$R=5D$、转弯后直隧洞长度$L=15D$保持不变，转弯角度θ变化8组，变化范围10°～80°，变化间隔10°，依次进行计算。

图11.12为转弯角度θ对各孔道流量分配的影响，图11.12（a）为各孔道流量分配，图11.12（b）为各孔道流量不均匀程度。这里的各孔道流量不均匀程度是指单个孔道实际流量与理想流量之差除以理想流量，按式（1.4）计算。

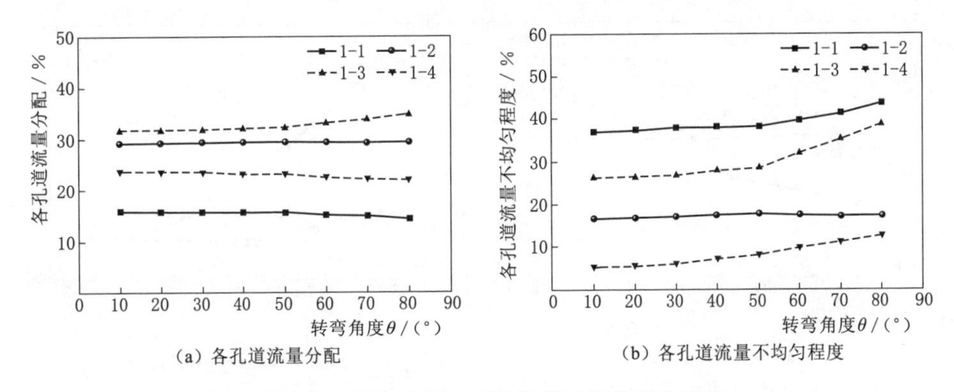

图11.12 转弯角度θ对各孔道流量分配的影响

从图中看出，随着转弯角度θ增加，各孔道流量分配逐渐不均匀。当$10°\leqslant\theta\leqslant50°$时，随着转弯角度$\theta$的增加，各孔道流量不均匀程度略微增加，但变化幅度较小，说明转弯角度θ对孔道流量分配的影响较小。但当$\theta>50°$时，1-1孔流量不均匀程度由33.35%升到了41.64%（升幅达24.86%）；1-4孔流量不均匀程度变化幅度较小。因此当$\theta\leqslant50°$时，转弯角度的变化对各孔道流量分配影响较小，当$\theta>50°$时，转弯角度的增加会加大各孔道流量分配的不均匀程度。

由上述分析可知，转弯角度θ增加，各孔道流量不均匀程度略微增加，但变化幅度较小，但当$\theta>50°$时各孔道流量不均匀程度增加将较明显，流量分配将不均匀。因此，建议转弯角度取值范围为$\theta\leqslant50°$。

11.3.3 转弯半径对流量分配的影响

隧洞平面转弯的转弯角度 $\theta=20^{\circ}$和转弯后直隧洞长度 $L=15D$ 保持不变，转弯半径 R 变化 8 组，变化范围 3.0D～34.5D，变化间隔 4.5D，依次进行计算。

图 11.13 为转弯半径 R 对各孔道流量分配的影响，图 11.13（a）为各孔道流量分配，图 11.13（b）为各孔道流量不均匀程度。从图中看出，随着转弯半径 R 不断增加，各孔道流量不均匀程度整体呈现减小趋势，流量分配逐渐均匀。此外，1－1 孔道流量不均匀程度先由 43.41％降到了 8.68％（降幅达 80.00％），然后基本保持不变；1－3 孔道流量不均匀程度先由 32.27％降到了 8.88％（降幅达 72.48％），然后基本保持不变；1－2、1－4 孔道流量不均匀程度变化幅度较小。当 $R<30D$ 时，随着转弯半径的变化，1－1、1－3 孔道的流量不均匀程度变化率较大且在逐渐减小，表明转弯半径的增加能有效改善进入进/出水口时的水流条件；当 $R\geqslant30D$ 时，随着转弯半径的增加，各孔道的流量分配基本不变，流量不均匀程度均处于 7％～9％之间，小于 10％，满足规范设计要求，表明此时进入进/出水口的水流受平面转弯输水隧洞的影响较小。

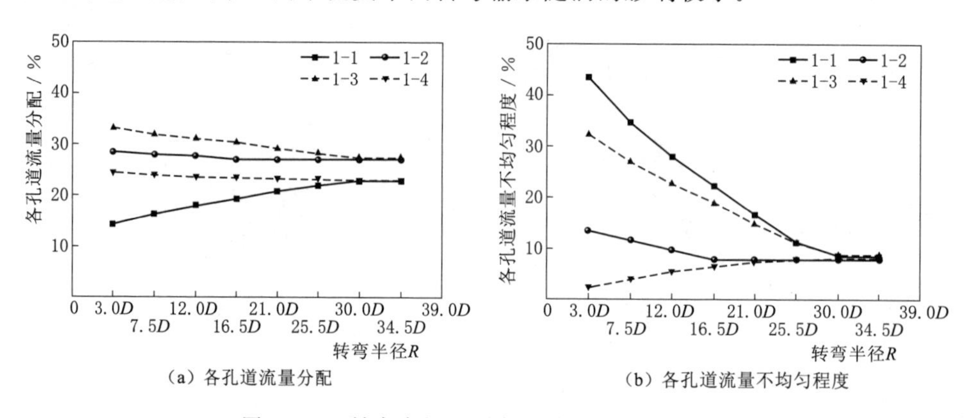

（a）各孔道流量分配　（b）各孔道流量不均匀程度

图 11.13 转弯半径 R 对各孔道流量分配的影响

为了更加直观地比较转弯半径的变化对侧式进/出水口出流的影响，在进/出水口内部选取拦污栅断面（$X=-0.16L^{*}$）、扩散段末端（$X=-0.32L^{*}$）、扩散段中部（$X=-0.70L^{*}$）、扩散段始端（$X=-L^{*}$）等 4 个典型剖面，这里 L^{*} 为进/出水口总长度。图 11.14 给出了转弯半径 R 为 3D、16.5D、30D 的各剖面流速云图，图中 $X=0$ 断面为进/出水口前缘断面，沿出流方向为 X 正方向，孔道序号从左至右分别为 1－1、1－2、1－3、1－4。由图可以看出，由于隧洞平面转弯距侧式进/出水口较近，水流进入进/出水口扩散段始端断面出现了不同程度的偏流现象。扩散段始端断面（$X=-L^{*}$），转弯半径 R 为 3D 和 16.5D 时流速差异较大，沿出流方向流速分布呈现“左小右大”的特点，断面流速分布不均，转弯半径 R 为 $30D$ 时断面流速分布较为对称。扩散段中部断面（$X=-0.70L^*$），由于扩散段双向扩散的作用，断面流速逐渐减小，且转弯半径 R 为 $3D$ 和 $16.5D$ 时左侧截面流速明显偏小，靠近边壁出现小范围的低流速区，转弯半径 R 为 $30D$ 时断面流速分布较为对称。扩散段末端断面（$X=-0.32L^*$），断面流速降到最小，由于扩散段水平扩散角的持续作用，转弯半径 R 为 $3D$ 和 $16.5D$ 时进/出水口边孔道靠近边壁截面低流速区范围进一步增大，偏流现象仍然存在，转弯半径 R 为 $30D$ 时边孔靠近边壁截面也出现了小范围的低流速区，但断面流速分布较为对称。拦污栅断面（$X=-0.16L^*$），由于调整段对水流的均化作用，各体型断面流速分布较为均匀，但转弯半径 R 为 $3D$ 和 $16.5D$ 时偏流现象仍然存在，1-1 孔道最大流速明显小于 1-4 孔道，转弯半径 R 为 $30D$ 时中间孔道流速明显大于两边孔道，且孔道断面流速分布较为对称。

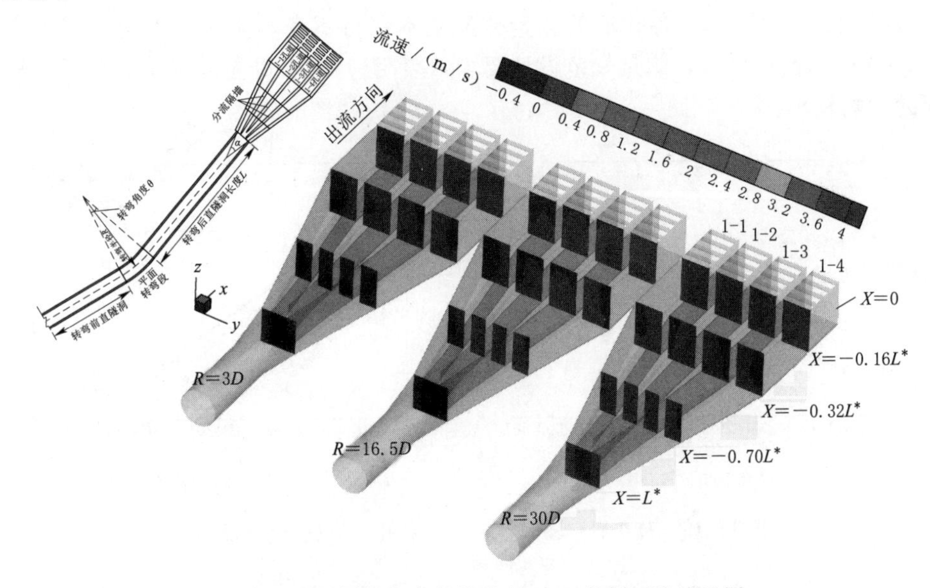

图 11.14　不同转弯半径的进/出水口各剖面流速云图

由上述分析可知，弯道转弯半径 R 增加，能有效改善进入进/出水口时的水流条件，且当 $R\geqslant 30D$ 时，各孔道流量分配较为均匀，流量不均匀程度满足要求，孔道断面流速分布较对称，没有偏流现象产生，水流在进入进/出水口时已经完全调整。因此，建议转弯半径 R 取值范围 $R\geqslant 30D$。

11.3.4　转弯后直隧洞长度对流量分配的影响

1. 直隧洞长度对孔道流量分配的影响规律

隧洞平面转弯的转弯角度 $\theta=20°$和转弯半径 $R=5D$ 保持不变，转弯后直隧

洞长度 L 变化 8 组，变化范围 $10D \sim 45D$，变化间隔 $5D$，依次进行计算。

图 11.15 为转弯后直隧洞长度 L 对各孔道流量分配的影响，图 11.15（a）为各孔道流量分配，图 11.15（b）为各孔道流量不均匀程度。结果表明，随着转弯后直隧洞长度 L 增加，各孔道流量不均匀程度呈现减小趋势，流量分配逐渐均匀，1-1、1-2 孔道流量分配逐渐增加，1-3、1-4 孔道流量分配逐渐减小，各孔道流量分配逐渐均匀。此外，1-1 孔道流量不均匀程度先由 65.44%降到了 8.03%（降幅达 87.73%），然后基本保持不变；1-3 孔道流量不均匀程度先由 62.07%降到了 8.40%（降幅达 86.47%），然后基本保持不变；1-2、1-4 孔道流量不均匀程度变化幅度比 1-1、1-3 孔道小。当 $L<40D$ 时，随着转弯后直隧洞长度的变化，1-1、1-3 孔道的流量不均匀程度变化率较大且在逐渐减小，1-2、1-4 孔道流量不均匀程度也呈现减小趋势，表明转弯后直隧洞长度的增加能有效改善进入进/出水口时的水流条件；当 $L \geqslant 40D$ 时，随着转弯后直隧洞长度的增加，各孔道的流量分配基本保持不变，流量不均匀程度均为 7%～9%，小于 10%，满足规范设计要求，表明进/出水口的出流受隧洞平面转弯的影响较小。

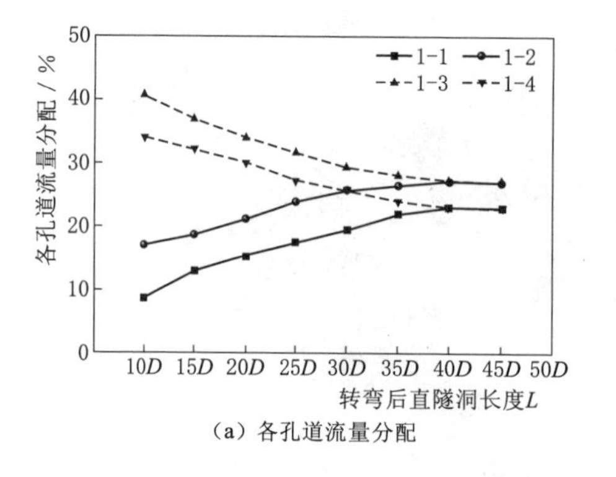

（a）各孔道流量分配

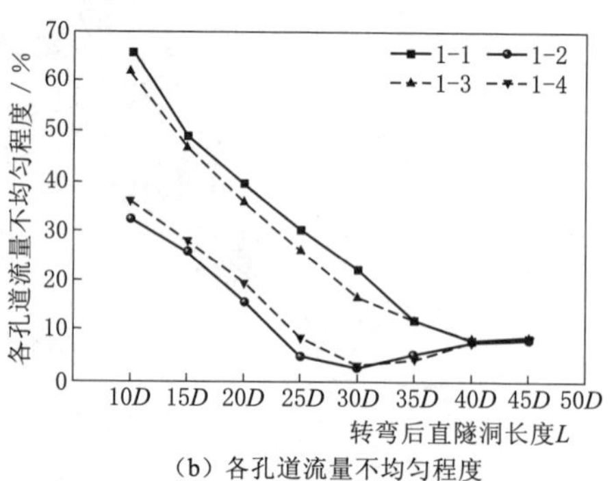

（b）各孔道流量不均匀程度

图 11.15　转弯后直隧洞长度 L 对各孔道流量分配的影响

由此上述分析可知，转弯后直隧洞长度 L 增加，能有效改善进入进/出水口时的水流条件，且当 $L \geqslant 40D$ 时，各孔道流量分配较为均匀，流量不均匀程度满足要求，没有偏流现象产生，水流在进入进/出水口时已经完全调整。因此，建议转弯后直隧洞长度 L 取值范围 $L \geqslant 40D$。

2. 直隧洞长度的最短距离

对于出流工况，虽然隧洞平面转弯后的直隧洞长度的增加能改善转弯后的隧洞水流，但在实际工程设计中由于受地形地质等条件的限制，转弯后直隧洞长度往往难以增加。下面对于隧洞平面转弯的转弯角度和转弯半径不能调整的情况下，探讨不影响出流工况孔道流量分配的转弯后直隧洞长度的最短距离。

这里，以隧洞平面转弯的转弯角度 $\theta=20°$ 和转弯半径 $R=30D$ 确定的情况为例，对转弯后直隧洞长度 L 设定 5 组，分别为 $6D$、$8D$、$10D$、$12D$ 和 $14D$，得到不影响出流工况孔道流量分配的最短转弯后直隧洞长度 L。

表 11.4 列出了转弯后直隧洞长度 L 对应各孔道流量分配的结果。表 11.5 列出了转弯后直隧洞长度 L 对应各孔道流量不均匀程度的结果。由表可知，当 $L<10D$ 时，随着转弯后直隧洞长度 L 增加，各孔道流量分配逐渐均匀；当 $L=10D$ 时各孔道流量分配最为均匀，流量不均匀程度处于 7%～9%之间，均小于 10%，满足规范设计要求；当 $L>10D$ 时，随着转弯后直隧洞长度 L 增加，各孔道流量不均匀程度基本不变。

表 11.4　转弯后直隧洞长度 L 对应的各孔道流量分配

转弯后直隧洞长度 L	各孔道流量分配/%				
	1-1 孔道	1-2 孔道	1-3 孔道	1-4 孔道	变化区间
$6D$	22.14	26.22	27.88	23.76	22.14～27.88
$8D$	22.57	26.68	27.54	23.21	22.57～27.54
$10D$	22.85	26.93	27.19	23.03	22.85～27.19
$12D$	22.84	26.92	27.20	23.04	22.84～27.20
$14D$	22.83	26.95	27.22	23.00	22.83～27.22

表 11.5　转弯后直隧洞长度 L 对应的各孔道流量不均匀程度

转弯后直隧洞长度 L	各孔道流量不均匀程度/%				
	1-1 孔道	1-2 孔道	1-3 孔道	1-4 孔道	变化区间
$6D$	11.44	4.88	11.52	4.96	4.88～11.52
$8D$	9.72	6.72	10.16	7.16	6.72～10.16
$10D$	8.60	7.72	8.76	7.88	7.72～8.76
$12D$	8.64	7.68	8.80	7.84	7.68～8.80
$14D$	8.68	7.80	8.88	8.00	7.80～8.88

因此，鉴于转弯角度 $\theta\leqslant50°$ 时对出流工况流量分配影响不敏感，当转弯半径 $R\geqslant30D$，同时保证转弯后直隧洞长度 $L\geqslant10D$，隧洞平面转弯对出流工况的各孔道流量分配将不产生影响。

11.4　隧洞对拦污栅断面流速分布及流量分配影响结论与讨论

（1）关于隧洞坡度对拦污栅断面流速分布的影响。当隧洞坡角等于扩散段顶板扩张角时，出流工况拦污栅断面流速不均匀系数达到最小。当隧洞坡角小于扩散段顶板扩张角时，随着隧洞坡角的增大，拦污栅断面流速不均匀系数逐渐减小。当隧洞坡角大于扩散段顶板扩张角时，随着隧洞坡角的增大，拦污栅断面流速不均匀系数逐渐增大。

（2）关于隧洞立面转弯对拦污栅断面流速分布的影响。增大隧洞立面转弯的转弯半径 R，能明显改善侧式进/出水口拦污栅断面流速分布；当 R 增大至 $12D$ 及以上时，侧式进/出水口拦污栅断面流速分布趋于均匀，断面流速不均匀系数趋于稳定，能够满足设计规范小于 2.0 的要求。仅减小隧洞立面转弯的转弯角度 θ 不能完全消除拦污栅断面的反向流速区，建议在实际工程中，在转弯角度 θ 的可选范围内，选较小值为宜。增大隧洞立面转弯的弯道后直隧洞长度 L，立面转弯对侧式进/出水口拦污栅断面流速分布的影响将减弱；当 L 增大至 $16D$ 及以上时，侧式进/出水口拦污栅断面流速分布将不受面转弯的影响。

（3）关于隧洞平面转弯对拦污栅断面流速分布的影响。随着转弯角度 θ 的增加，各孔道流量不均匀程度略微增加，但变化幅度较小，但当 $\theta>50°$ 时各孔道的流量不均匀程度变幅较明显，流量分配逐渐不均匀，建议转弯角度 $\theta\leqslant50°$。隧洞转弯段转弯半径 R 增加，各孔道流量分配逐渐均匀，当 $R\geqslant30D$ 时，随着转弯半径的增加，各孔道的流量分配基本不变，建议转弯半径 $R\geqslant30D$。随着转弯后直隧洞长度 L 增加，各孔道流量分配逐渐均匀，当 $L\geqslant40D$ 时，随着转弯后直隧洞长度的增加，各孔道的流量分配基本不变，表明进/出水口的出流受隧洞平面转弯的影响较小，建议转弯后直隧洞长度 $L\geqslant40D$。鉴于转弯角度 $\theta\leqslant50°$ 时对出流工况流量分配影响不敏感，当转弯半径 $R\geqslant30D$，同时保证转弯后直隧洞长度 $L\geqslant10D$，隧洞平面转弯对出流工况的孔道流量分配将不产生影响。

（4）由于地质、地形条件等的限制，连接进/出水口的隧洞，有时不可避免的需要一定的坡度、立面转弯、平面转弯等，上述是对隧洞坡度、平面转弯、立面转弯的单个情况进行的研究，得出了相应的结论。但是，有时是隧洞坡度、平面转弯和立面转弯同时存在的复杂布置形式，有时是隧洞布置没有调整的余地。对于这两种情况，应采用进/出水口与连接隧洞相互协调的优化方法，包括中边孔道宽度占比、中隔墙缩进距离等和连接隧洞的协调。

第 12 章 拦污栅结构对进/出水口水力特性影响研究

侧式进/出水口调整段与防涡梁段结合处通常设置一字排列的拦污栅，以防止杂物进入，保障机组正常运行。目前对于进/出水口水力特性的研究，不论是数值模拟方法还是物理模型试验方法，由于拦污栅栅条细、间隔小，模拟拦污栅结构均有困难。在研究进/出水口水力特性时，一般不模拟拦污栅结构本身，而且认为不模拟拦污栅的结果也能反映进/出水口水力特性。严格来讲，拦污栅栅条确实减少了过流面积、阻挡了水流，拦污栅结构本身对进/出水口水力特性的影响尚不明晰。本章利用模型试验方法探讨拦污栅结构对进/出水口水力特性的影响。

12.1 研 究 对 象

某抽水蓄能电站进/出水口为侧式进/出水口。该侧式进/出水口沿进流方向依次为防涡梁段、调整段、扩散段，其后接方形段、渐变段、闸门井段、渐变段、输水隧洞。该侧式进/出水口为 3 分流隔墙 4 孔道，孔道拦污栅断面尺寸 6.4m×10m（宽×高）。防涡梁段长 10.22m，调整段长 16m，扩散段长 39.0m。扩散段，平面上为双向对称扩散，总水平扩散角 31.5°，立面上为单向扩散，顶板扩张角 3.23°。输水隧洞倾斜布置，隧洞坡度 $i=5.2\%$，洞径 7.8m。图 12.1 为该侧式进/出水口体型图。

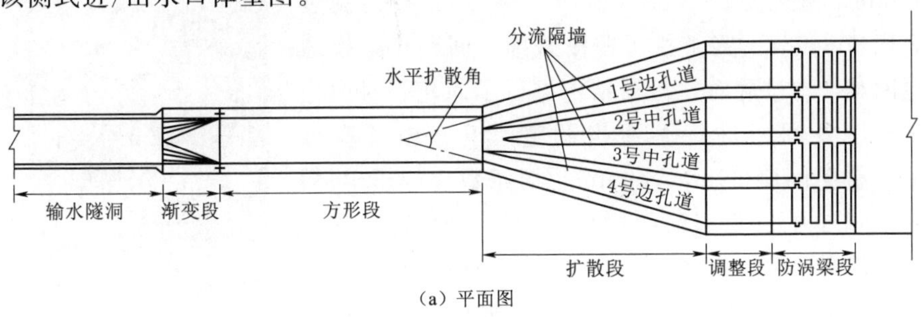

(a) 平面图

图 12.1（一） 某侧式进/出水口体型

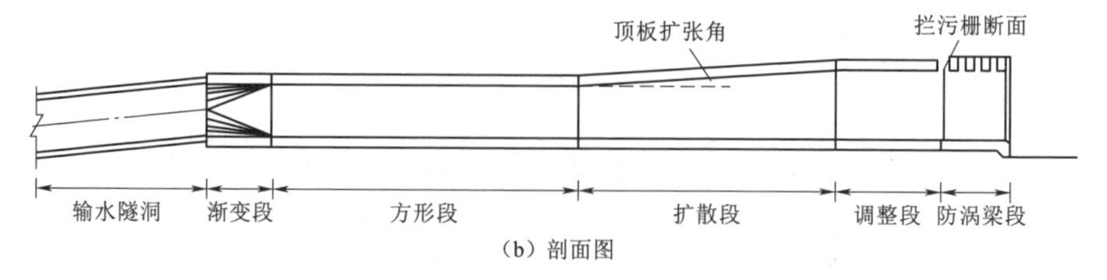

(b) 剖面图

图 12.1（二） 某侧式进/出水口体型

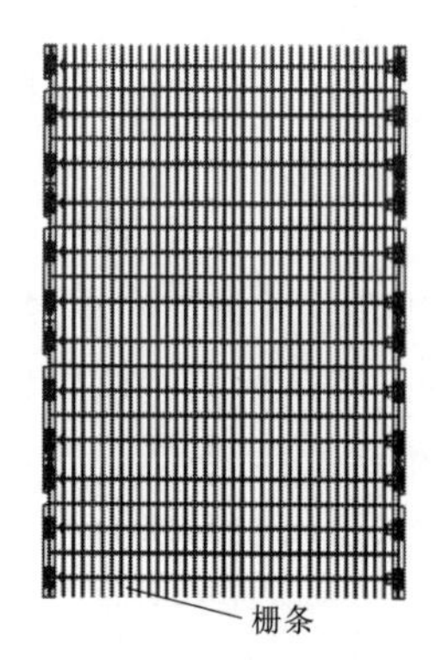

图 12.2 进/出水口拦污栅结构

图 12.2 为进/出水口拦污栅结构图。拦污栅垂直布置，主要由横隔板、支承框架、金属栅条等构成。拦污栅栅槽宽 7.4m，整栅栅面高 10m，栅条宽 0.02m，栅条横纵间距 0.5m×0.18m，栅条数 20×32（横向×纵向）。

该侧式进/出水口，出流工况的流量为 152.2m^3/s，输水隧洞平均流速 3.19m/s；进流工况的流量为 171.78m^3/s，输水隧洞平均流速 3.59m/s。死水位时进/出水口中心淹没深度 15.6m。

下面以该侧式进/出水口为对象，针对出流和进流两种工况，开展拦污栅结构对进/出水口水力特性的影响试验研究，分析拦污栅结构对拦污栅断面流速分布、各孔道流量分配、进/出水口水头损失等的影响。

12.2 拦污栅模拟及量测方法

以上述实际工程侧式进/出水口为对象，按几何缩尺 32.5 建立了大尺度试验装置，请参见 2.2 节模型试验方法。

对于拦污栅结构，若严格按照几何缩尺，模型拦污栅栅条宽度仅 0.6mm，栅条间距 14.77mm×5.54mm，栅条数 20×32（横向×纵向），拦污栅过流面积 86.40%。鉴于拦污栅栅条细、间距小，模型模拟困难，本试验对拦污栅结构进行了简化，对模型栅条宽度及间距进行了适当调整，模型栅条宽度 1mm，栅条间距 30mm×9mm，栅条数 10×20（横向×纵向），拦污栅过流面积 86.88%，与实际工程过流面积基本一致。模型拦污栅采用光敏树脂材料，利用 3D 打印机打印。图 12.3 为进/出水口模型拦污栅结构照片。

图 12.3 进/出水口模型拦污栅结构照片

量测系统如图 12.4 所示。试验仪器主要包括水位测针、测压管、声学多普

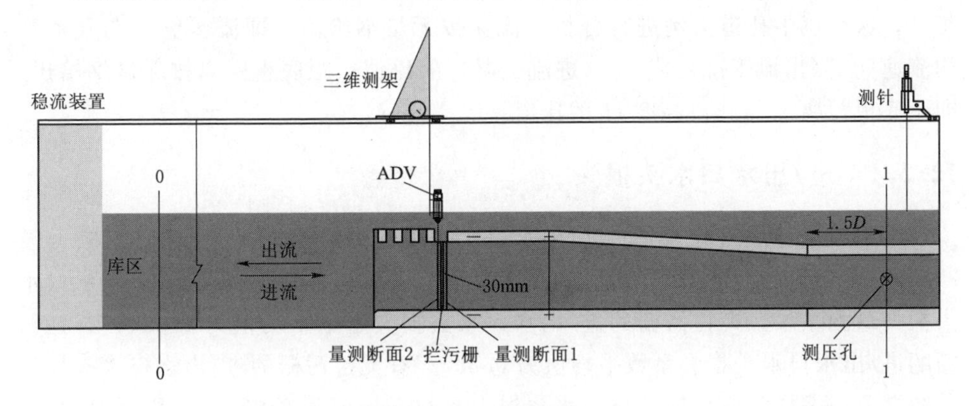

图 12.4　量测系统

勒流速仪（ADV）等。流量通过自控阀门与电磁流量计进行控制和量测。通过测针量测水位，量测精度 0.1mm。通过测压管测量进/出水口水头损失。利用 ADV 测量点流速，量测精度 ±1mm/s。

本章定义拦污栅来流侧为栅前、另一侧为栅后，量测断面 1 和量测断面 2 距离拦污栅均为 30mm。例如，出流时，量测断面 1 为栅前断面，量测断面 2 为栅后断面；进流时，量测断面 2 为栅前断面，量测断面 1 为栅后断面。每个量测断面布置 7×15 个测点，即量测断面布置 7 条测线，各测线间距 20mm，依次编号为Ⅰ～Ⅶ，每条测线上布置 15 个测点，各测点间距 22mm，自上而下依次编号为 1～15。测点布置如图 12.5 所示。

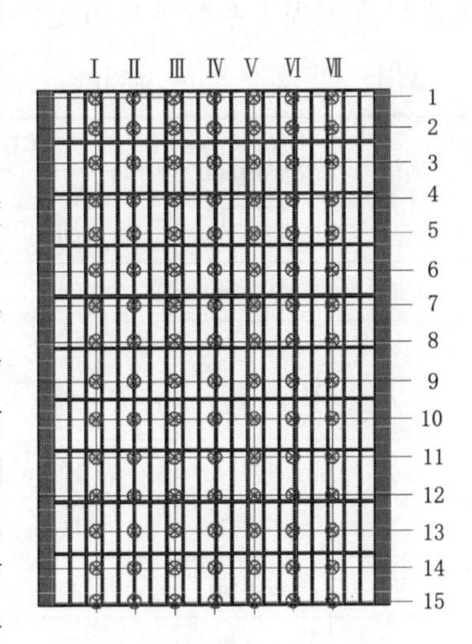

图 12.5　栅前、栅后量测断面的测点布置

12.3　出流工况拦污栅结构对水力特性的影响

下面依次给出孔口淹没深度 0.48m（对应原型死水位淹没深度 15.6m）条件出流工况流量 25.28L/s（原型流量 152.2m³/s）和进流工况流量 28.52L/s（原型流量 171.78m³/s）的量测结果，分析拦污栅结构对进/出水口流速分布、流量分配和水头损失等的影响。

该进/出水口为3分流隔墙4孔道，鉴于中孔道与边孔道流速分布规律基本相同，这里以中孔道为例进行分析。流速按无量纲给出，即流速值 u 与孔道平均流速 v_{out}（出流工况）或 v_{in}（进流工况）的比值；距底板距离按无量纲给出，即距底板距离 y 与孔口高度 H 的比值。

12.3.1 进/出水口水头损失

本试验进行了出流工况的进/出水口水头损失的量测，流量范围9.16L/s～29.59L/s（涵盖了实际工程对应的设计流量）。表12.1为出流工况进/出水口水头损失量测结果。无拦污栅的进/出水口水头损失系数平均值为0.334；有拦污栅的进/出水口水头损失系数平均值为0.355。有无拦污栅的进/出水口水头损失系数之差，即拦污栅结构本身的水头损失系数平均值为0.021，有拦污栅的进/出水口水头损失系数平均值比无拦污栅的增大了6.3%。

表12.1　进/出水口水头损失量测结果（出流工况）

流量/(L/s)	平均流速/(cm/s)	无拦污栅		有拦污栅		拦污栅水头损失系数 ξ
		水头损失 h_{j1}/cm	水头损失系数 ξ_1	水头损失 h_{j2}/cm	水头损失系数 ξ_2	
9.69	21.424	0.078	0.335	0.081	0.346	0.011
10.27	22.716	0.088	0.333	0.094	0.357	0.024
12.64	27.950	0.131	0.328	0.140	0.352	0.024
15.39	34.040	0.195	0.330	0.209	0.354	0.024
20.47	45.261	0.356	0.340	0.380	0.363	0.023
25.36	56.076	0.544	0.339	0.580	0.362	0.023
29.59	65.432	0.725	0.332	0.770	0.353	0.021
平均值		—	0.334	—	0.355	0.021

12.3.2 拦污栅断面流速分布

鉴于出流工况中孔道7条测线流速分布基本相同，下面以中间测线（Ⅳ）的量测结果为例进行分析。

图12.6为出流工况拦污栅断面后量测断面中间测线（Ⅳ）时均流速分布。结果显示，有无拦污栅的时均流速分布具有一定差别，拦污栅结构使时均流速分布趋于均匀，即流速不均匀系数减小。

(1) 时均流速分布。由图12.6可以看出，出流工况，中孔道流速分布主流位置靠近孔道上部，距底0.65倍孔口高度处（$y/H=0.65$）；拦污栅结构对时均流速分布产生影响，无栅的时均流速分布较为光滑，有栅的时均流速分布与无栅的相比具有一定差别。有栅的栅后流速大于无栅的栅后流速，有栅的栅后最大流速为 $1.81v_{out}$，无栅的栅后最大流速为 $1.68v_{out}$，其比值为 1.08。

(2) 流速不均匀系数。拦污栅结构对时均流速分布具有一定的均化作用，有栅的流速不均匀系数较无栅的有所减小。无栅的流速不均匀系数为 1.69，有栅的流速不均匀系数为 1.57，拦污栅结构使流速不均匀系数改善了 7.1%。

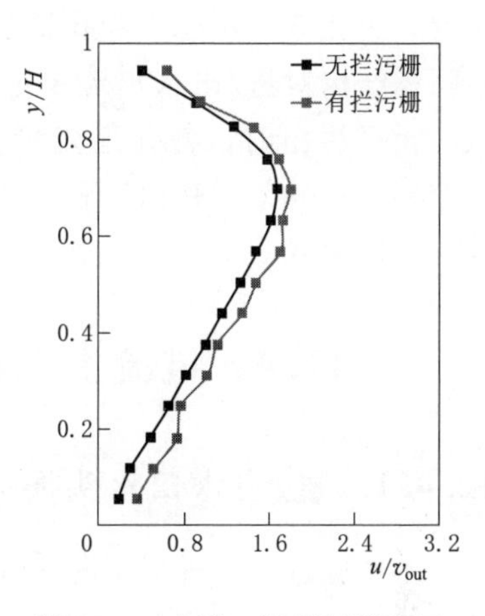

图 12.6 出流工况拦污栅断面后量测断面中间测线（Ⅳ）时均流速分布

12.3.3 流量分配

该进/出水口共 4 个孔道，按出流方向，孔道自左向右依次编号为 1～4。根据各孔道垂向测线流速分布，计算有无拦污栅时各孔道流量分配，具体结果列于表 12.2。图 12.7 为有无拦污栅时进/出水口流量分配对比。结果表明，出流

表 12.2 有无拦污栅时进/出水口流量分配比较

	无拦污栅				有拦污栅			
孔道编号	1	2	3	4	1	2	3	4
流量分配/%	22.79	27.23	27.25	22.73	22.79	27.22	27.24	22.75
流量不均匀程度/%	8.84	8.92	9.00	9.08	8.84	8.88	8.96	9.00

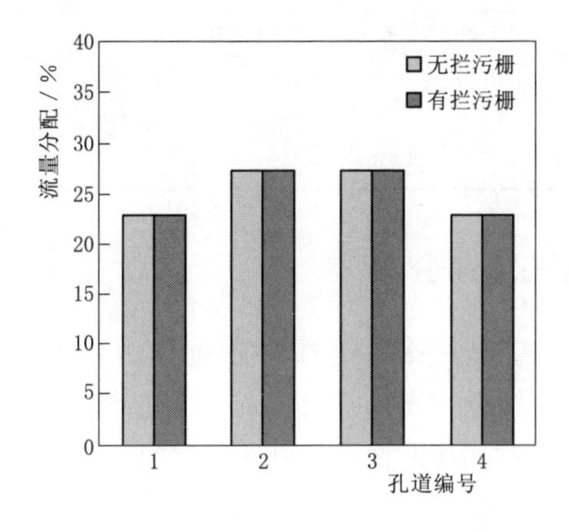

图 12.7 有无拦污栅时进/出水口流量分配对比

工况，边孔道（孔道1和孔道4）流量略小于中孔道（孔道2和孔道3）流量，拦污栅结构对进/出水口流量分配基本无影响，各孔道流量不均匀程度基本一致。无拦污栅时，各孔道流量分配为22.73%～27.25%，流量不均匀程度为8.84%～9.08%；有拦污栅时，各孔道流量分配为22.75%～27.24%，流量不均匀程度为8.84%～9.00%。

12.4 进流工况拦污栅结构对水力特性的影响

12.4.1 进/出水口水头损失

本试验进行了进流工况的进/出水口水头损失的量测，流量范围10.06L/s～33.00L/s（涵盖了实际工程对应的设计流量）。表12.3为进流工况进/出水口水头损失量测结果。无拦污栅的进/出水口水头损失系数平均值为0.236，有拦污栅的进/出水口水头损失系数平均值为0.253，有无拦污栅的进/出水口水头损失系数之差，即拦污栅结构本身的水头损失系数平均值为0.017，有拦污栅的进/出水口水头损失系数平均值比无拦污栅的增大了7.2%。

表12.3 进/出水口水头损失量测结果（进流工况）

流量/(L/s)	平均流速/(cm/s)	无拦污栅		有拦污栅		拦污栅水头损失系数 ξ
		水头损失 h_{j1}/cm	水头损失系数 ξ_1	水头损失 h_{j2}/cm	水头损失系数 ξ_2	
10.06	22.260	0.060	0.237	0.064	0.254	0.017
12.26	27.123	0.090	0.239	0.096	0.256	0.017
14.26	31.546	0.122	0.241	0.131	0.257	0.016
19.55	43.229	0.223	0.234	0.240	0.252	0.018
24.84	54.937	0.367	0.238	0.392	0.255	0.017
28.10	62.144	0.457	0.232	0.494	0.250	0.018
31.73	70.174	0.585	0.233	0.629	0.250	0.017
平均值		—	0.236	—	0.253	0.017

12.4.2 拦污栅断面流速分布

鉴于进流工况中孔道7条测线时均流速分布基本相同，下面以中间测线（Ⅳ）的量测结果为例进行分析。

图12.8为进流工况拦污栅断面后量测断面中间测线（Ⅳ）时均流速分布。有无拦污栅的时均流速分布基本一致，时均流速分布均匀，流速不均匀系数均较小。

（1）时均流速分布。由图12.8可以看出，进流工况，拦污栅结构对时均流速分布影响较小，时均流速分布均匀。有栅的栅后流速略大于无栅的栅后流速，有栅的栅后最大流速为 $1.26v_{in}$，无栅的栅后最大流速为 $1.22v_{in}$，其比值为 1.04。

（2）流速不均匀系数。有栅的流速不均匀系数与无栅的基本相同，流速不均匀系数均较小，无栅的流速不均匀系数为 1.22，有栅的流速不均匀系数为 1.21。

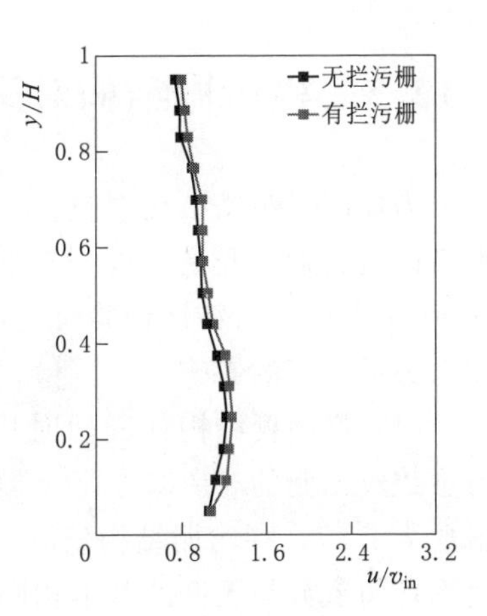

图 12.8 进流工况拦污栅断面后量测断面中间测线（Ⅳ）时均流速分布

12.4.3 流量分配

根据各孔道垂向测线流速分布，计算有无拦污栅时各孔道流量分配，具体结果列于表 12.4。图 12.9 为有无拦污栅时进/出水口流量分配对比。结果表明，进流工况，边孔道（孔道 1 和孔道 4）流量略大于中孔道（孔道 2 和孔道 3）流量，拦污栅结构对进/出水口流量分配基本无影响，各孔道流量不均匀程度接近。无拦污栅时，各孔道流量分配 23.12%～26.87%，流量不均匀程度为 7.36%～7.52%；有拦污栅时，各孔道流量分配 23.12%～26.86%，流量不均匀程度为 7.36%～7.52%。

表 12.4　有无拦污栅时进/出水口流量分配比较

	无拦污栅				有拦污栅			
孔道编号	1	2	3	4	1	2	3	4
流量分配/%	26.87	23.12	23.16	26.85	26.86	23.12	23.16	26.86
流量不均匀程度/%	7.48	7.52	7.36	7.40	7.44	7.52	7.36	7.44

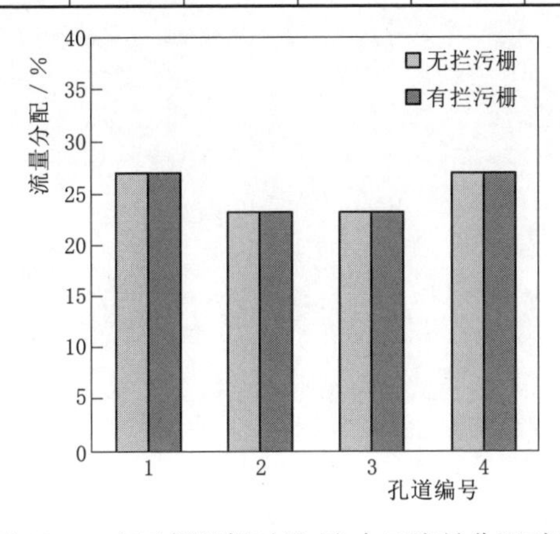

图 12.9 有无拦污栅时进/出水口流量分配对比

12.5 拦污栅结构对进/出水口水力特性影响结论与讨论

为探讨拦污栅结构对进/出水口水力特性的影响，本文建立了大尺度进/出水口试验装置，开展了模拟拦污栅结构（有栅）和不模拟拦污栅结构（无栅）的进/出水口水力特性试验研究，分析了拦污栅结构对时均流速分布、流量分配和水头损失等的影响。

(1) 拦污栅结构使断面时均流速分布均匀化。出流工况，有栅的流速不均匀系数较无栅的有所减小，无栅的流速不均匀系数为1.69，有栅的流速不均匀系数为1.57，拦污栅结构使流速不均匀系数改善了7.1%；进流工况，有栅的流速不均匀系数与无栅的基本相同。

(2) 拦污栅结构对进/出水口流量分配基本无影响。

(3) 拦污栅结构使进/出水口水头损失增大。出流工况，拦污栅结构本身的水头损失系数为0.021，有栅的进/出水口水头损失系数比无栅的进/出水口水头损失系数增大了6.3%；进流工况，拦污栅结构本身的水头损失系数为0.017，有栅的进/出水口水头损失系数比无栅的进/出水口水头损失系数增大了7.2%。

(4) 拦污栅结构对时均流速分布和水头损失等产生的影响均小于8%，对流量分配基本无影响，因此研究进/出水口水力特性时不模拟拦污栅结构的结果基本能反映进/出水口的水力学特性。

参 考 文 献

高学平，2017. 水力模型设计与实践 [M]. 天津：天津大学出版社.

高学平，2023. 高等流体力学 [M]. 北京：中国水利水电出版社.

NB/T 10072—2018 抽水蓄能电站设计规范 [S].

NB/T 10391—2020 水工隧洞设计规范 [S].

NB/T 10858—2021 水电站进水口设计规范 [S].

郝荣国，吕明治，王可，2023. 抽水蓄能电站工程技术（第二版）[M]. 北京：中国电力出版社.

华绍曾，杨学宁，1985. 实用流体阻力手册 [M]. 北京：国防工业出版社.

陆佑楣，潘家铮，1992. 抽水蓄能电站 [M]. 北京：水利电力出版社.

梅祖彦，1988. 抽水蓄能技术 [M]. 北京：清华大学出版社.

潘家铮，何璟，2000. 中国抽水蓄能电站建设 [M]. 北京：中国电力出版社.

邱彬如，刘连希，2008. 抽水蓄能电站工程技术 [M]. 北京：中国电力出版社.

张春生，姜忠见，2012. 抽水蓄能电站设计 [M]. 北京：中国电力出版社.

Anwar H O, Well J A, Amphlett M B, 1978. Similarity of Free - Vortex at Horizontal Intake [J]. Journal of Hydraulic Research, 16 (2): 95 - 105.

Denny D F, 1956. An experimental study of air - entraining vortices in pump sumps [J]. Journal of the Institution of Mechanical Engineers, 170 (2): 106 - 125.

Durgin W W, Anderson F A, 1972. Davis Pumped Storage Project Hydraulic Model Studies; Intake Model, Upper Storage Reservoir [R]. Mass: Worcester Polytechnic Institute.

Gordon J L, 1970. Vortices at intakes [J]. Water power, 22 (4): 137 - 138.

Hecker G E, 1981. Model - Prototype comparison of free surface vortices [J]. Journal of the Hydraulics Division, ASCE, 107 (10): 1243 - 1259.

Jain A K, Ranga K G, Garde R J, 1978. Vortex formation at vertical pipe intake [J]. Journal of the Hydraulics Division, ASCE, 104 (10): 1429 - 1445.

Jackson R G, 1976. Sedimentological and fluid - dynamic implications of the turbulent bursting phenomenon in geophysical flows [J]. Journal of Fluid Mechanics, 77 (3): 531 - 560.

Novak P, Cabelka J, 1981. Models in hydraulic engineering physical principles and design applications [M]. Boston: Pitman Advanced Publishing Program.

Pennino B J, Hecker G E, 1980. A Synthesis of Model Data for Pumped Storage Intakes [C]. Proceedings of the American Society of Mechanical Engineers Fluids Conference, Chicago.

Rindels A J, Gulliver J S, 1983. An experimental study of critical submergence to avoid free - surface vortices at vertical intakes [R]. Minneapolis: University of Minnesota St. Anthony Falls Hydraulic Laboratory.

The Committee on Hydropower Intakes of the Energy Division of the American Society of Civil Engineers, 1995. Guidelines for Design of Intakes for Hydroelectric Plants [M]. New York: the American Society of Civil Engineers.

附录　研究团队发表的进/出水口水力学论文

[1] 高学平，张效先，李昌良，等. 西龙池抽水蓄能电站竖井式进/出水口水力学试验研究[J]. 水力发电学报，2002 (1)：52-60.

[2] 高学平，刘健，宋慧芳. 抽水蓄能电站竖井式出水口二维数值模拟 [J]. 水利水电技术，2003，34 (11)：73-75，87.

[3] 高学平，宋慧芳，张效先，等. 西龙池抽水蓄能电站竖井式进/出水口体型研究 [J]. 水利水电技术，2004，35 (2)：34-37.

[4] 高学平，张亚，刘健，等. 抽水蓄能电站竖井式出水口三维数值模拟 [J]. 水力发电学报，2004，23 (2)：35-38.

[5] 高学平，张家宝，叶飞，等. 抽水蓄能电站进/出水口拦污栅数值模拟 [J]. 水利水电技术，2005，36 (2)：61-63.

[6] 高学平，叶飞，宋慧芳. 侧式进/出水口水流运动三维数值模拟 [J]. 天津大学学报，2006，39 (5)：518-522.

[7] 高学平，宋慧芳，赵耀南. 淹没扩散出流不稳定现象研究 [J]. 水力发电学报，2006，25 (4)：29-33.

[8] 高学平，宋慧芳，赵耀南. 恒定有压扩散流中的局部非稳态流动试验研究 [J]. 水动力学研究与进展（A辑），2007，22 (2)：182-187.

[9] 叶飞，高学平，张晨，等. 恒定有压扩散流的大涡模拟 [J]. 天津大学学报，2007，40 (4)：392-398.

[10] 高学平，杜敏，宋慧芳. 水电站进水口漩涡缩尺效应 [J]. 天津大学学报，2008，41 (9)：1116-1119.

[11] 高学平，杜敏，赵耀南，等，进水口随机出现的漩涡试验研究 [J]. 水力发电学报，2009，28 (4)：137-142.

[12] YE F，GAO X P. Numerical simulations of the hydraulic characteristics of side inlet/outlets [J]. Journal of hydrodynamics，Ser. B，2011，23 (1)：48-54.

[13] 苏曼，高学平. 抽水蓄能电站进/出水口体型优化数值模拟 [J]. 南水北调与水利科技，2011，9 (5)：95-98.

[14] 刘际军，高学平. 抽水蓄能电站进水口明渠水力优化研究 [J]. 水力发电学报，2015，34 (10)：96-102.

[15] 刘际军，高学平. 竖井式进/出水口布置形式对水流特性的影响 [J]. 水利水电技术，2015，46 (11)：110-114.

[16] 高学平，刘际军，张翰，等. 具有弯道的竖井式出水口水流均匀性研究 [J]. 水力发电学报，2016，35 (1)：63-69.

[17] 高学平，李岳东，田野，等. 抽水蓄能电站侧式进/出水口流量分配研究 [J]. 水力发电学报，2016，35 (6)：87-94.

[18] GAO X P，TIAN Y，SUN B W. Shape optimization of bi-directional flow passage components based on a genetic algorithm and computational fluid dynamics [J]. Engineering

Optimization，2017，50（8）：1287－1303.

[19] 王晨茜，张晨，张翰，等．侧式进/出水口流动分离现象研究［J］．水力发电学报，2017，36（11）：73－81.

[20] 高学平，李建国，孙博闻，等．利用多岛遗传算法的侧式进/出水口体型优化研究［J］．水利学报，2018，49（2）：186－194.

[21] GAO X P，TIAN Y，SUN B W. Multi－objective optimization design of bidirectional flow passage components using RSM and NSGA II：A case study of inlet/outlet diffusion segment in pumped storage power station［J］．Renewable Energy，2018，115：999－1013.

[22] GAO X P，ZHANG H，LIU J J，et al. Numerical investigation of flow in a vertical pipe inlet/outlet with a horizontal anti－vortex plate：effect of diversion orifices height and divergence angle［J］．Engineering Applications of Computational Fluid Mechanics，2018，12（1）：182－194.

[23] GAO X P，ZHU H T，ZHANG H. CFD optimization process of a lateral inlet/outlet diffusion part of a pumped hydroelectric storage based on optimal surrogate models［J］．Processes，2019，7（4）：204－223.

[24] 高学平，朱洪涛，孙博闻，等．不对称地形下进/出水口明渠段环流特性研究［J］．水力发电学报，2019，38（8）：48－60.

[25] 高学平，秦孜学，朱洪涛，等．基于响应面模型侧式进/出水口体型多目标优化［J］．华中科技大学学报（自然科学版），2019，47（11）：127－132.

[26] 高学平，毛长贵，孙博闻，等．输水隧洞坡角对侧式进/出水口水力特性影响研究［J］．南水北调与水利科技，2019，17（2）：189－195.

[27] 张翰，孙博闻，高学平，等．竖井式进/出水口数值模拟策略研究［J］．水力发电学报，2019，38（12）：28－39.

[28] ZHANG H，GAO X P，SUN B W，et al. Parameter analysis and performance optimization for the vertical pipe intake－outlet of a pumped hydro energy storage station［J］．Renewable Energy，2020，162：1499－1518.

[29] 高学平，刘永朋，孙博闻，等．侧式进/出水口扩散出流紊动强度变化规律研究［J］．水利水电技术，2020，51（3）：91－100.

[30] 高学平，陈昊，孙博闻，等．侧式进/出水口数值模拟湍流模型比较研究［J］．水利水电技术，2020，51（11）：109－116.

[31] 高学平，陈思宇，朱洪涛，等．反坡段对侧式进/出水口水力特性影响研究［J］．水力发电学报，2021，40（5）：87－98.

[32] 高学平，徐天浩，朱洪涛，等．侧式进/出水口及邻近围堰环流消除优化研究［J］．水力发电学报，2021，40（8）：23－33.

[33] 高学平，朱洪涛，刘殷竹，等．进/出水口双向流动结构流速分布与脉动规律研究［J］．水利学报，2022，53（6）：722－732.

[34] 朱洪涛，高学平，刘殷竹．进/出水口出流扩散脉动流速规律试验研究［J］．水力发电学报，2022，41（7）：129－139.

[35] 张晨，李天国，高学平．竖井式进/出水口工程尺度 SPH 方法模拟研究［J］．水力发电学报，2022，41（11）：34－45.

[36] 朱洪涛，高学平，刘殷竹，等. 竖井弯道段对进/出水口水力特性影响研究 [J]. 水动力学研究与进展（A辑），2022，37（5）：735-742.

[37] 高学平，袁野，刘殷竹，等. 拦污栅结构对进/出水口水力特性影响试验研究 [J]. 水力发电学报，2023，42（2）：74-86.

[38] 高学平，刘帅，刘殷竹，等. 平面转弯有压输水隧洞对进/出水口水力特性影响研究 [J]. 天津大学学报（自然科学与工程技术版），2023，56（5）：524-534.

[39] 刘殷竹，魏南疆. 扩散段长度对侧式进/出水口水力特性的影响 [J]. 水利水电科技进展，2023，43（4）：79-85.

[40] 高学平，袁泽雨. 抽水蓄能电站地下水库建设进展及关键水力学问题 [J]. 水利学报，2023，54（9）：1058-1069.

[41] ZHU H T，GAO X P，LIU Y Z，et al. Numerical and experimental assessment of the water discharge segment in a pumped-storage power station [J]. Energy，2023，265：126375.

[42] ZHU H T，GAO X P，LIU Y Z. Experimental investigation on the unsteady flow fluctuation of a vertical pipe inlet/outlet of the pumped storage power station [J]. Journal of Energy Storage，2023，58：106381.

[43] 高学平，魏南疆，刘殷竹. 接立面转弯隧洞的侧式出水口水力特性研究 [J]. 长江科学院院报，2024，41（7）：94-102.

[44] 高学平，陶文杰，朱洪涛，等. 侧式进/出水口水头损失系数多元线性回归分析 [J]. 水力发电学报，2024，43（4）：50-61.

[45] 高学平，曾庆康，朱洪涛，等. 侧式进/出水口顶板扩张角对拦污栅断面流速分布影响规律研究 [J]. 水利学报，2024，55（3）：301-312.

[46] 高学平，马一鸣，刘殷竹，等. 侧式进/出水口各孔道流量分配差异及影响因素 [J]. 天津大学学报，2024，57（6）：633-641.